昆虫学原理和害虫综合防治实践

桑　文　王兴民　主　　编
华 南 农 业 大 学　主编单位

华中科技大学出版社
http://press.hust.edu.cn
中国·武汉

图书在版编目(CIP)数据

昆虫学原理和害虫综合防治实践 / 桑文，王兴民主编. -- 武汉 ：华中科技大学出版社，2025.8.
ISBN 978-7-5772-1887-8

Ⅰ. Q96；S433

中国国家版本馆 CIP 数据核字第 2025YQ2503 号

昆虫学原理和害虫综合防治实践　　　　　　　　　　　　　桑　文　王兴民　主编

Kunchongxue Yuanli he Haichong Zonghe Fangzhi Shijian

策划编辑：段园园

责任编辑：陈　骏

封面设计：原色设计

责任校对：刘小雨

责任监印：朱　玢

出版发行：华中科技大学出版社（中国·武汉）　　　电话：(027) 81321913

　　　　　武汉市东湖新技术开发区华工科技园　　　邮编：430223

录　　排：华中科技大学出版社美编室

印　　刷：武汉市洪林印务有限公司

开　　本：787mm×1092mm　1/16

印　　张：13.5

字　　数：265 千字

版　　次：2025 年 8 月第 1 版第 1 次印刷

定　　价：58.90 元

序 言

昆虫——这个占据地球动物界三分之二物种的庞大群体，既是生态系统中不可或缺的平衡器，也是人类农业文明发展史上永恒的挑战者。从远古岩画中驱赶蝗虫的农人剪影，到现代实验室里解析基因密码的显微镜头，人类与昆虫的关系始终交织着竞争与共生的复杂张力。本书正是基于这一认知，试图搭建起从昆虫学基础理论到田间实践应用的完整知识桥梁，既为农业从业者提供可操作的技术指南，也为科研人员呈现系统化的理论框架。

当我们试图理解害虫防治的本质时，必须首先深入昆虫生存的底层逻辑。本书前六章系统梳理昆虫学核心知识，从体躯构造到内部器官，从生殖发育到生态适应，层层剖析这类生物的精妙结构。这种从微观结构到宏观生态的递进式解读，既呈现了昆虫作为"微型机械"的机械美学，更揭示了其演化出的生存智慧。这些智慧正是我们构建现代害虫管理体系的认知基石。

理论认知的最终指向是实践应用的落地。本书后六章聚焦害虫防治的现代转型，展现技术从传统到智能的演变轨迹。其中第八章详细讲解物联网虫情测报灯、AI图像识别算法等前沿技术，展现数字植保如何重塑传统防控模式。针对水稻、蔬菜、柑橘及古树等典型场景的防治专章，既保留传统农业智慧的精髓，又融入生物农药、性信息素诱控等绿色防控手段，形成可复制推广的技术范式。这种理论与实践的双向互动，既避免了学术研究的空中楼阁，也超越了经验主义的技术局限。

在气候变化加剧生物入侵、抗药性危机逼近的当下，昆虫学正经历从描述性科学向预测性、操控性科学的范式转移。我们站在智慧农业的前沿回望，会发现传统防治手段与现代技术并非彼此割裂，而是通过昆虫学原理这一核心组带相互贯通。从解剖昆虫复眼结构优化光学传感器，到解析信息素通信机制开发诱捕装置，这些技术突破的本质是对昆虫生存智慧的深度解码与再创造。

我们期冀读者通过本书，既能掌握"是什么"的基础认知，更能理解"为什么"的演化逻辑，最终具备"怎么做"的创新实践能力。当您在田间操作智能监测终端时，或许会意识到：屏幕上的数据波动背后，是亿万年进化沉淀的生物密码；而手中的防治方案，正是人类与昆虫共生关系的最新注脚。

　　谨以此书献给所有在昆虫世界中追寻真理、在田间地头守护丰收的同道之人。愿这些凝结着理论智慧与实践经验的文字，能化作守护绿色田野、联通自然与文明的坚实纽带。

目　录

第一章　绪　　论

　　昆虫纲（Insecta）隶属于节肢动物门（Arthropoda）的六足总纲（Hexapoda），其特征性外骨骼由几丁质构成。在成虫阶段，昆虫的身体被明确地划分为三个主要部分：头部、胸部和腹部。头部通常具有一对触角，用于嗅觉和触觉感知；一对复眼，负责视觉感知；以及若干单眼，这些单眼主要负责感光。胸部是昆虫的运动中心，拥有三对足，用以支撑和移动，以及两对翅，其中部分昆虫的翅可能已经退化。腹部则包含了昆虫的大部分内脏器官和生殖系统。

　　昆虫纲是地球上最为繁盛的动物类群之一。据估计，全球现存的昆虫种类可能超过 1000 万种，而目前科学界已确认的昆虫种类约为 100 万种，约占动物界已知种类的三分之二。这一惊人的多样性不仅体现了昆虫在生物进化中的成功，也体现了它们在全球生态系统中的重要作用。

　　昆虫在生态系统中扮演着不可或缺的角色，它们作为生产者与消费者之间的关键纽带，维系着食物链和食物网的连续性。特定昆虫（如腐食性昆虫）辅助分解者加速有机物的分解过程，促进物质循环。传粉昆虫（如蜜蜂和蝴蝶）对植物的繁殖和进化至关重要，全球约 80% 的显花植物依赖昆虫传粉。昆虫展现出卓越的适应能力，形态多样性显著，体型大小和形态结构各异。昆虫能够适应各种生存环境，它们几乎能在地球的任何环境中生存。昆虫食性多样，包括植食性、肉食性、腐食性和杂食性，能够有效利用不同的食品资源。

　　昆虫与人类的关系密切，影响着各行各业的生产与生活。

　　在农业领域，传粉昆虫（如蜜蜂）对果树、蔬菜和油料作物的传粉作用显著提高了农作物的产量和质量。然而，一些昆虫（如蝗虫、蚜虫、稻飞虱等）作为农业害虫，对农作物造成严重损害。

　　在生物工程中，可利用昆虫进行生物防治，如利用瓢虫捕食蚜虫，利用寄生蜂寄生在害虫体内，有效控制害虫数量。

在工业领域，蚕吐出的丝是重要的纺织原料，用于制作丝绸等高档纺织品。

昆虫也是丰富的食用、药用和饲用资源，如蜂产品具有高营养价值和药用价值，广泛应用于食品、保健品和医药领域。

此外，果蝇等昆虫作为模式生物，在遗传学、发育生物学、神经生物学等研究领域发挥着重要作用。水生昆虫（如蜉蝣）对水质变化敏感，具有重要的水质监测参考价值。科学家通过研究昆虫的形态结构和行为习性，模仿研制出新型光学传感器和光学材料等。

昆虫深刻地影响着人类的生活与文化。这些自然界中的微小精灵为人类文化带来了丰富的灵感。在古埃及，蜣螂被称为"神圣甲虫"，象征着权力和地位。在《圣经》中，蚂蚁被视作智慧和活力的化身。在中国，昆虫对文化生活的影响贯穿古今，与昆虫相关的汉字和民间节日众多，养蚕文化、治蝗文化等更是独树一帜。然而，并非所有昆虫对人类都是有益的。常见的卫生害虫能够传播多种疾病，例如蚊子传播疟疾、登革热、乙型脑炎等，苍蝇传播痢疾、伤寒、霍乱等疾病，对人类健康构成严重威胁。此外，白蚁作为建筑害虫，在建筑物内部筑巢破坏房屋结构，严重时甚至引起房屋倒塌，造成经济损失和人员伤亡。

昆虫纲在自然界中占据着重要的地位，它们是生态系统不可或缺的一部分。同时，昆虫与人类的关系也非常密切，既有有益的一面，也有有害的一面。我们应该正确认识昆虫的作用和价值，采取科学合理的措施，保护有益昆虫，控制有害昆虫，实现人与自然的和谐共处。

第二章　昆虫的外部形态和内部结构

第一节　昆虫的体躯构造

一、昆虫的体型、形态、体向与体色

昆虫纲在体型上展现出极为显著的差异，这种多样性在自然界中是独一无二的。在比较昆虫体型大小时，我们通常采用两个关键指标：体长和翅展。体长指的是从昆虫头部前端到腹部末端的直线距离，不包括触角和外生殖器的长度。翅展则是指昆虫前翅完全展开时，两翅顶角之间的最大距离。

在现存的昆虫中，脩目（Mantodea）、鳞翅目（Lepidoptera）和鞘翅目（Coleoptera）是体型最大的昆虫类群。例如，中国巨佛竹节虫（*Phryganistria chinensis*）的体长可以达到惊人的 624 mm，而白女巫蛾（*Thysania agrippina*）的翅展则可达到 320 mm。然而，对于大多数昆虫而言，体长通常为 5～30 mm，翅展为 10～50 mm。

昆虫的形态多样性是其适应多样生态环境的结果，其形态有五种基本类型，即圆筒形、卵圆形、半球形、平扁形和立扁形，又可称粗壮、细长、长形、圆形、圆筒形、椭圆形、半球形、杆状、叶状、扁平、侧扁等。

体向是指昆虫身体的朝向，通常将体向分为头向、尾向、中向、侧向（左向、右向）、背向和腹向（图 2-1）。此外，还常用到基部与端部两个体向。这些分类有助于在昆虫学研究中更精确地描述和比较昆虫的形态特征，从而更好地理解它们的生态适应性和进化历程。

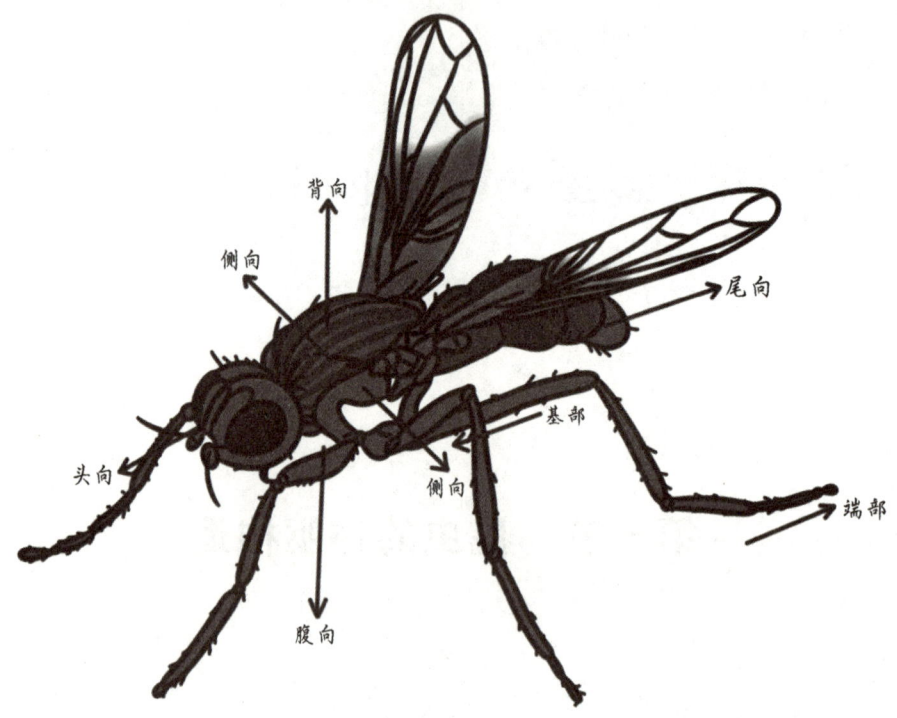

图 2-1　昆虫的体向（仿周尧，1954）

体色指昆虫身体的颜色，主要由色素色和结构色构成。黑色素、类胡萝卜素等生物色素构成了色素色，而昆虫体表的微结构导致照射的光线折射和干涉产生的各种光泽构成了结构色。这些复杂的色彩机制赋予了昆虫体色特征。

二、昆虫的体躯

昆虫体躯由 20 个体节构成，其分节方式分为初生分节和次生分节。初生分节见于全变态昆虫幼虫，体节间通过节间褶相连；次生分节则见于成虫和不完全变态昆虫，体节间由节间膜连接。

三、昆虫的附肢

昆虫的附肢是指在昆虫的胚胎发育期，在体节两侧，与身体有关节相连接，可活动，可分节的一对管状突起。头部的附肢包括触角、上颚、下颚、下唇，胸部的附肢包括前足、中足、后足，腹部的附肢包括外生殖器部分结构和尾须。附肢一般成对出现。需要注意的是，昆虫的两对翅并不属于附肢。

第二节 昆虫的头、胸、腹

昆虫体躯由头、胸和腹三个部分组成，每个部分都对昆虫的生命活动发挥着关键作用。

一、昆虫头部的基本构造

昆虫的头部位于体躯前端，着生有触角、单眼、复眼和口器，是感觉、联络和取食的中心。

（一）头部分区

昆虫的头部分布着几条重要的线条和沟槽，包括蜕裂线、颅中沟、额唇基沟、额颊沟、后头沟和次后头沟等。其中蜕裂线是位于头部背面、常呈倒"Y"字形的一条线，在昆虫的幼虫期、若虫期或稚虫期，它们在蜕皮时会沿着这条线裂开，故称蜕裂线。

线和沟将昆虫的头部划分成几个区域，包括头顶、额、唇基、颊、颊下区、后头和次后头。

东亚飞蝗头部的构造如图2-2所示。

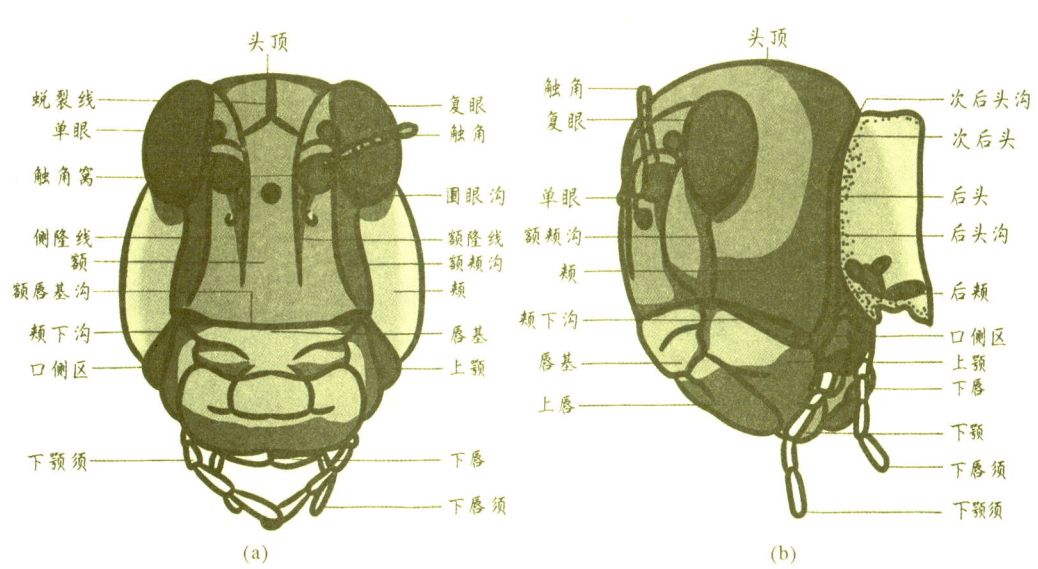

图2-2 东南亚飞蝗头部的构造（仿虞佩玉和陆近仁，1964）

(a) 前观；(b) 侧观

（二）触角

触角是昆虫头部的一对伸向前方的感觉附肢，由 3 节组成，由基部向外分别为柄节、梗节、鞭节。触角的结构如图 2-3 所示。

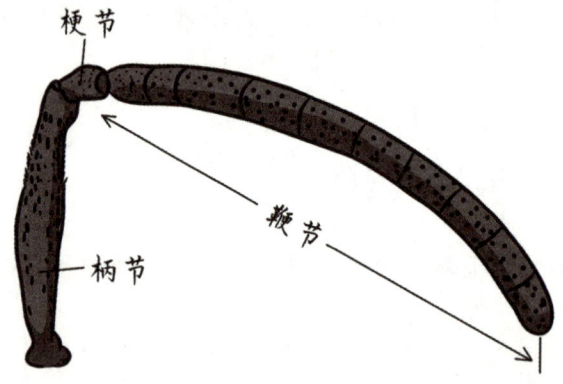

图 2-3　触角的结构（仿周尧，1954）

触角形状多样，是昆虫分类和识别的重要特征之一。常见的触角类型如图 2-4 所示，分别为丝状（蝗虫、蟋蟀），刚毛状（蝉、飞虱、蜻蜓），念珠状（白蚁），锯齿状（锯天牛、叩头虫、芫菁），栉齿状（绿豆象雄虫），双栉状（毒蛾），膝状（蜜蜂、蚂蚁），具芒状（蝇类），环毛状（雄蚊），棍棒状（蝶类），锤状（露尾甲、瓢虫），鳃叶状（鳃金龟）。

昆虫触角的梗节和鞭节上密布着众多的感受器，这些感受器在昆虫觅食、聚集、求偶以及寻找合适的产卵地时起嗅觉、触觉和听觉功能。例如蝴蝶利用触角的嗅觉感受器来定位花朵，蚂蚁使用触角的触觉感受器来感知周围环境（如地面的振动）。此外，触角也有其他功能，如仰泳蝽利用触角在水中保持平衡，水龟甲利用触角在水中呼吸等。

（三）复眼和单眼

昆虫的视觉主要依赖于复眼和单眼这两种视觉器官。

复眼通常位于头部的前侧或上侧，由多个小眼组成，每个小眼都能独立成像，共同构成一幅镶嵌图案，使昆虫能够识别物体，这是它们最主要的视觉工具。

单眼仅能感知光线的强弱和方向，不具备成像和颜色分辨能力。单眼可分为背单眼和侧单眼两类。背单眼常位于成虫和不全变态昆虫的若虫或稚虫的头部额区或头顶，数量通常在 1～3 个之间；而侧单眼则位于全变态昆虫幼虫头部两侧的颊区，数量通常在 1～7 对之间。

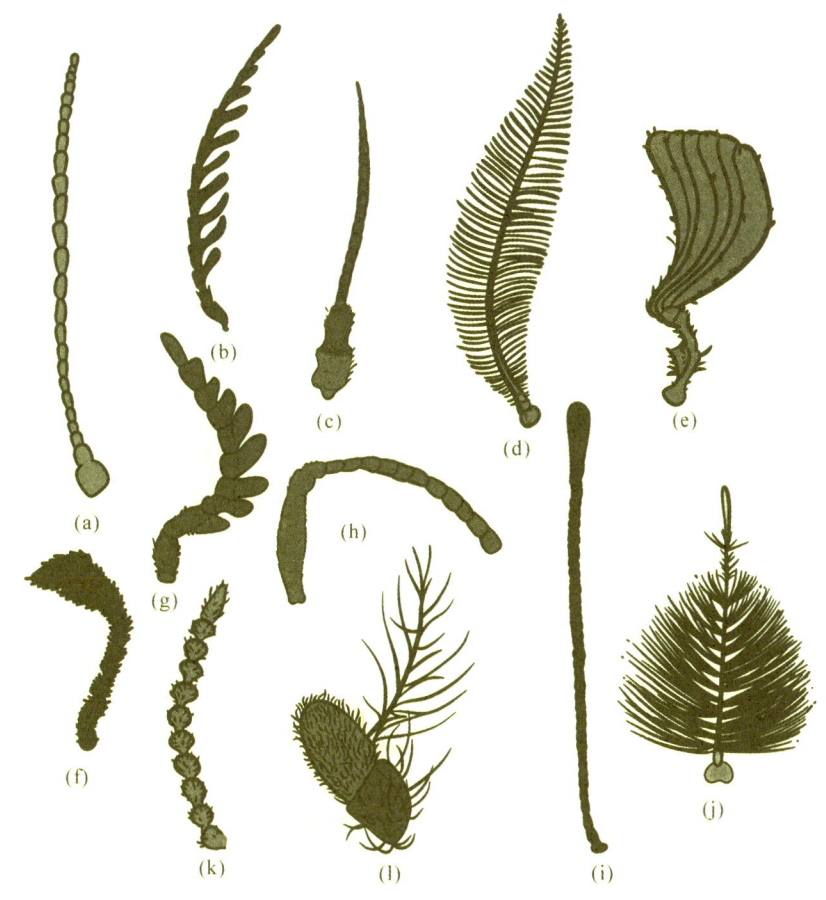

图 2-4　昆虫触角的常见类型（仿各作者）

（a）丝状；（b）栉齿状；（c）刚毛状；（d）双栉状；（e）鳃叶状；（f）锤状；（g）锯齿状；

（h）膝状；（i）棍棒状；（j）环毛状；（k）念珠状；（l）具芒状

（四）口器

口器是昆虫的取食器官，由头部的 3 对附肢和部分头部结构联合组成，这些部分共同承担摄食和感觉的功能。

根据昆虫的不同食性，口器演化出了多种类型，主要有以下几种。① 咀嚼式口器：这是最原始的口器类型，适用于取食固体食物。它由上唇、上颚、下颚、下唇和舌组成。上颚发达，用于咀嚼食物，而下颚和下颚须则具有味觉和触觉功能，如蝗虫、蟋蟀等。② 刺吸式口器：这种口器特化成针管形，用于吸食植物或动物体内的汁液，如蚊子、蝉等。③ 舐吸式口器：只能吸食物体表面的汁液，如家蝇。④ 虹吸式口器：用于吸食花蜜或其他液体，如蝴蝶和蛾的成虫。⑤ 嚼吸式口器：既能咀嚼固体食物，又能吸取液体食物，如蜜蜂。⑥ 锉吸式口器：用于刮破寄主组织后吸取汁液，为缨翅目昆虫蓟马所特有。⑦ 刮吸式口器：用来刮破食物后吸取汁液，如蝇类幼虫。⑧ 捕吸式口器：用于捕食猎物并进行肠外消化，如草蛉的幼虫。⑨ 刺舐式口器：通过切破动物皮肤，舐吸流出的血液，如双翅目虻类成虫。

这些不同类型的口器是昆虫适应多样化食性的结果，它们在昆虫的取食行为和生存策略中起着至关重要的作用。根据取食方式的不同，昆虫口器的着生方向也不同，可分为下口式（如蝗虫）、前口式（如步甲）、后口式（如蝉），如图 2-5 所示。

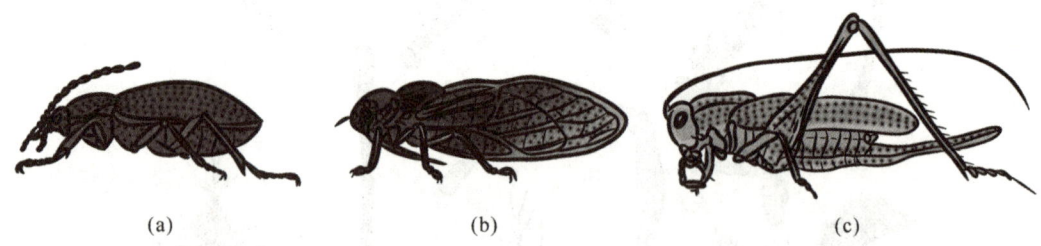

(a)　　　　　　　　　(b)　　　　　　　　　(c)

图 2-5　昆虫口器的着生方向（仿 Eidmann）
（a）前口式（步甲）；（b）后口式（蝉）；（c）下口式（蝗虫）

二、昆虫的胸部

（一）胸部的一般构造

昆虫的胸部由前胸、中胸、后胸三个体节构成，每个体节上分别生有一对胸足，即前足、中足和后足。多数昆虫的中胸和后胸还各长有一对翅，分别是前翅和后翅。胸足和翅是昆虫的运动器官，因此胸部是昆虫的运动中心。根据胸节是否着生翅，可将昆虫胸部分为前胸和具翅胸节。前胸无翅，由前胸背板、前胸侧板和前胸腹板组成。具翅胸节又称翅胸，包括昆虫的中胸和后胸，由翅胸背板、翅胸侧板和翅胸腹板组成。

（二）胸足

胸足是昆虫的运动附肢，结构精巧，从基部向端部依次为基节、转节、腿节、胫节、跗节、前跗节，共 6 节，如图 2-6 所示。

昆虫的胸足根据其功能和形态特点大致可分为 8 类，分别为步行足（如蚜虫、步甲的足）、跳跃足（如蝗虫、蟋蟀的后足）、捕捉足（如螳螂、猎蝽的前足）、开掘足（如蝼蛄的前足）、游泳足（如龙虱、水龟虫的中后足）、抱握足（龙虱雄虫的前足）、携粉足（如蜜蜂的后足）、攀握足（如虱类的足），如图 2-7 所示。

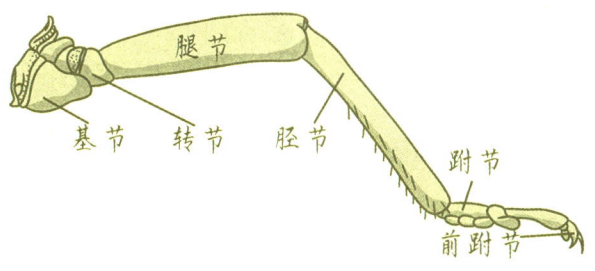

图 2-6 昆虫足的结构

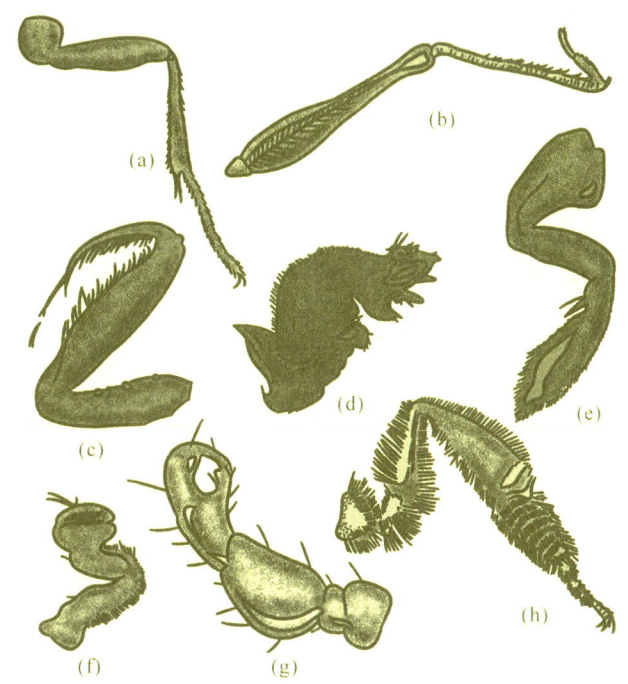

图 2-7 昆虫的胸足 （（a）～（g）仿周尧，1954；（h）仿彩万志，2011）
（a）步行足；（b）跳跃足；（c）捕捉足；（d）开掘足；（e）游泳足；（f）抱握足；
（g）携粉足；（h）攀握足

（三）翅

翅面上有翅脉和翅室。翅脉是昆虫翅面上纵横分布的管状加厚的构造，对翅面起支架作用，主要分为纵脉与横脉。翅室是翅面被翅脉划分成的小区。翅的前缘近顶角处的深色加厚部分称为翅痣。

翅主要起飞行作用，在长期演化过程中，昆虫进化出了不同类型的翅，分别为膜翅、毛翅、鳞翅、缨翅、覆翅、半鞘翅、鞘翅、平衡棒，如图 2-8 所示。

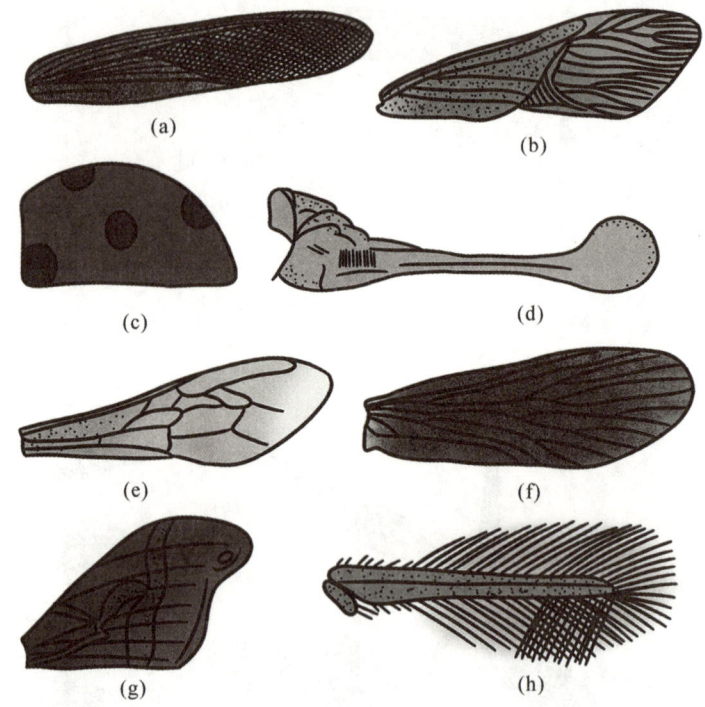

图 2-8 昆虫翅的基本类型（仿彩万志，2011）

(a) 覆翅；(b) 半鞘翅；(c) 鞘翅；(d) 平衡棒；(e) 膜翅；(f) 毛翅；(g) 鳞翅；(h) 缨翅

昆虫飞行时两对翅膀的关系有 3 种，分别是：① 各自拍动（如蜻蜓）；② 只有一对能拍动（另一对翅是鞘翅、覆翅或平衡棒）；③ 相互关联。

三、昆虫的腹部

昆虫的腹部是第三个体段，是消化、排泄和生殖中心。在昆虫幼虫中，腹部着生有腹足，因此也是运动中心。昆虫腹部大多为长圆筒形，一般为 9～11 节。在膜翅目细腰亚目昆虫中，原始第 1 腹节并入胸部，成为胸部的一部分，称为并胸腹节。

腹部又可分为 3 段，分别是生殖前节、生殖节和生殖后节。生殖前节包含大部分的内脏器官；生殖节是外生殖器所在的腹节；生殖后节是昆虫腹部生殖节后的体节，其末端有肛门开口。部分昆虫生殖节末端生 1 对尾须，有的还有中尾丝。

生殖节上的外生殖器包括雌虫的产卵器和雄虫的交配器，是生殖系统的体外部分，用以交配、授精和产卵。不同昆虫的雌虫产卵器的形状、构造和功能存在差异，如蟊斯的产卵器呈刀状或剑状，用以刺入植物组织或土壤中产卵；广腰亚目叶蜂的产卵器呈锯状，用以锯开植物组织产卵。

第三节　昆虫的内部结构

昆虫的内部结构是其适应环境、实现生存和繁衍的重要基础。通过深入了解昆虫的内部结构，我们能够更好地理解昆虫的生命活动和生态作用。昆虫的身体结构如图 2-9 所示。

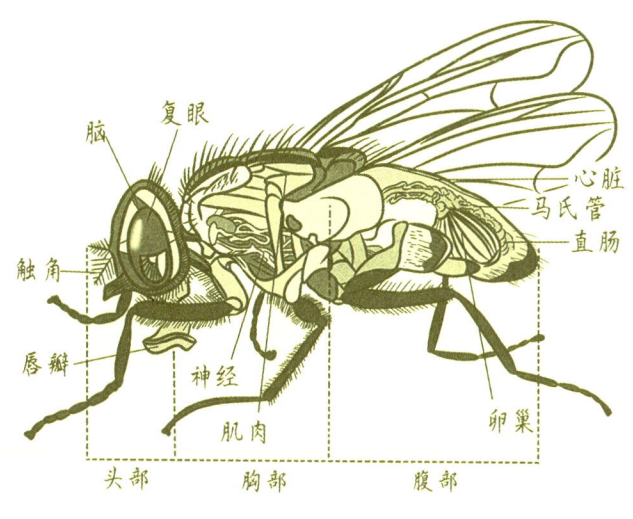

图 2-9　昆虫的身体结构

1. 循环系统

昆虫体躯外面是含有几丁质的体壁。体壁包围各种组织和器官，因而形成纵贯的血腔。血腔常被由肌纤维和结缔组织构成的膈沿纵向分隔成 2～3 个小血腔，即血窦。背血管位于昆虫背部，是循环器官所在位置，分为心脏和大动脉两部分，其中心脏是背血管中能够搏动的部分，有力地推动血液在昆虫体内流动。血窦和背血管是昆虫循环系统的主要组成部分，血窦中充满血淋巴（昆虫的血液），具有运输营养物质、代谢废物以及发挥免疫等功能。位于血腔背面、背血管下方的是背膈（围心膈），背膈上方围绕背血管的小血腔为背窦（围心窦），下方围绕消化道的小血腔是围脏窦。部分昆虫血腔腹面有腹膈，腹膈下方围绕腹神经索的小血腔称腹窦（围神经窦）。绝大多数昆虫的背膈和腹膈侧缘有孔膜，它是背窦、腹窦与围脏窦之间血液循环的通道。

昆虫腹部的横切面如图 2-10 所示。

图 2-10　昆虫腹部的横切面（仿 Snodgrass，1935）

2. 消化系统

在昆虫血腔中央的围脏窦内，有一条纵贯的消化道，前端开口于头部的口前腔，后端出口于肛门。昆虫的消化系统由前肠、中肠和后肠共同构成。前肠涵盖口、咽、食道以及嗉囊，主要承担摄取食物以及暂时储存食物的功能；中肠是消化与吸收的关键部位，其内壁分布着众多微绒毛，极大地增加了吸收面积；后肠包含回肠、结肠和直肠，主要职责是排泄未被消化的食物残渣以及代谢废物。此外，昆虫的消化系统还包含一些特殊结构，例如胃盲囊和马氏管。胃盲囊能够有效增加消化面积，而马氏管则是昆虫主要的排泄器官。

3. 生殖系统

昆虫的生殖系统分为雄性生殖系统和雌性生殖系统。雄性生殖系统包括睾丸、输精管、射精管和附属腺等器官；雌性生殖系统包括卵巢、输卵管、受精囊和附腺等器官。一对雌性卵巢与侧输卵管（雄性为一对睾丸与输精管）位于消化道的中肠和后肠的背侧面，经后肠腹面的中输卵管（或雄性射精管）后，从外生殖器上的生殖孔开口于体外。

4. 呼吸系统

在消化道周围和内脏器官之间，分布着担负呼吸作用的主气管和支气管。昆虫的呼吸系统是由气门、气管以及微气管组成的气管系统。气门是昆虫体表的开口，与气管紧密相连；气管作为气体进出昆虫身体的通道，会分支成众多微气管，广泛分布至各个组织和器官。昆虫通过气门的开闭以及气管的收缩来调节呼吸。部分水生昆虫还具备特殊的呼吸器官，如襀翅目、蜉蝣目、脉翅目、毛翅目等水生昆虫幼期腹部附肢演变成气管鳃。

5. 神经系统

昆虫的神经系统分为中枢神经系统、外周神经系统和交感神经系统。在腹面的背膈内，有一条由胸部和腹部神经节形成的腹神经索，它与脑组成昆虫的中枢神经系统，中枢神经系统是昆虫的控制核心；外周神经系统由神经节和神经组成，广泛分布于昆虫的各个部位；交感神经系统则主要负责控制昆虫的内脏器官和内分泌系统。昆虫的神经系统具有高度的适应性和灵活性，能够对各种环境刺激迅速做出反应。

6. 分泌系统

在血腔中，尤其是背血窦和围脏窦，脂肪体环绕内脏器官，负责储存和转化物质。昆虫体壁内表面、内脊突、内脏器官表面、附肢和翅的关节处分布着牵引肌肉系统。此外，昆虫头部有心侧体、咽侧体和唾腺，胸部前胸气门附近有前胸腺，腹部有生殖附腺等，它们共同构成昆虫的分泌系统。

雌性蝗虫体躯的纵剖面如图 2-11 所示。

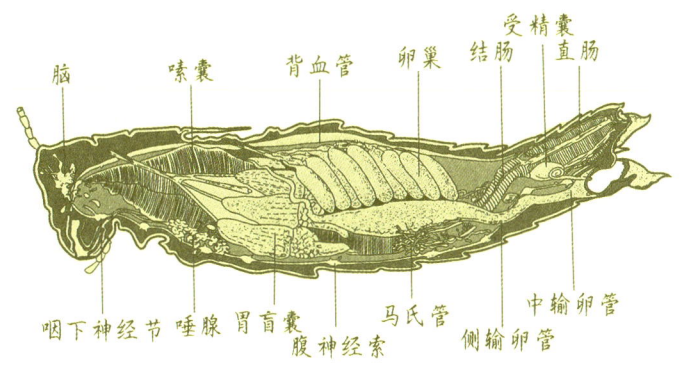

图 2-11　雌性蝗虫体躯的纵剖面，示内部器官的相互位置

昆虫的内部结构与其生活方式和环境密切相关，表现出高度适应性。消化系统根据食物来源不同而变化，有的昆虫取食植物，有的昆虫取食动物，还有的昆虫取食腐殖质。呼吸系统则根据生活环境不同而适应，一些昆虫生活在水或土壤中。循环系统适应昆虫的小体型和高代谢率，开放式循环系统能迅速运输营养物质和代谢废物。高度发达的神经系统使昆虫能快速响应各种环境刺激，从而在复杂环境中生存和繁衍。

第三章 昆虫的生物学和行为学

第一节 昆虫的生殖方式

在漫长的进化过程中，昆虫演化出了多种生殖方式，以适应多变的环境条件。昆虫生殖方式按照受精方式分为两种截然不同的类型：两性生殖和孤雌生殖。

一、两性生殖

两性生殖，也称两性卵生，是昆虫通过雌雄交配、精子与卵子结合产生受精卵，进而发育成新个体的生殖方式。绝大多数昆虫以两性生殖繁衍后代。这种普遍存在的生殖模式不仅保证了遗传多样性，还增强了昆虫种群的适应性。它使昆虫能产生具有独特遗传特征的后代，这些后代更能适应环境变化，推动物种的持续进化。

二、孤雌生殖

孤雌生殖，亦称单性生殖，是未经受精的卵直接发育成新个体。某些昆虫主要依靠孤雌生殖来繁殖。有些昆虫则在两性生殖与孤雌生殖之间转换。有些昆虫通常进行两性生殖，偶尔也会通过孤雌生殖产生后代。孤雌生殖包括了多种不同的生殖方式，其中常见的有卵胎生、幼体生殖和多胚生殖等。这些生殖方式虽然都归类于孤雌生殖，但各自有不同的特点。

1. 卵胎生

卵胎生，也称孤雌胎生，是指雌虫未经交配的卵在母体内依靠卵黄提供营养进行胚胎发育，直到孵化为幼体后才从母体产出体外。这种生殖方式与哺乳动物的胎生不同，哺乳动物的胚胎发育在母体子宫内进行，并且由母体供给养料。卵胎生昆虫的胚胎受到母体的保护，孵化存活率相对较高，因为它们在母体内发育，而不是暴露在外界环境中。蚜虫便是卵胎生的例子。

2. 幼体生殖

幼体生殖是指昆虫在尚未达到成虫阶段时，其卵巢就已经发育成熟并能够进行生殖。这种生殖方式的特点是，幼体阶段的昆虫就能产生后代。但与卵胎生相似，幼体生殖产下的是幼虫，而不是卵。例如，瘿蚊就是一种具有幼体生殖能力的昆虫，它能在幼虫阶段不经过受精就独立发育出新的幼虫并产出体外。

3. 多胚生殖

多胚生殖是一种特殊的孤雌生殖方式。在这种生殖方式中，单个卵细胞能分裂成多个胚胎，这些胚胎共享卵黄和卵黄膜，每个胚胎最终发育成一个新的个体，从而产生多个后代。这种生殖方式能够迅速产生大量后代，且所有后代的性别相同。后代性别取决于卵是否受精，受精卵发育为雌虫，未受精卵发育为雄虫。多胚生殖是昆虫对寄生生活的一种适应，允许它们在资源有限的情况下快速繁殖。例如，茧蜂科、跳小蜂科和广腹细蜂科等寄生蜂就采用这种生殖策略。

这些孤雌生殖的方式都是昆虫为了适应复杂多样的环境条件而演化出的生殖策略。它们使得昆虫即使在缺乏雄性的情况下也能维持种群的繁衍，从而增强了昆虫的生存能力，扩大了昆虫的分布范围。这不仅有助于昆虫种群在短期内快速增加数量，还有助于昆虫长期适应环境变化，确保种群的持续生存和繁衍。

第二节　昆虫的发育

昆虫的个体发育从卵到成虫性成熟，可以分为两个阶段。第一阶段是胚胎发育，这一阶段的发育完全依赖于母体提供的营养物质（或卵黄）。在这个阶段，受精卵（或未受精的卵，在孤雌生殖的情况下）在卵内经历细胞分裂和分化，形成胚胎。第二阶段是胚后发育，始于卵孵化后，直至昆虫达到性成熟。在这个阶段，昆虫幼

（或若虫，取决于昆虫的发育类型）开始独立生活，通过自行取食来获取营养，并适应环境条件。胚后发育包括幼虫期、蛹期（对于经历完全变态的昆虫）和成虫期。整个发育过程中，昆虫可能会经历多次蜕皮，每次蜕皮后进入新的发育阶段，直至最终成为性成熟的成虫。这种发育过程使得昆虫能够从依赖母体提供营养的阶段，过渡到能够独立获取营养和适应环境的成虫阶段。

一、卵期

昆虫的生命周期通常从卵开始，卵是昆虫个体发育的第一阶段，即胚胎发育时期。卵期是指从卵产出到孵化成幼虫（或若虫，对于不完全变态昆虫）的阶段。

卵（图 3-1）是昆虫发育的起点，是一个特化的细胞。它由坚硬且结构复杂的卵壳保护，壳上有刻纹和精孔，精孔是精子进入的通道。卵壳下是卵黄膜，内含原生质、卵黄和卵核。卵核位于中心，是细胞的核心。昆虫卵的大小差异很大，最小的卵（如寄生蜂的卵）长约 0.02 mm，而最大的卵（如某些螽斯的卵）长 9~10 mm。昆虫卵的形状多种多样，常见的有球形或椭球形，但也有半球形、长卵形、馒头形、肾形、桶形等。草蛉的卵具有独特的丝状卵柄（图 3-2（a）、（b）），粉蛉的卵表面有蜡粉覆盖（图 3-2（c）），而一些蝽的卵则有卵盖。昆虫卵壳表面还有各种各样的脊纹，这些脊纹可能是放射状的（如一些夜蛾），或在纵脊之间还有横脊（如菜粉蝶），以增加卵壳的硬度。

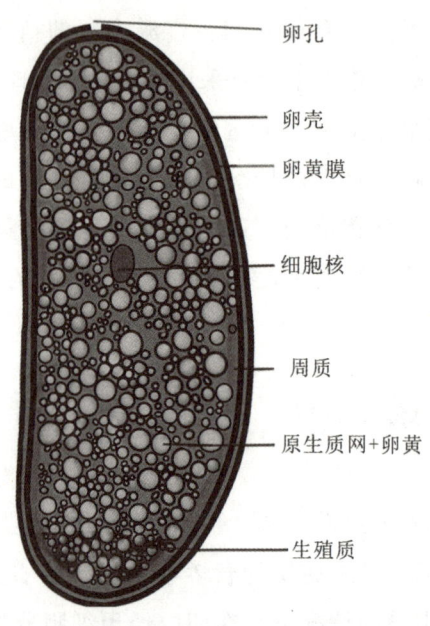

卵孔
卵壳
卵黄膜
细胞核
周质
原生质网+卵黄
生殖质

图 3-1　卵的基本构造

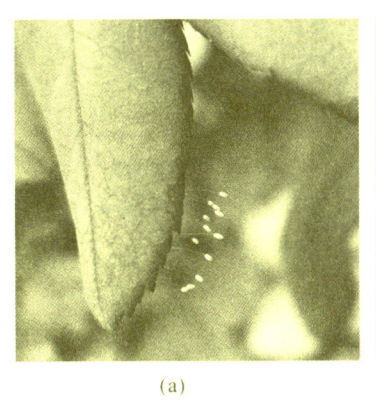
(a)

(b)

(c)

图 3-2　卵的形状（李敏拍摄）

（a）、（b）草蛉卵；（c）粉蛉卵

二、幼虫（若虫）期

昆虫胚胎发育完成后，幼虫或若虫会使用特殊的破卵构造（如刺、骨化板等）破壳而出，这一过程称为孵化。不全变态昆虫从卵孵化到成虫的阶段称为若虫期；全变态昆虫从卵孵化到形成蛹的阶段称为幼虫期。新孵化出的昆虫幼体通常很小，通过取食不断生长，当生长到一定程度时，由于坚韧的体壁限制了生长，它们就必须蜕去旧表皮，取而代之的是新表皮，这个过程称为蜕皮。蜕下的旧表皮称为蜕或蜕皮。昆虫在蜕皮前通常会停止进食和活动。每次蜕皮后，它们的体型会显著增大，食量增加，形态也会发生变化。幼虫或若虫从孵化到第一次蜕皮，以及相邻两次蜕皮之间的时间，称为一个龄期。在每个龄期中的幼虫或若虫称为龄虫。从卵孵化后到第一次蜕皮前的阶段称为第一龄期，这个阶段的虫态即为 1 龄；之后，每经过一次蜕皮，龄期增加，如第二龄期是第一次和第二次蜕皮之间，这个阶段的虫态即为 2 龄，以此类推。昆虫幼体阶段的龄数和龄期因种类而异，通常是经过饲养观察而明确。中华啮粉蛉幼虫的不同虫龄如图 3-3 所示。

三、蛹期

全变态昆虫必须经历蛹期，这是从幼虫到成虫的转变阶段。老熟幼虫在化蛹前会停止取食，进入预蛹期，此时外表看似静止，但体内正在进行剧烈的生理变化。预蛹期后，幼虫蜕去皮变成蛹，这个过程称为化蛹。从化蛹到成虫出现所经历的时间称为蛹期，这个阶段外表看似静止，但体内组织和器官正在重构，为成虫阶段生

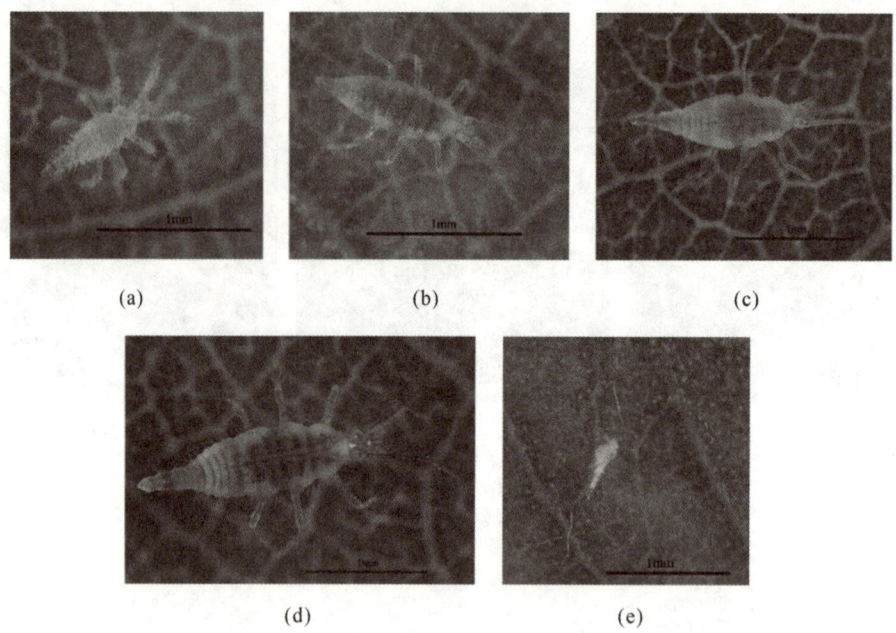

图 3-3　中华啮粉蛉幼虫的不同虫龄（李敏拍摄）

（a）1 龄幼虫；（b）2 龄幼虫；（c）3 龄幼虫；（d）4 龄幼虫；（e）幼虫蜕的皮

命活动做准备，即一方面破坏了幼虫原来的内部器官，另一方面形成了成虫所具有的内部器官。

蛹的形态一般有三种类型。

（1）离蛹，又称裸蛹。它的特点是附肢（触角、足）和翅等不紧贴蛹体，能够活动，同时腹节也可略微活动，例如金龟甲和蜂类的蛹。脉翅目昆虫的蛹也属于离蛹类型，但蛹通常被包在丝质薄茧内（图 3-4）。

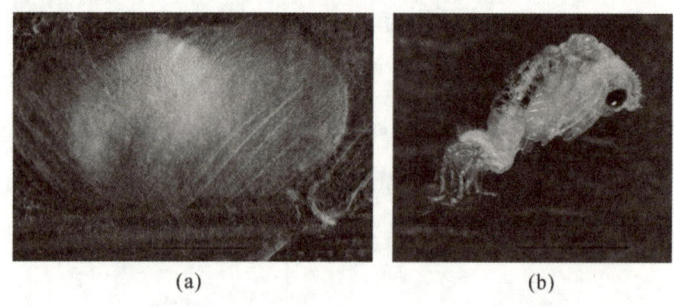

图 3-4　中华啮粉蛉的预蛹和离蛹（李敏拍摄）

（a）包在双层薄茧内的预蛹；（b）从双层薄茧内剥出的离蛹

（2）被蛹。它的特点是附肢和翅等紧贴蛹体，不能活动，大多数或全部腹节也不能活动，大多数蛾类和蝶类的蛹属于这种类型。

（3）围蛹。围蛹本质上是裸蛹，但被幼虫最后蜕的皮包裹，形成硬壳，例如蝇类的蛹。

四、成虫期

成虫是昆虫生命周期的最后阶段，其主要功能是交配和产卵。昆虫通过羽化进入成虫期，这一过程标志着它们从若虫或蛹转变为成虫。羽化后，成虫的身体会逐渐硬化，体色加深，翅膀在血液压力的作用下展开，从而开始活动和飞行。成虫期从羽化开始，直至昆虫死亡。

某些昆虫，如三化螟、家蚕蛾和蜉蝣，在羽化后性器官即刻成熟，能够立即进行交配和产卵。而其他昆虫，如黏虫、小地老虎和稻纵卷叶螟，在羽化后需要摄取额外的营养来完成性腺和卵的成熟，这一过程称为补充营养，额外的营养通常通过摄取蜜源植物、腐熟果汁或昆虫分泌物等来获得。

成虫从羽化到性成熟的时间称为交配前期，从羽化到第一次产卵的时间称为产卵前期，而从开始产卵到结束产卵的时间称为产卵期。

在同种昆虫中，雌雄个体之间除了生殖器官结构和第二性征的差异外，还存在其他形态特征（如大小、颜色、结构等）的显著差异，这种现象称为雌雄二型，例如蝗虫、锹甲、象甲、蚧虫、尺蛾、叶蝉、凤蝶等。而同种昆虫的同一性别之间，如果在颜色、结构等方面存在明显差异，从而形成两种或更多不同类型的个体，则称为多型现象，例如异色瓢虫、桦尺蛾等。

昆虫发育过程研究不仅有助于理解昆虫的生物学特性，还为害虫防治提供了科学依据和新的策略，是害虫防治中不可或缺的一部分。昆虫主要在幼虫或若虫阶段取食和生长，对于农林害虫来说，这一阶段是它们造成损害的主要时期。因此，杀卵是一种预防害虫为害的重要措施。然而，对于天敌昆虫而言，害虫的幼虫和若虫阶段是它们捕食或寄生的主要时期。蛹期是昆虫生命中的脆弱阶段，蛹无法移动，易受敌害和不良环境影响，这是防治害虫的有利时机，例如通过翻土将蛹暴露于地表进行晒死，同时也可增加天敌的捕食机会。害虫在成虫阶段需要补充营养，可以利用这一特性，将通过设置糖、醋、酒混合液诱捕器或花卉观察圃来诱集害虫，作为在农业和园艺中监测和控制害虫的一种方法。

第三节　昆虫的生活史

昆虫的寿命是指从卵或幼虫、若虫离开母体到死亡所经历的时间。生命周期则是指从卵或幼虫、若虫离开母体到成虫性成熟并产生后代的整个个体发育过程，也称为一个世代。完成一个世代所需的时间称为历期。通常，世代的起点被设定为卵或幼虫离开母体的时刻。因此，多数昆虫的寿命往往比其生命周期要长，两者之间的差异主要取决于成虫在开始繁殖后所存活的时间。此外，对于同种昆虫而言，雌虫的寿命通常长于雄虫。

通常情况下，昆虫的世代数和完成一个世代所需的时间是由遗传特性决定的，这一特性称为昆虫的化性。一年只发生一个世代的昆虫称为一化性昆虫。一年发生两个世代的昆虫称为二化性昆虫。一年发生三个或更多世代的昆虫称为多化性昆虫。而需要两年以上才能完成一个世代的昆虫称为部化性昆虫。

许多昆虫的化性不仅受遗传特性控制，还受环境因素，尤其是温度的影响，因此常随地理位置的变化而有所不同。例如，亚洲玉米螟在我国东北地区北部一年仅发生一个世代，在华北多数地区一年发生两到三个世代，在江西等地一年发生四个世代，在华南地区一年发生五到六个世代。

一、昆虫的生活史

昆虫的生活史是指昆虫在一定阶段内的个体发育过程。昆虫在 1 年中的生活史，称为年生活史。昆虫完成 1 个生命周期的发育史，称为 1 代生活史。农业害虫防治常考虑昆虫在 1 年中的发育过程，即从越冬虫态越冬后复苏起，至翌年越冬复苏前的全过程。研究害虫的年生活史，摸清其在 1 年内的发生规律和为害情况，有利于在其生活史中的薄弱环节进行防治。

一化性昆虫的年生活史就是 1 个世代；二化性和多化性昆虫的年生活史包括几个世代；部化性昆虫的年生活史则只包括部分虫态的生长发育过程。一些多化性昆虫的年生活史较为复杂，如棉蚜完成其年生活史需要世代间的寄主交替和生殖方式交替，从而形成了年生活史的世代交替现象。

二化性昆虫和多化性昆虫由于发生期及成虫产卵期长等原因，前后世代出现明显重叠的现象，称为世代重叠。多化性昆虫世代重叠的现象非常普遍，因而在分清各世代的发生情况以及准确测报和开展防治等方面的工作存在一定困难。一化性昆虫世代重叠的情况比较少见，但也有少数种类由于越冬期、出蛰期的差异而出现世代重叠现象。昆虫的生活史可以用文字记载，也可以用图或表表示。

二、休眠和滞育

休眠是由不良环境条件直接引起的发育停滞现象，当不良条件消失时昆虫便可立即恢复生长发育。因此，休眠是昆虫对不良环境条件的暂时性适应。在温带地区，在冬季严寒来临之前，随着气温下降，食物减少，各种昆虫都寻找适宜环境休眠越冬。在干旱高温季节或热带地区，有些昆虫也会暂时停止活动，进行休眠。处于这种越冬或越夏状态的昆虫，如给予适宜的生活条件，仍可恢复活动。将冬季休眠的昆虫收集后，在适宜的温度下饲养，它们就能结束休眠，并顺利完成发育周期。

滞育指某些昆虫在一定的季节或发育阶段，不论环境条件适合与否，都会出现发育停滞、不食不动的现象。滞育是昆虫长期适应不良环境的遗传特性。在自然情况下，在不良环境到来之前，这些昆虫在生理上已经有准备（即进入滞育状态），而且一旦进入滞育，即使给予适宜的条件，也不能马上恢复生命活动。所以，滞育具有一定的遗传稳定性。凡具有滞育特性的昆虫一般存在滞育虫态，亲缘关系相近的昆虫可以有不同的滞育虫态，通常1个世代只有1次滞育。例如，家蚕是一种卵滞育昆虫，其滞育主要受温度影响，人类可以通过调节温度控制家蚕的发育，以获得最佳收益，如图3-5所示。

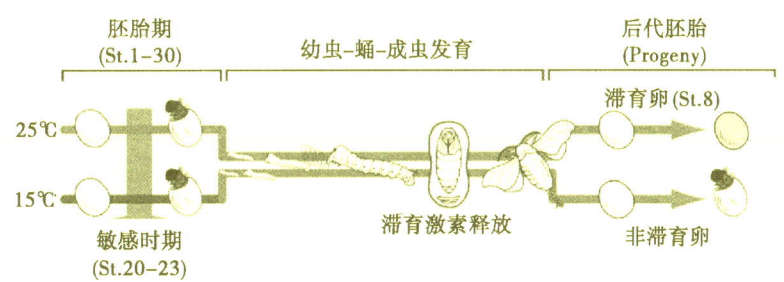

图 3-5　家蚕进入滞育的调控模式图（Sato et al.，2014）

三、引起和解除滞育的条件

昆虫的滞育既受遗传特性的控制，也受环境因素的影响。影响昆虫滞育的主要外在环境因素有光周期、温度、食物和种群密度等，而内在因素则主要是激素。

光周期是指一昼夜中的光照时数与黑暗时数的节律。在自然界所有变化的物理因素中，光周期的变化最为规律，它给昆虫提供的有关环境条件变化的信息最为稳定，因而是影响昆虫滞育的主导因素。临界光周期是指能使昆虫种群中50％的个体进入滞育状态的光周期。不同种类或同一种昆虫的不同地理种群，临界光周期会有所不同。例如，三化螟的南京种群和广州种群的临界光周期分别为13.75小时和12小时。对光周期敏感的虫态被称为临界光照虫态，通常是指滞育虫态的前一阶段。以家蚕为例，其滞育发生在卵阶段，因此其临界光照虫态为上一代成虫。昆虫对光周期的反应可以分为四种类型。① 短日照滞育型（即长日照发育型），这类昆虫在光周期小于临界值时会发生滞育，滞育个体数随日照减少而增加，当光周期大于 12 小时时，昆虫可以正常发育而不滞育，冬季滞育的昆虫（如三化螟和亚洲玉米螟）就属于这一类型。② 长日照滞育型（即短日照发育型），这类昆虫在光周期长于临界值时发生滞育，滞育个体数随日照增加而增多，当光周期小于 12 小时时，昆虫可以正常发育而不滞育，一些夏季滞育的昆虫（如大地老虎和小麦吸浆虫）属于此类型。③ 中间型，这类昆虫在光周期过短或过长时均会滞育，只有在较窄的光周期范围内才不滞育。例如，桃小食心虫在 25 ℃条件下，当光周期小于 13 小时时，老熟幼虫全部滞育；当光周期大于 17 小时时，半数以上滞育；当光周期为 15 小时时，大部分则不滞育。④ 无光周期反应型，这类昆虫的滞育不受光周期变化的影响。

自然界中的温度变化具有明显的季节性规律。昆虫在长期进化过程中，逐渐适应并利用这些季节性温度变化来调节其生活史。因此，温度是仅次于光周期的影响昆虫滞育的重要因素。对于兼性滞育的昆虫，低温可以诱导冬季滞育的发生，而高温则可以诱导夏季滞育的发生。在自然界中，温度的变化通常与光周期的变化相协调。一般来说，温度每升高或降低 5 ℃，日照滞育型昆虫的临界光周期会相应减少或增加 1～15 小时。例如，在 20 ℃时，棉铃虫老熟幼虫的临界光周期为 14～15 小时；在 25 ℃时，为 13～14 小时；当温度升至 28 ℃时，即使在 12 小时的日照条件下，滞育蛹的比例也少于 50％。因此，同一种昆虫的低纬度种群通常比高纬度种群滞育时间较晚。在我国，北方种群一般比南方种群更早进入滞育状态。高温与长日照的结合，可以引发长日照滞育型昆虫的夏季滞育。

其他环境因素（如食物和种群密度等）在自然界中也表现出一定的季节性规律，成为标志季节变化的特征因子，对昆虫的季节性发生具有重要影响。昆虫在不同程度上利用这些因素来调节其生活史中的滞育现象。食物对昆虫滞育的影响主要体现在食物的有无及其营养成分上。例如，七星瓢虫等在冬季缺乏猎物时会进入滞育状态。秋季来临时，光周期缩短、温度下降、植物老化且含水量减少，昆虫取食后代谢作用减缓，从而促进其滞育。种群密度对昆虫滞育的影响在很多情况下与食物恶化难以区分。然而，研究表明，种群密度有时也是影响滞育的重要因素之一，尤其是对一些仓库害虫和群聚型昆虫而言，种群密度常是控制其滞育的决定性因素。例如，为害储藏期柠檬果肉的鸽光裳夜蛾，在幼虫饲养密度较大时会进入滞育状态；而花斑皮蠹则相反，幼虫群体饲养时蛹不滞育，单头饲养时则会引起蛹期滞育。

昆虫滞育的引发和解除都受到体内激素的调控。外界刺激通过昆虫的感觉器官被感知后，会引发脑神经分泌细胞分泌脑激素（活化激素），进而激活咽下神经节，促使其分泌滞育激素，通过血液作用于卵，从而引起卵滞育。对于幼虫和蛹的滞育，脑神经分泌细胞的分泌活动停止，导致前胸腺无法被活化，蜕皮激素的分泌受阻，进而抑制幼虫和蛹的发育。而成虫滞育则是在不利环境下，脑神经分泌细胞的分泌受到抑制，不能分泌脑激素，咽侧体未能活化，无法分泌保幼激素（促性腺激素），从而抑制性腺和性细胞的发育。昆虫进入滞育后，需要经过一段时间的滞育代谢才能解除滞育状态。许多冬季滞育的昆虫在冬至日时已基本解除滞育，但由于气温过低，它们仍无法恢复正常活动。温度、光周期是解除滞育的关键因素，它们与昆虫滞育持续时间的关系复杂。适宜的温度可以加速滞育的解除，而过高或过低的温度则通常会推迟滞育的终止时间。

第四节　昆虫的习性与行为

1. 昆虫的基本行为模式

行为模式是指行为活动发生、进行和完成的某种固有方式。昆虫的行为模式有些是本能的反应，有些则是通过后天学习获得的。有些昆虫还表现为周期性节律，即昆虫钟。

本能又称为先天行为，是由遗传因子决定的固有的行为。昆虫的本能可分为反射和定向等。

反射是最简单的本能反应，由 1 个感受器和 1 个效应器完成。完成反射的物质基础是反射弧。位相性反射速度快、时间短，如逃逸反应等；强直性反射速度慢、时间长，如保持定向位置等。

定向是昆虫接受环境中的化学或物理刺激，从而做出调整其位置或姿势的行为反应。当昆虫静止不动时，它与环境保持稳定；当昆虫在原地转动、爬行或飞翔时，这种关系就发生改变。虽然定向是简单的动作，但在昆虫复杂的活动中蕴含着定向行为。

依感觉能力和行为方式可将定向分为动态、趋性和横定向三类。动态是指昆虫对刺激并无明确的反应方向的定向，是随机或非随机性的运动反应，运动强度随刺激强度的变化而变化，身体长轴无特殊定位。趋性是指昆虫对外界因子所产生的趋向或背向行为活动。其中，趋向活动称为正趋向性，背向活动称为负趋向性。昆虫的趋性主要有趋光性等。趋光性是指昆虫对光的刺激所产生的趋向或背向活动。趋向光源的反应为正趋光性，背向光源的反应为负趋光性。不同种类，甚至不同性别和虫态的昆虫趋光性不同。在生产实践中，人们常利用昆虫趋性进行防治。例如，利用昆虫的趋光性进行灯光诱杀和害虫测报等。横定向是指虫体的反应方向与刺激方向保持某种角度的现象，例如，很多昆虫在行进时利用太阳、月亮作为参照系。

此外，依据定向的作用或生物学意义，可将定向分为对食物或寄主的定向、对配偶的定向、对巢穴的定向及对迁飞方向的定向等。根据昆虫接受刺激和产生感觉的性质，可把定向分为嗅觉定向、听觉定向、视觉定向（visual orientation）和磁场定向等。

2. 昆虫的学习

学习是昆虫由经验或实践的结果而发生的持久或相对持久的适应性行为变化。学习可以减少不必要的能量消耗，增加获得利益的可能性和减少惩罚。Alloway 认为昆虫学习可分为条件反射、器械学习、惊吓逃避学习和嗅觉条件反射；但也有一些行为学家将昆虫学习分为习性、潜伏学习、印记和洞察力学习等。

不同昆虫的学习能力有一定差异，例如，蜜蜂的学习能力较强。在某一特定生理状态下，昆虫在感受某一种外界刺激时，其先天反应潜能不同，这种能力是自然选择的结果。昆虫对外界刺激的先天反应潜能越弱，其行为的可塑性就越大；而对外界刺激的先天反应潜能越强，其行为就越不易被学习经历所改变。

昆虫后天的行为是通过联系学习获得的。联系学习是指动物（昆虫）通过学习把无特定意义的（中立的）刺激与有意义的（正作用或副作用）刺激联系起来，原先只对有意义的刺激产生的反应，也可以通过中立刺激的反应获得。这种有意义的刺激称为非条件刺激，中立的刺激称为条件刺激。例如，黑芥子苷对菜粉蝶产卵具有刺激作用，若用黑芥子苷刺激菜粉蝶，使其在某种颜色的纸上产卵，一旦产卵后，即使在无黑芥子苷存在时，它也特别趋向于在此种颜色的纸上产卵，这种联系记忆至少可存留 1 天。因此，这种中立的刺激（纸的颜色）就同有意义的刺激（黑芥子苷）联系起来了。学习对昆虫既可带来有利的结果，也可带来不利的结果。如果与学习有关的某种资源极易获得，则有益；反之，学习则阻止昆虫对其他资源的接受。若从食性角度考虑，学习可使昆虫易于接受新的寄主，从而可能引起进化途径的改变。

昆虫行为的可塑性通常还与习惯有关。所谓习惯，是指随着对某种刺激经历的增加，而对该刺激的行为反应逐渐减弱的现象。表现在食性方面，习惯可使昆虫改变其取食行为，取食最初不能接受的食物。例如，将含尼古丁的沙漠蝗拒食剂喷洒于高粱叶片上，让其每天取食 18 小时，连续数日，试验第 1 天所有个体对处理叶片皆有拒食作用，到第 3 天该处理叶片可被所有个体接受。敏感是习惯的对立面，是指随着刺激经历次数的增加，而对刺激的反应逐步提高的现象。敏感与学习无关。

学习行为具有 3 个特征，即重复的经历会导致行为的改变；学习反应是可以被遗忘的；学习致使行为反应的改变会随着经历的增加而达到渐近线。

3. 昆虫的行为周期性

行为周期性是指昆虫的生命活动（如趋光性、体色变化、迁移、取食、孵化、羽化和交配等）表现出一定时间节律的现象。行为周期性是物种特性的重要组成部分。例如，小地老虎和黏虫成虫都在傍晚或夜间活动，表现为夜出性；菜粉蝶类和柑橘凤蝶成虫在白天活动，表现为日出性；麦红吸浆虫成虫在日出或日落前活动，表现为弱光性。

昆虫周期性活动表现出的时间节律可分为外生性节律和内生性节律两大类。

外生性节律也称为昼夜节律，是指昆虫对外界环境条件变化所产生的直接周期性行为反应。例如，蛾类在白天潜伏而在黑夜飞行，蝶类在白天飞行而在黑夜潜伏，是由它们对昼夜节律的直接反应所导致的，但是，如果将这两类昆虫放在恒定条件（连续黑暗或连续光照）下，它们原有的昼夜活动节律就会消失。

内生性节律又称为时辰节律，是指由昆虫体内真正存在的指示时间节律的机制所表现出的周期性行为反应。例如，蜜蜂、果蝇和萤火虫等，它们的运动、取食、羽化和发光等节律，即使在恒定条件下也不会消失。

时辰节律的概念最早是由哈尔贝格（Halberg）提出来的，原意是"大约 1 天"。因此，时辰节律多被用来表示那些周期大约为 24 小时的生物学节律（变化范围通常为 22～27 小时）。

此外，昆虫的时辰节律还包括潮汐（12.4 小时）、半月（14.7 天）、月（29.4 天）和年（1 年）节律。

生物钟是指由于长期受地球自转和公转引起的昼夜节律及季节变化的影响，生物的生命活动和行为反应表现出特定的时间节律的现象。例如，海洋生物受月球运动引起的潮汐和月周期性的影响，发展出能适应这些环境周期变化的时间节律。昆虫钟是昆虫体内的生物钟，即昆虫生命活动和行为的时间节律。

生物钟现象最先是由法国天文学家德梅兰观察含羞草属叶子的昼夜活动节律而发现的，后来，其他科学家发现动物也有生物钟现象。2017 年，Jeffrey C. Hall、Michael Rosbash 和 Michael W. Young 三位科学家被授予诺贝尔生理学或医学奖，奖励他们在生物钟方面的突出贡献。

4. 昆虫的食性

昆虫在长期演化过程中，对取食食物的种类形成了特定的选择性。食性即昆虫在自然情况下的取食习性，包括食物的种类、性质、来源和获取食物的方式等。不同种类的昆虫，取食食物的种类和范围不同，同种昆虫的不同虫态也不完全一样，有的甚至差异很大。由于许多全变态昆虫在其整个生活史内不同的生长发育阶段占据不同营养级，其食性的分类显得错综复杂。蜻蜓的幼虫称为水虿，生活在水中，是凶猛的捕食者，以水中的浮游生物、小型水生昆虫、蝌蚪甚至小鱼为食，而成虫则是空中的捕食者，主要以飞行中的小型昆虫（如蚊子、苍蝇、蜜蜂等）为食。根据昆虫所取食的食物性质，可将昆虫分为植食性、肉食性、腐食性和杂食性四类。以活体植物或植物产品为食的昆虫称为植食性昆虫，这些昆虫多数是经济作物的害虫，占昆虫总数的 40％～50％。以其他动物（包括他种昆虫）或其组织为食的昆虫称为肉食性昆虫，它们多为益虫。

肉食性昆虫根据取食和生活方式的不同又可分为捕食性和寄生性两类。捕食性昆虫是捕食其他小型动物（其中主要是昆虫）的昆虫，其身体一般大于捕食对象，如螳螂、瓢虫、草蛉和步甲等。寄生性昆虫是指生活于其他昆虫或动物的体表或体内并从后者获得营养物质的昆虫，如寄生蜂类和寄生蝇类等。

取食已死亡或腐烂的动物性或植物性物质（包括动物尸体、粪便和腐败植物落叶）的昆虫称为腐食性昆虫，它们在生态循环中起着分解者的重要作用，如埋葬虫、果蝇和蜣螂等。能以各种植物和（或）动物为食的昆虫称为杂食性昆虫，如蜚蠊、蚂蚁和蟋蟀等。

按昆虫取食范围的广狭，可将植食性昆虫分为单食性、寡食性和多食性三类。单食性昆虫具有高度特化的食性，仅以 1 种或极近缘的少数几种植物或动物为食，如三化螟只取食水稻，豌豆象只取食豌豆。寡食性昆虫通常取食少数属的植物，或对其中几种植物尤为嗜好，例如，菜粉蝶主要以十字花科植物为食，棉大卷叶螟则偏好锦葵科植物。多食性昆虫的食物范围极为广泛，它们能够以多种亲缘关系较远的植物甚至动物为食。像地老虎类，就可以取食禾本科、豆科、十字花科以及锦葵科等多个科的植物；玉米螟的食性更为宽泛，能够取食 40 科 181 属共计 200 多种植物。

昆虫的食性既有其相对稳定性，也有一定的可塑性。在食料改变和缺乏嗜好食物时，有些昆虫的食性也会被迫改变和发生分化。

大多数昆虫在其整个生活史内均需取食，以补充其生长发育所需的营养。昆虫在摄取食物过程中所表现出的觅食行为多种多样，但觅食步骤大体相似，即多以化学刺激作为决定择食的最主要因素。植食性昆虫通常以植物的次生性物质为信息化合物或取食刺激剂，捕食性昆虫则多以猎物的气味为刺激取食的因子。以寄生性昆虫和捕食性昆虫的觅食行为为例，其觅食步骤一般可分为食物定位、发现食物、食物识别、食物接受和食物可适性检验（图3-6）。

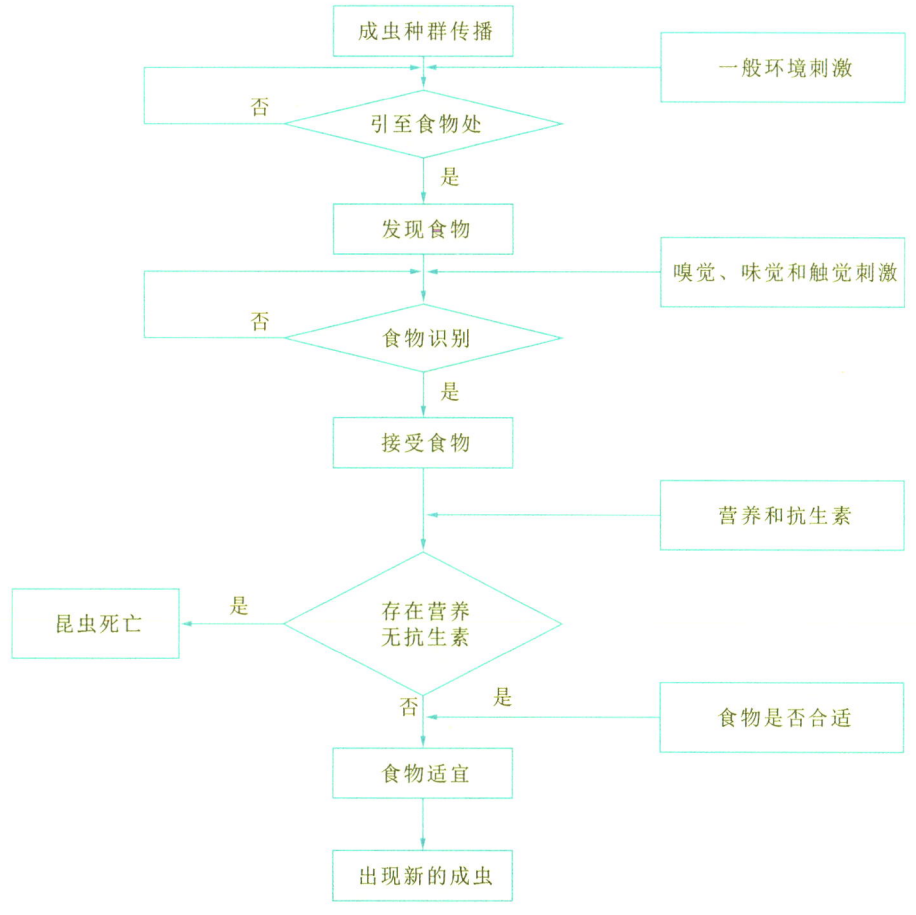

图3-6 昆虫选择食物过程图解

不同的昆虫在觅食过程中拥有各自不同的觅食策略，即为达到最大的觅食效率所采用的方法和措施。在食物定位的过程中，不同种类的昆虫表现出的行为也存在很大差异。有的昆虫表现出积极的搜索行为，主动去寻找食物（如大多数捕食性昆虫）；有的则采取"坐享其成"的方式，如盗食寄生，即寄生者产卵于寄主体内，幼虫孵化后首先杀害寄主，继而利用寄主储粮完成其发育的现象。如图3-7所示，亮腹釉小蜂寄生于柑橘木虱若虫中，最终杀死柑橘木虱。

在社会性昆虫的觅食策略中，多数具有集体取食行为，如蜜蜂寻找蜜源等。而交哺现象，即昆虫种内或种间的液体食物相互交换，并借以传达有关信息的现象，在社会性昆虫中也是最为常见的。

图 3-7 被寄生的柑橘木虱

5. 昆虫的群集

群集是指同种昆虫的大量个体高密度地聚集在一起的现象。许多昆虫在其生活史的某一阶段都有群集习性，群集通常可分为会集、聚集、临时性群集和永久性群集等不同类型。昆虫的群集多由信息素控制，因而在群集的个体中常伴随着聚集信息素的释放。

会集是指同种个体的聚合，通常特指多头雄虫向未交配成熟雌虫的趋集。会集现象在昆虫中十分常见，其重要生物学意义是加大雄虫在其种群中的影响程度和范围。例如，东南亚地区的雄性萤火虫，为了吸引雌性萤火虫常聚集在一起发光，以扩大其吸引雌性萤火虫的范围。

聚集泛指同种昆虫个体（而不仅仅是某一性别）的聚合，而且这种聚合通常表现为行动无组织，在个体之间无协作关系。例如，小蠹通常聚集在一起共同为害树木，先到的小蠹在资源利用上会有竞争优势，因此短时间内小蠹就会大量聚集在所为害的树木上，被称为"密集进攻"。当1棵树上的虫口密度达到一定程度时，密度就不会再上升。

另外，蚜虫也常聚集在植株的某个部位，这通常是由孤雌胎生产生的若蚜没有从营胎生生殖的母体周围扩散造成的。蚜虫的聚集不仅由雌蚜及它们的子代所造成，而且可能来源于特定种类扩散迁飞后或其他聚集体分裂后的重新聚集。不同种类的蚜虫在被机械或化学骚扰后，倾向于群集的特性各不相同。这种倾向性与喜蚁性是大体相关的。喜蚁性是指蚁类因喜好蚜虫的分泌物而在两者之间建立关系。喜蚁蚜虫的紧密群集使从蚁的"照管范围"变小，有利于蚂蚁收集蜜露和保护蚜虫为免遭捕食释放报警信息素时的聚集。

临时性群集是指昆虫在某一虫态或某一段时间内群集在一起，过后就分散生活的现象。永久性群集是指昆虫终生生活在一起的群集现象。例如，马铃薯瓢虫和榆蓝叶甲等的群集越冬习性，天幕毛虫幼虫在树枝上结网，并集合栖息在网内，均为临时性群集。蜜蜂和蚂蚁等社会性昆虫则为永久性群集。

东亚飞蝗有群居型和散居型两种类型，而且两者可以互相转化，所以其群集类型的归属并不十分明显。飞蝗的群集行为是由蝗蛹粪便中的群集外激素（蝗呱酚）引发的，虫量越大，蝗呱酚的浓度越高，越容易引起群集。群集行为在幼虫阶段开始，并在成虫阶段进一步发展为大范围的迁飞行为。这种群集和迁飞行为是飞蝗适应环境、寻找资源和扩大种群的重要策略。所以飞蝗小范围、小数量的群集属于临时性群集，而大面积、大量个体的群集则属于永久性群集。杨树毛蚜和甘蓝蚜的群集可能维持 1 个完整世代，为永久性群集；豌豆蚜的若蚜从 3 龄开始就由群集状态转入扩散状态，为临时性群集。

6. 昆虫的迁移

迁移（或称转移）是指在一定环境条件影响下，昆虫从出发地迁出或从外地迁入的行为活动。引起昆虫转移的原因有 3 种：借助于风力、水流和人为携带造成的被动转移；昆虫的主动移动发生的转移；由昆虫被动移动和主动移动结合而导致的转移。一般可将昆虫的移动分为两类，一类是微小范围的移动，即昆虫的移动仅局限于本地，而且无法预测其移动方向，如蝴蝶从一株植物飞向另一株植物，间歇性地取食花蜜，在适合的寄主上产卵。但该类移动的发生并不是偶然性的，因为它涉及昆虫对各种刺激的积极反应。另一类是大范围的移动，即真正意义上的迁移，其主要行为学模式是从一个生境迁往另一个生境。昆虫可以从通过自然选择塑造的这种适应性行为中获得生态及遗传利益。

昆虫转移是为了选择适宜的场所越冬、产卵、觅食和求偶等。从生态学意义上看，转移可使物种从拥挤不堪、食物和水等生命必需品缺乏的生境迁出，从而找到新的资源丰富的栖息地。就进化而言，转移的持续性是建立在是否对物种存活有利的基础上的。因此，迁移的利益必须大于因迁移而造成的生理损耗及数量损失。

昆虫的转移包括迁飞、扩散和携播。其中：迁飞和扩散统称为迁移，是主动的；携播则是被动的。但是，并非所有的昆虫都需要迁移。只有那些占有短暂栖息地的种类才必须经常有规律地迁移；对于占有永久性栖息地的昆虫来说，只需小范围的转移即可达到扩散的目的。昆虫的迁移一般包括 3 个过程：迁出、过境和迁入。迁出是指某一种群的个体从发生地向外迁出的行为，过境是指某一迁移种群只在该地经过而不停留下来生活与繁殖，迁入则指某一迁移种群的个体由彼地迁入此地，并停留下来生活与繁殖。

迁移规律是物种在长期进化中形成的，并具有周期性。迁移根据周期的长短可分为年际迁移、季节迁移、白天迁移、夜间迁移和变态迁移等。年际迁移和季节迁移通常可包括纬度或海拔高度的改变，昆虫迁移距离较大，有的甚至可跨越海洋进行洲际迁移。通常，某些迁移种群可通过迁移进行生境转移，进入越冬区域或越夏区域，以寻求适宜的生境，保存其种群或繁衍后代。

（1）迁飞指昆虫通过飞行而大量、持续地远距离迁移的现象。迁飞现象在昆虫中十分常见。例如，东亚飞蝗、黏虫、稻纵卷叶螟和褐飞虱等都属于迁飞性昆虫。昆虫的迁飞类型可分为下述 3 类。

① 生活史局限在一个季节的昆虫。这类迁飞性昆虫通常是离开原先的生境，迁飞到新的地区生殖，然后很快死亡。虽然这些昆虫的迁移是发散性的，但是这种类型的迁移的特点是有着共同的目的。例如，蚂蚁和白蚁就是这种类型，刚羽化的雌雄蚁便离巢随风迁移，随着风向的改变而到处飞散。这样，一个地区只要有几个巢，慢慢地就可以发展开来。有一种沙漠蝗虫也属于这种类型，当该蝗虫的原栖息地资源用尽时，它们便迁飞到有食物的地方。

② 成虫期较短的昆虫。这类成虫通过迁飞离开原来的生境，到达一个新的环境，在新的环境中，必须经过取食，生殖腺才逐渐发育。当性成熟后，雌虫又返回到原生境或到另一个新环境产卵。这种迁飞类型的特点是成虫与幼虫的习性和食物不同，例如，雌蚊产完卵必须离开产卵地，蚊幼虫是水生的，靠过滤水获得食物，而雌蚊则以脊椎动物的血为生，这就需要已羽化的成虫飞离幼虫的生境，而当其要产卵时又飞回来。

③ 生活史较长的昆虫。这类迁飞性昆虫通过迁飞离开原来的生境，到达一个夏季或冬季栖息地，在那里度过生殖滞育期后，再重新回到原来的生境产卵。这种类型昆虫的迁飞特性有细节上的差别，其共同之处是成虫羽化后便从幼虫栖息地四散开来，以寻找合适的地方休眠，休眠后再飞回产卵。例如，食蜂甲虫每年从砍伐的原木中飞到森林边缘，在地表滞育越冬，然后再飞回原木中。一些长距离迁飞并且目的地是可知的昆虫的迁飞，也多属于这种类型。例如，北美的一种蝴蝶可以迁徙数百千米到一个确定的地方越冬，翌年春天再飞回来。

昆虫在迁飞过程中主要消耗的是脂肪，因为脂肪适于能量持续供给，例如，蝗虫、蝴蝶和一些甲虫均以脂肪作为能源物质。但一些蝇类则主要消耗糖类。还有一些昆虫（如棉铃虫），迁飞开始时以糖类作为燃料，待糖类消耗完后再利用脂肪。然而，能源物质是有限的，迁飞性昆虫特别是长距离迁飞性昆虫还需借助于外部能量，风便是其中的一种形式。但是风不能完全决定昆虫的迁移方向，因为风力有时候会将昆虫带到不利的环境中。

许多飞行能力弱的昆虫亦可以借助风力完成迁飞过程。例如，蚜虫能借助3200 m/h的风力进行迁飞。迁飞性蚜虫个体具有很强的趋光性，当天空有亮光时，它们便起飞，加速水平飞行以获得升力，然后升力将它们带到高空而飞越数千米。当顺风飞行时，蚜虫便开始振动翅膀以稳定飞行，1～2小时后慢慢地降落到合适的植物上。

（2）扩散是指昆虫群体因密度效应或因觅食、求偶和寻找产卵场所等由原发地向周边环境转移、分散的过程。昆虫的扩散对种群数量调节、寻觅适宜生境和提升后代存活率等有重要意义。种群密度过高、栖息地食料条件恶化、天敌过多以及气候变劣等，都可以引起扩散发生。从广义上讲，扩散应当包括迁飞，迁飞仅仅是扩散的一种形式而已。从狭义上讲，扩散是指昆虫小范围的移动。

（3）携播是指一种生物附着于他种生物并随之转移，但并不以后者为食的现象。其中，螨和昆虫之间的携播现象是比较普遍的。螨和携带它们的昆虫之间的联系是多种多样的，从非专性携播、半专性携播过渡到专性携播，其间逐渐发展到有构造、行为、季节及生活史的协同。例如，叶端玉曾报道蚤类可以携播粉螨休眠体，这种粉螨并不以蚤类为食。

7. 昆虫的生殖行为

大多数种类的两性昆虫的生殖行为要经过两性聚集、求偶、交配与产卵等几个序列过程。

大多数两性生殖的昆虫在求偶及交配之前一般要经过两性聚集。最简单的两性聚集形式是雄性昆虫主动寻找配偶或等待一个配偶从其附近经过。例如，在一些半翅目昆虫中，雄虫接近任何一个近似大小的移动对象时，只有在近距离范围内才能判断它是否为同类。在许多昆虫种群中，雄性昆虫只有在得到确切的视觉刺激后，才会对一个对象做出反应。

蜉蝣、石蛾、石蝇以及许多较为低等的双翅目长角亚目昆虫都具有婚飞的群体繁殖行为。参与婚飞的昆虫通常只有雄性昆虫，一般源于一定数量的同种昆虫个体对一个视觉目标的反应，而不是针对其他个体的聚集反应。引起婚飞的目标，可以是植物阴影中的一小片阳光，或天空映照下树枝的轮廓，也可以是具有明显地理特征的山尖等。婚飞昆虫的飞行主要靠风来平衡，以使飞行的群体基本保持不散。在婚飞过程中，参与飞行的个体经常上下翻飞或从一边飞到另一边，做出不同的舞蹈动作。

昆虫通过某种方式完成两性聚集后，在求偶与交配之前通常还有一个对同类异性的识别过程，虽然求偶过程本身也包含了部分识别行为。在某些昆虫种群中，雄性昆虫只试图与吸引的对象授精，然而多数昆虫的同种异性个体间需要以多种方式进行相互识别。性别的识别是在相遇后的一些特异性反应下进行的。

求偶是成虫性成熟期向异性表示交配欲望的行为，是交配前促使异性接受交配的行为活动。有些昆虫的求偶行为极其复杂，其行为方式也是多种多样的，复杂的求偶过程可以持续几个小时，甚至几天。这种行为有时表现得非常有趣，因为它常涉及一些奇特的动作，如展示鲜艳的色彩和发出复杂的声音等。通常雄性昆虫为了获得配偶，必须在雌性昆虫面前尽力展现自己华丽的"婚装"和做出各种复杂的动作；而雌性昆虫则静观雄性极卖力的表演却迟迟不做出选择。这两个方面便构成了昆虫求偶行为的全过程。在近距离范围内，视觉、嗅觉和触觉刺激等对求偶十分重要。例如，虫体的色彩在蝴蝶和一些蝇类中显得比较重要；加入雄蚊婚飞中的雌蚊可通过拍翅的声音被雄蚊识别；雄蜂依据雌蜂上颚腺分泌物的气味识别雌蜂是否未交配。

在大多数昆虫中，成功的求偶行为通常是以达到交尾为目的的。交尾通常又称为交配，是指两性成虫性交的动作和过程，包括围绕授精的所有活动。一部分昆虫种类雌雄个体之间并不接触即可完成授精，即雄性昆虫间接地转移精子，这种情况多是雄性昆虫将精包留在雌性容易接近或经常出没的地方。而大部分雄性昆虫则是将精包通过不同的方式直接送入雌性昆虫的内生殖器官。

一般来说，种群密度越大，两性之间越不需要紧密接触。生活在潮湿环境中的昆虫，其雌性和雄性几乎是完全分离的，引起雌性昆虫做出反应的是精包而不是异性个体。

几乎所有的高等昆虫都有真正意义上的交配行为，其交配方式多种多样。例如，蚱蜢和蝶类的雄虫将精液直接送入雌虫的内生殖器官，从而完成授精；床虱的交配方式则较为奇特，是由雄虫将精液直接注入雌虫皮下充满血液的体腔内，而完成授精过程，因而被称为损伤性授精。在交配过程中，不同种类的昆虫，其雌雄虫的位置和姿态也存在种群特异性。

多数昆虫的交配过程需要通过触觉感官的作用才能完成。触觉感官作用一般发生在两性个体聚集后。在求偶及性兴奋过程中，两性个体之间通过精确而复杂的触觉通信来完成。在果蝇科昆虫中，雄蝇被雌蝇吸引后，还需雄蝇用前足正确地拍打雌蝇才能完成交配。在某些种类中，雄性个体常在交配期间为雌性递送食物（即求偶喂食），然后趁雌性取食时乘机与之交配，这些"礼物"有利于增加雌性的产卵量。例如，某种长蝽的雄虫在交配前送给雌虫 1 粒无花果种子，并先注入唾液，使种子适于雌虫取食，然后与正在取食的雌虫交配（图 3-8）。雄性对雌虫的这种取悦行为，主要是为了防止过于激动的雌性将其当作潜在的攻击者或猎物。

图 3-8　一种长蝽的交配行为（仿 Carayon）

（a）注入唾液；（b）采集种子；（c）把种子送给雌虫；（d）～（e）吸食种子的雌虫允许雄虫与其交配

　　昆虫在完成授精后，雌成虫便开始为产卵做准备。昆虫产卵的方式也是多种多样的。有的直接把卵产于植物叶片或嫩梢（如多数鳞翅目昆虫），有的产卵于植物组织内（如鞘翅目天牛科昆虫），有的产于松软的土中（如直翅目昆虫），有的产卵于水中（如双翅目蚊子）等。

　　昆虫在产卵之前必须找到并选择适于产卵且有利于后代生长的场所。昆虫在长期的进化过程中，形成了对特定产卵环境的反应。例如，蚊子在产卵前，首先通过感知水体表面的植被以及光线的反射而靠近水面，但也并不是一接近水表就马上产卵，而是先进行一系列的"检测"工作，包括水的盐度等，主要通过足跗节上的感觉器检测水质是否适合产卵。雌性菜粉蝶在产卵前，通常被蓝色或黄色所吸引，而准备产卵时则受绿色物表的吸引。

　　蝗虫在准备产卵之前，首先通过腹部的敲打和产卵器的刺探等寻找适合产卵的土壤。当找到松软的适合产卵的沙地后，蝗虫便开始挖产卵穴，用前足和中足将身体支起，腹部末端向下弯曲，将土壤刮松后，用产卵瓣把土壤颗粒拨到一边，其腹部可随着洞穴的深入而向下极度延伸，如沙漠蝗属（Schistocerca）的迁飞性蝗虫可将洞穴挖至 14 cm 深。当洞穴挖成后，如果土壤含盐多或太干，雌虫就会抛弃此洞穴另找合适的土壤；如果土壤适宜，便会开始产卵活动。

8. 昆虫的通信

在几乎所有昆虫的生殖过程中，信息交流都起着非常重要的作用。信息交流也能使昆虫个体聚集，从而提高资源的利用效率，克服寄主的抗性，提高存活率。在社会性昆虫中，信息交流还能促进个体的协作。昆虫主要利用化学、听觉、视觉和触觉等方式进行信息交流。很多昆虫还能将这些信息交流方式结合起来实现一个完整的生物学功能。

（1）化学通信

在生态系统中，生物与生物、生物与无机物之间都存在着复杂的化学联系，其中也包括化学通信。化学通信是指以挥发性化学物质作为媒介的通信方式。从广义上讲，昆虫靠探测环境中的化学物质来感知信息的传递，尤其是昆虫释放的信息素。信息素根据昆虫之间协作的行为可分为多种。化学通信能刺激昆虫的生殖行为、觅食行为和集体防卫等，同时还能调节种群密度和辅助定向等。在社会性昆虫中，信息素对于协调个体之间的行为，以及维持整个社群的发展起着重要的作用。

许多昆虫都利用性信息素进行生殖通信交流，其中研究较多的是蝶类和蛾类。在一些多次交配的鳞翅目昆虫中，雌虫能在数天内持续释放性信息素，以保证获得多只雄虫的精子，通过精子竞争来获得最优基因。在蛾类中，雄蛾通过羽状触角上数以千计的嗅觉感受器来探测雌蛾释放的性信息素分子。当一只栖息的雄蛾探测到雌蛾释放的性信息素分子时，它就会立即振翅起飞并觅迹飞行，直到发现雌蛾。

（2）听觉通信

听觉通信又称为声通信，是指以声频信号作为媒介的通信方式。昆虫在不同行为机理控制下，依种类或生理状态不同可发出不同频率、强度和波形（脉冲图形）的鸣声。鸣声忽停忽现，具有精确的时间节奏，以达到准确的通信目的。许多昆虫，如叶蝉和飞虱等还能发出人耳听不到的声音进行通信。不少昆虫主要利用鸣声进行通信，但通常情况下，鸣声传播的有效距离不及信息素传播。

有些发声昆虫能发出某种特异性的声音序列或"歌"来传递信息。这些声音有的是虫体其他活动的副产物，如飞行、敲打地面、摩擦身体、鼓膜振动和气流快速运动等；有的是虫体上着生的特殊装置——发声器发出的声音。

① 摩擦发声。以虫体构造的某一部分摩擦发声的昆虫多见于直翅目的某些类群。如螽斯和蟋蟀在 1 对前翅（覆翅）上特化出摩擦器和音锉，二者组成发声器官，

以两翅的交替移动而发声。某些蝗虫的发声器官多是由后足腿节内侧上的音齿与前翅上凸起的脉翅组成的，但也有以后足与后翅摩擦发声的。除直翅目外，鞘翅目中的某些类群也多以摩擦方式发声。这种摩擦发声的原理，犹如指甲在梳齿上来回划动时的振动发声机制。

②　鼓膜振动发声。以鼓膜振动发声的典型代表是同翅目中的蝉科昆虫。蝉在第1腹节腹面两侧形成特化的发声器官，即由圆片形的角质膜构成的鼓膜。在每一鼓膜的内方有1个内突，内突上着生的肌肉与内部结构相连。当肌肉收缩时，牵动鼓膜向内凹陷；而肌肉松弛时，鼓膜又复原。就这样，肌肉的交替收缩与松弛引起鼓膜高频率振动，产生连续而缠绵的蝉鸣声。此外，鳞翅目的一些蛾类也有类似的鼓膜发声器官。

③　翅振发声。许多没有特化发音器官的昆虫，主要通过翅振动空气所发出的声音来探测定位同种个体。例如，双翅目的雄蚊能准确分辨出性成熟和性未成熟的雌蚊所发出的翅振声频，并趋向性成熟的雌蚊。此外，还有一些种类的昆虫能够利用身体的某一部分敲击物体而发声，以向其他个体传递信息。例如，某些蝗虫以后足胫节敲击地面，可引起两性个体的聚集。

用声音通信的昆虫，有特殊的接收声信号的感受器——听觉器。例如，蚊虫靠触角上的江氏器接收声信号，蝗虫的听觉器位于腹部第1节背板的两侧，螽斯和蟋蟀的听觉器着生在前足胫节上。这些听觉器通常能起接收和过滤声信号的作用，能从背景噪声中分辨出重要的声音成分，使之成为有用的通信信号。

当昆虫接收到种特异性声信号后，其听觉感受器将信号转化为神经脉冲，从声波中吸收能量，并将这种能量转化成机械能。机械能给感觉神经元以足够的刺激，并引起一个神经脉冲的释放。当神经脉冲传入中枢神经系统并经过信息处理后，再通过运动神经元向外发出行动指令，使尾虫向声源方向移动。

（3）视觉通信

与化学通信及听觉通信相比，视觉通信是更为复杂的一种通信方式。视觉通信是指以特殊光学信号为媒介的通信方式。在视觉通信系统中，昆虫需在持续变动的视觉背景中搜寻移动的、潜在的个体。视觉通信主要包括生物发光通信、发射光谱或反射图样通信和运动姿态通信3种形式。在昆虫的视觉通信中，以生物发光现象最为典型，即光由虫体上专门的发光器官产生，并被其他个体（主要是异性）的视觉器官所接收，从而引起相应的行为活动，例如萤火虫。但是并非所有发光昆虫的生物发光都具有通信作用。例如，一些弹尾纲昆虫的发光是新陈代谢的副产物；一些昆虫被发光的细菌侵染后也能发光，但这种发光不具有通信的功能。虫体和植物体的反射光谱或反射图样，是许多昆虫寻找异性和食物的重要信号。例如，菜粉蝶属许多雌蝶的翅对近紫外线的反射力很强，而雄蝶的翅鳞内有吸收紫外线的色素，对紫外线的反射力很弱。由于昆虫能感受紫外线，因而在含紫外线的阳光照射下，两性差别十分明显，使得雄蝶容易辨别和接近同种雌蝶。再如，白纹粉蝶雌蝶翅的反面对紫外线的反射力强于雄蝶，而许多"硫黄"蝶的情况恰恰相反，即雌蝶翅对紫外线的反射力比雄蝶弱，因而两者诱发雄蝶求爱行为的信号也完全不同。在蜜蜂的采食活动中，花朵的颜色是重要的信号，有些花朵反射的可见光并无区别，但蜜蜂能够分辨出紫外线的不同。由于蜜蜂能识别花种，因此当它在一种花上发现蜜源时，它就会连续几天在这种花上采食。昆虫的运动姿态也是一种引起视觉刺激的重要来源。例如，在生殖期间，雄性豹纹蝶会灵活地追赶许多橙色或黄褐色的运动目标，只有在距离目标 10 cm 以内而未感觉雌蝶气味时才离去。各种视觉通信变量往往不是孤立地起作用。例如，萤火虫发出的光是闪动的，包含着光的亮度、颜色和面积等因素。蝶翅的反射光有颜色和花纹，而飞舞时蝶翅的起落又能使花纹的隐现有一定的节奏。所以，实际信号的编码格式是很多的，尤其在与声音、气味结合起作用时情况更为复杂。

（4）触觉通信

触觉通信是以接触感觉作为媒介的通信方式。通常情况下，触觉通信只有在昆虫利用其他通信方式使分散的个体聚集后才会发生，特别是在求偶及性兴奋行为中，昆虫会采用精确而复杂的触觉行为进行通信。例如，在果蝇科中，雄蝇被雌蝇吸引，但最终种的辨认还需雄蝇用前足正确地拍打雌蝇。蚂蚁可通过触角的拍打告诉同类其他个体食物的性质、大小和距离等信息；有些蚂蚁还可通过拍打与其共生的昆虫（如蚜虫）的身体，使对方分泌出蚂蚁喜食的蜜露等物质。触觉通信在很多昆虫的求偶过程中起着非常重要的作用。在一些昆虫中，雄性会送给雌性一些食物来取悦雌性，然后趁雌性取食时与之交配。

上述化学通信、听觉通信、视觉通信和触觉通信等，通常是同种昆虫个体间（特别是异性间）的通信方式。此外，在不同种类的昆虫中，也存在着各种通信方式，即种间通信。例如，一些种类的蚂蚁与生活在蚁巢中的其他昆虫之间就存在着这种密不可分的种间联系方式。居住在蚁巢中的其他种昆虫，被称为蚁冢昆虫，它们有的为蚁类所照顾，有的则捕食蚁类或其幼虫。这种现象产生的原因在于这些蚁冢昆虫破译并模拟了蚁类的各种通信方式。如一种甲虫的幼虫生活在蚂蚁巢中，模仿合成蚂蚁幼虫释放的信息素，进而刺激蚂蚁成虫产生抚育行为，并模仿蚂蚁幼虫的乞食行为，从而获得饲养蚁提供的食物。

9. 昆虫的防御行为

在漫长的自然进化过程中，昆虫逐渐形成了与之相适应的一整套防御体系。为了生存，昆虫必须抵御外界的各种侵扰。从内部系统防御机制，到各种行为、结构和色彩防御机制，无一不是昆虫长期适应环境的结果。

昆虫对捕食者的防御可分为行为防御、结构防御、群体防御、化学防御、色彩防御等。实际上，每种昆虫可同时采用几种防御机制，抑或仅采用一种，而每种防御机制的使用均与昆虫的行为密不可分。例如，昆虫的保护色须在与保护色相对应的环境中才有用，这就需要昆虫寻找并滞留在这种环境中。

（1）行为防御

行为防御是指昆虫通过各种具体的行为方式进行防御，例如逃跑、假死、恫吓和利用防御物等。

许多昆虫都采取逃跑的方式来躲避敌害。一般昆虫个体小，加速度大，其身体特点非常适于逃跑这种方式，如蝇类和蝗虫等。蝗虫有 1 对发达的跳跃足和 1 对发达的后翅，因而可以轻易逃脱天敌的追捕；蚜虫则可通过"骤跳"来逃避瓢虫幼虫的捕食。

假死是许多鞘翅目成虫和鳞翅目幼虫的防御方式。这些昆虫若被惊扰就会从栖息的树枝等处反射性跌落；过一段时间后，它们又苏醒过来。因为许多天敌通常是不取食死亡的猎物的，所以假死是这些昆虫躲避敌害的有效方式。

有些昆虫在受到惊扰时，通过做出对攻击者各种威胁的姿势或鸣叫来防御，以有效地吓退捕食者。有的昆虫还通过奇特的形状和鲜艳的颜色或模拟其他动物的防御姿势来威慑天敌。例如，巴西有一种天蛾的幼虫，当栖息在树干上时，会混杂在环境中，若受到惊扰就会像小蛇一样扭动身躯，腹末犹如蛇头一般，令袭击者"望而生畏"。天牛科成虫在受到攻击时可以发出鸣叫来威吓捕食者。

昆虫可利用的防御物有自然防御物和昆虫自身建造的防御物两种。钻蛀性昆虫可通过取食树干而钻蛀到树干内来躲避敌害，如天牛科幼虫。有些昆虫还可以分泌泡沫状物来保护自己，如沫蝉（图 3-9）。

图 3-9　沫蝉分泌的泡沫状防御物（仿 Atkins）

不少鳞翅目幼虫主要利用外部防御物来保护自己，有的将防御物的外壳附着在固定物上，有的则背负移动，当昆虫化蛹时，外壳又成了很好的蛹室，如袋蛾。

水生昆虫石蛾可以利用各种材料，如树枝、沙粒和小石子来建造外壳并在其中化蛹（图 3-10）。

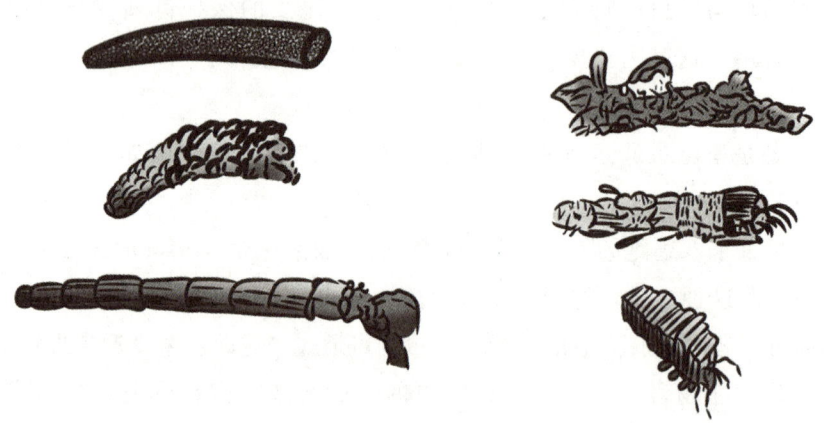

图 3-10　石蛾幼虫的各种防御袋（仿 Quick）

有些昆虫可以利用食物残骸来保护自己。例如，一种甲虫的幼虫将取食的植物残渣积累在身体背面，残渣中含有大量的生物碱，能使捕食者产生厌恶感。

（2）结构防御

结构防御是指昆虫利用身体某些特化的部位来防御天敌捕食或侵袭的行为。昆虫用于防御的特化结构很多，如硬化的表皮、特化的头部、特化的口器、发达如钳的尾须、有毒腺的刚毛和带有胫刺的足等。例如，有些鞘翅目昆虫的表皮非常坚硬，即使用大头针也无法刺穿；有些蚂蚁的头部异常骨化，且呈扁平状，可以用来堵住巢穴的入口，以防其他生物入侵。

（3）群体防御

群体防御是指昆虫以群体出击的方式进行防御的行为。例如，蜂类和蚁类的护巢行为便是一种典型的群体防御。群体防御多见于真社会性昆虫，但其他昆虫也有这种行为。例如，新松叶蜂属和松叶蜂属的几种幼虫可以一起拉伸头尾部，从口中吐出黏性的胶状物，以有效地防范被天敌寄生和捕食；当幼虫散开时，一些小型捕食性天敌昆虫又可以攻击该幼虫，并将其拉出而不惊动相邻的幼虫。相反，若幼虫紧密地凑在一起，该天敌就很难拖走其中的幼虫，即使拖走，也会被涂满幼虫分泌的黏性物质。

（4）化学防御

化学防御是指昆虫利用各种化学物质进行防御的行为。这类化学物质的来源有两个方面，一方面是昆虫腺体分泌的内源性物质；另一方面是昆虫从外部环境中获得的外源性物质。根据其化学性质，这些物质可分为毒性物质和非毒性物质。非毒性物质又可分为气味物质和驱避物质。

非毒性物质可以是昆虫表皮的腺体分泌的，也可以是昆虫从食物中精炼出来的。例如，大斑眼蝶的成虫和幼虫均可从所取食的植物马利筋中分离出强心苷。许多昆虫，如蟑螂、螽蜥和一些鞘翅目昆虫，自身就有独特的臭味，并不断地释放到体表。利用非毒性物质进行防御的典型例子是气步甲（俗名放屁虫），当其释放臭气时还伴随着一声爆响。当遇到敌害时，气步甲的腹部末端就会翘起瞄准目标，这时储存在体内的氢醌和过氧化氢被运输到表皮腔内，在酶的催化下发生反应，随后将反应生成的醌类物质释放出来。

从广义上讲，毒性物质应包括具刺的上皮细胞分泌的物质、口器注射的唾液中的物质和鳞翅目昆虫毒毛腺分泌的有毒物质。

有的毒性物质可以降解机体组织，如捕食性昆虫唾液中的毒性物质。有的毒性物质则可以麻痹对方，如寄生蜂可以先用麻醉剂将寄主麻痹，然后再在其上产卵。有些麻痹物质仅对几种寄主有效，这种特殊性与化合物的性质有关，而与寄生物的寄主选择无关。许多毒性物质是不稳定的，只产生暂时的麻痹作用，以供产卵；而有些毒性物质则会产生永久性麻痹作用。

（5）色彩防御

色彩防御是指昆虫利用身体的颜色来进行防御的行为。能起防御作用的虫体色彩有混隐色、瞬彩、警戒色和拟态等。混隐色是指体色断裂成几部分镶嵌在背景色中，起躲避捕食性天敌的作用的色彩。

昆虫通过具有与所处环境相一致的体色而达到隐蔽的作用。这不但要求昆虫体色与环境一致，还要求昆虫在形状和行为上也要与环境相匹配。

昆虫可以采用多种方式来完善这种伪装。例如，体躯上的亮暗斑可以形成阳光与阴影镶嵌的假象；通过收紧翅和体躯以尽力减少虫体的阴影等。有的昆虫的体色能变深或变浅，以抵消因光照度不同而引起的体表反射色的改变。还有少数昆虫的体色可随环境颜色变化而变化。

10. 昆虫的社会行为

社会行为是指同一种群的昆虫相互协作所表现出的各种行为方式。社会行为包括求偶行为、交配行为、繁殖行为和双亲行为等与性别有关的行为，以及领域行为和社会等级等与性别无直接关系的行为。由于对食物和栖息地的要求相同，即生存所需资源的生态位相同，同一昆虫种群内部个体之间对资源的要求既有相容的一面，即合作；又有不相容的一面，即竞争。合作和竞争是维持昆虫社会稳定的两个不可分割的方面。所以按利害关系，社会行为又可分为竞争关系、利他关系及合作关系等。领域的划分和各种社会组织又都是社会行为的结果。

社会性昆虫是指以族群的形式生活在一起，成员分化成若干品级或型并各司特殊职能的昆虫。其特征是：① 作为一个统一单位或群体共同生活的亲代和后代存在世代重叠；② 在群体内出现劳动分工，繁殖后代并不由所有个体执行；③ 群体合力逐渐形成一些防卫结构或巢的形式。

通常，可将社会性昆虫分为：① 真社会性昆虫，即由不同世代个体组成、营群体生活、成员间分工协作而共同完成群体各项工作的社会性昆虫；② 类社会性昆虫，指仅由少数同世代的成虫组成的昆虫群体；③ 亚社会性昆虫，指在群体生活中虽已出现族群形式，但成员之间无严格的社会等级和分工的昆虫群体；④ 半社会性昆虫，即群居在一起，除互相协作照料后代外，已有初步社会分工的昆虫群体；⑤ 准社会性昆虫，即同世代雌虫合作建巢、共同饲育幼虫的昆虫群体。

一般认为，真正的社会性昆虫仅存在于等翅目和膜翅目中，其中比较典型的代表是蜜蜂、黄蜂、蚂蚁和白蚁。

动物在生存和繁衍后代的过程中，需要保护食物、巢穴、配偶等资源，当同种其他个体或异种动物对有限的共同资源有相同需要时，就会发生种内或种间竞争。昆虫社会内部存在的利益冲突表现在以下几个方面：① 群体与群体之间。昆虫各群体之间为了争夺筑巢地点、觅食区和职虫，总是表现出强烈的竞争。② 王虫与王虫之间。在群体的早期发展阶段，蜂王（或蚁王）常为巢穴的控制权而展开激烈的竞争。社会性昆虫群体内存在冲突的主要原因是多个王虫的存在。多个王虫的存在，比一个王虫多次交配更能降低职虫与其喂养的幼虫之间的亲缘关系。一般来说，在多王的群体中，王虫死后将由其"姐妹"取代其位置，但是在单王的群体内，王虫死后是由职虫的"姐妹"取代其位置。由多个雌蜂共建的巢穴，在第一批后代成长起来以后，这些奠基雌蜂往往被无情的职虫杀死，王位将由一只有生殖能力的职虫接替（通常是在婚飞以后）。在很多种社会性胡蜂中，从属雌蜂也常被工蜂杀死或赶出巢穴。这些现象表明，在抑制多雌性发展方面，职虫起着重要作用。③ 职虫与王虫之间。在很多种社会性昆虫当中，王虫与有潜在产卵能力的职虫之间也存在明显的利益冲突，特别是当群体很大，职虫难以接触到王虫时，这种现象就会表现得尤为突出。外貌似蜂王的工蜂往往受到蜂王的猛烈攻击，而由它产的卵常被蜂王或其他工蜂吃掉，但也会有一些幸存者。④ 职虫与职虫之间。在职虫之间也常为竞争产卵机会和竞争一个更有利于王位的位置而发生冲突。工蚁中往往存在着一个永久性的优势等级，优势个体比从属个体能得到更多的食物，因此卵巢也能发育得更好，甚至在有蚁王存在的情况下，它们所产的卵也能占到较大比例。

利他行为是指一个个体以牺牲自己的适应来增加、促进或提高另一个个体的适应的社会行为。利他行为的主要结果是降低了基因的适应能力，缩短了生命周期，或留下更少的后代。互惠、亲缘选择和回报行为可以提高个体间的合作水平。在一个群体中，个体之间的反复相遇和存在于它们之间的密切亲缘关系也有利于合作行为的发生和发展。

工蚁以保护食物来源和保护富有生殖力的蚁后为首要职责，为了达到这些目标，它们会随时牺牲自己。工蚁在发现有侵略者通往蚁后居所的入口时，就会从头上喷射出弹状物。

群居性昆虫组织形态的进化，有时甚至伴随着不同种类间的合作。美国科学家运用 DNA 技术证实，那些种植蘑菇的蚂蚁在不断地发展自己的技能。据报道，一些蚂蚁可以"种植"8 种不同种类的蘑菇，尽管这些蘑菇 1 次只生长 1 个。不同群体的蚂蚁间还通过互通信息，学习其他蚁群种植蘑菇的技术。

人们通常可以看到这样一种情形：1 只独行的蚂蚁，做不了什么事情；几十只蚂蚁凑到一起，可以搬动一只死蛾；当有数千只蚂蚁形成群体时，它们就可以建造蚁丘。从功能上划分，社会性昆虫的通信方式主要有告警、征召、辨认、食物交换、饲养和群体效应等。

社会性昆虫通常利用告警和聚集通信手段进行防卫和觅食。例如，当某个入侵者遭到 1 只工蜂的螫刺后，工蜂的杜氏腺就会释放出告警信息素——挥发性的异戊乙酸酯。这种告警信息素会使其他工蜂趋向释放源，并进行集体防卫。

征召是指社会性昆虫召集同巢成员协力完成某项工作，如筑巢和食物搬运等。例如，蚂蚁在采集食物时，用标迹信息素在地上标记路线来召集在巢内的蚂蚁。而蜜蜂则利用一种非常精确的舞蹈来告诉同伴食物源的距离和方向。不同种类蜜蜂的舞蹈略有不同，但通常如果花粉和花蜜源离蜂巢很近，返回的工蜂就会跳圆圈舞；如果食物源离蜂巢较远（超过 50 m），工蜂就会跳摇摆舞。

在社会性昆虫通信系统中，种的辨认占有极其重要的地位。例如，在一个蜂巢内，同伴间的辨认比较谨慎，其他种的入侵者会很快被逐出，而辨认同种不同巢的蜂就复杂得多。当蜜源充足时，一个蜂巢可能会接收来自另一个蜂巢的蜂，而当蜜源稀少时，陌生的蜂和前来掠夺食物的蜂就会遭到激烈的抵抗。每个蜂巢没有固定的辨认气味，但蜜蜂会借助采集的花粉和花蜜的气味来进行辨认。根据蜂王分泌出的气味，工蜂不仅能辨认蜂王，还能判断蜂王的生殖状况。

第四章　昆虫生理学

第一节　体壁系统

一、体壁的结构

昆虫体壁系统是昆虫身体的最外层结构，主要由底膜、皮细胞层和表皮层三部分组成。

1. 底膜

底膜位于昆虫体壁的最内层，介于皮细胞层和血腔之间。底膜的主要成分为中性黏多糖（含糖蛋白的胶原纤维）。底膜具有选择透性，可将皮细胞层与血腔分开，允许某些物质通过，同时也起到一定的连接和支撑作用，使皮细胞层能够稳定地附着在体壁上。

2. 皮细胞层

皮细胞层在底膜之上，是体壁的中间层，为单层细胞结构。在脱皮过程中，皮细胞能够消化、吸收旧表皮，并分泌新的表皮，因此皮细胞层是昆虫体壁更新的重要细胞层。皮细胞层顶端的原生质丝构成的孔道，是物质运输和信息传递的重要通道。皮细胞的形态结构会随变态和脱皮周期而发生变化。皮细胞层可以特化成各种腺体、感觉器官等，参与昆虫的生理活动和对外界环境的感知。

3. 表皮层

表皮层是皮细胞分泌的产物，位于体壁的最外层，从内到外又可分为内表皮、外表皮和上表皮。

（1）内表皮是表皮层中最厚的一层，位于外表皮的内侧，主要由几丁质和蛋白质组成，具有储备营养成分（如蛋白质等）的功能。在昆虫生长发育过程中，当营养缺乏时，内表皮中的营养物质可以被分解利用。

（2）外表皮位于内表皮的外侧，经过鞣化反应而形成，是表皮层中最坚硬的一层，由几丁质和蛋白质交联而成。这种结构使得外表皮具有很高的机械强度和良好的韧性，能够保护昆虫的身体免受外界的机械损伤。

（3）上表皮是表皮的最外层，不含几丁质。上表皮从内向外一般分为表皮质层、蜡层和护蜡层。表皮质层由绛色细胞分泌而成，又可分为内外两层（多元酚层和角质精层）；蜡层位于护蜡层与表皮质层之间，主要成分是长链烃类及脂肪酸酯和醇；护蜡层是上表皮的最外层，主要成分是蛋白质和脂类，水分不易侵入。

二、体壁的色彩

昆虫的体色来源主要为体壁及其衍生物的颜色和结构、皮下组织、血液。对昆虫来说，体色是异性识别的信息，同时也可作为拟态、警戒色和闪光来躲避天敌，还可以避免阳光灼烧。色素色是由昆虫身体某些部位含有的化学物质吸收某些光波而反射其他光波形成的颜色，是昆虫体色形成的基本机制之一。结构色也称物理色，是由于体壁存在沟、缝、皱褶、突起、刻点、蜡层，能反射、折射或衍射光而形成的颜色，如甲虫、蜂类外表鳞片的金属光泽，一般不会消失。混合色也称合成色，是由色素色和结构色混合而成的体色。

第二节 循环系统

一、昆虫循环系统概述

昆虫的循环系统属于开放式，不像哺乳动物那样具有与体腔完全分离的分级网管系统，如图4-1所示。它的整个体腔就是血腔，所有内部器官都浸浴在血液中。昆虫的血液兼有哺乳动物的血液及其淋巴液的特点，因此又称血淋巴。

这种开放式循环方式具有显著特点：血压低、血量大，并且随着取食和生理状态的不同而变化很大。例如，当昆虫进食后，血液量可能会增加，以运输更多的营

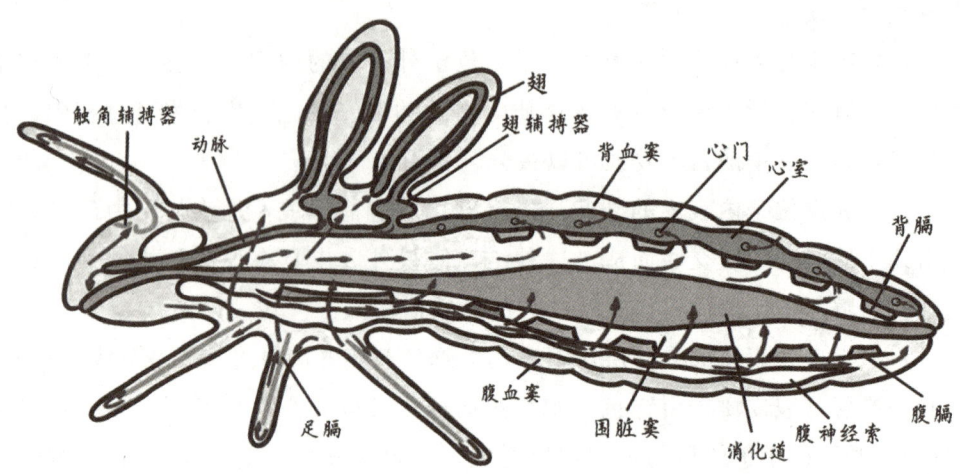

图 4-1　昆虫的循环系统（仿《昆虫学》，张传溪）

养物质。昆虫的血液在体内循环，仅有一段途程在循环器官背血管内，其余均在体腔内和组织器官间流动。

昆虫循环系统的这些特点使其能够适应独特的生存环境。与哺乳动物不同，昆虫的血液没有运输氧气的能力，氧气由气管系统直接输入各种组织器官内。这意味着昆虫大量失血不会危及生命安全，但可能破坏正常的生理代谢。昆虫血糖以海藻糖为主。此外，昆虫开放式循环系统还具备多种重要功能，如运输营养物质、激素和代谢废物，维持身体各部位的渗透压、离子平衡和 pH 值，移除解离的组织碎片和死细胞，修补伤口，调节体温以及发挥抗逆性等。

▌二、循环系统的组成部分

1. 背血管

昆虫的背血管位于体壁背中线下方，纵贯于围心窦内。它由心脏和动脉两部分组成，是推动血液循环的主要器官。

心脏起源于中胚层，是背血管后段具有流入式心门和翼肌的连续膨大部分，常限于腹部。其主要功能是抽吸围心窦的血液，向前压入动脉，是血液循环的动力结构。昆虫的心脏由单细胞层的心肌组成，里面为一层很薄的基膜，外周是结缔组织构成的围膜。心脏的膨大部位称心室，每个心室两侧壁上有 1 对心门。昆虫有心门 2~12 对，心门是血液进出心脏的开口，分为流入式和流出式。

动脉起源于外胚层，是背血管前段没有流入式心门和翼肌的细直管状部分，一般始于腹部第一节，向前延伸入头部，其主要功能是引导血液向前流动。动脉前端开口于脑与食道形成的血窦内，使脑、心侧体、咽侧体和脑下神经节都浸浴在血液中，并使其分泌的激素能在血液中循环。

2. 辅搏器

辅搏器是昆虫体内辅助心脏进行血液循环的结构，通常位于触角、翅和附肢的基部，有膜状、瓣状、管状或囊状等多种形状。辅搏器由含肌纤维的薄膈所组成，隔着薄膈的收缩，驱使血液流入远离体躯的部位。例如，蝗虫的触角末端和蚜虫的胫节基部都有辅搏器。辅搏器在昆虫的血液循环中起到了重要的辅助作用，尤其是在一些远离心脏的部位，能够加速血液的流动，保证这些部位的正常生理功能。

3. 背膈和腹膈

背膈和腹膈分别紧贴于心脏的下方和神经索的上方。它们将背血窦和腹血窦与血腔其他部分隔开。背膈和腹膈是非肌原性的，受神经支配，进行较慢的搏动，使血腔向后方和背方流动，从而促进血液在血腔内的循环和灌注腹神经索。背膈和腹膈在昆虫的血液循环中起着不可或缺的作用，它们与背血管等其他循环器官协同工作，确保血液能够在昆虫体内顺畅流动，为各个组织器官提供所需的营养物质和氧气，并带走代谢废物。

4. 造血器官

昆虫的造血器官是指产生血细胞的囊状构造，由一些干细胞和网状细胞聚集形成。网状细胞包围在造血干细胞周围，有保护干细胞和诱导其分化的作用。造血器官周围有膜包被，膜囊内有相互交织的类胶原纤维和网状细胞。膜翅目幼虫的造血器官存在于胸腹部脂肪体附近，鳞翅目幼虫的造血器官分布在翅芽周围。造血器官除有补充血细胞的功能外，还有活跃的吞噬功能。在昆虫的生长发育过程中，造血器官不断分化并释放血细胞，以维持血液中血细胞的数量和功能，确保昆虫的正常生理活动。

三、循环系统的主要功能

昆虫的血液是体腔内循环流动的淋巴样液体，常称为血淋巴，由血浆和血细胞组成。除极个别昆虫种类（如摇蚊幼虫等）的血液因含血红素而呈红色外，大多略带黄色、橙色和蓝绿色。血液的含量随虫种和虫态的不同而变化很大，一般占虫体容积的 15％～75％。昆虫的循环系统能够将身体所需的各种营养物质、水和激素随血淋巴送到相应部位。例如，昆虫通过消化系统吸收的营养物质（如蛋白质、糖类等）会在循环系统的作用下被输送到各个组织和器官，为其生长、发育和代谢提供能量。同时，内分泌器官分泌的激素也通过循环系统在体内循环，调节昆虫的生理活动。研究表明，昆虫的血淋巴中含有多种激素，如保幼激素、蜕皮激素等，这些激素在昆虫的生长发育、变态等过程中起着重要的调节作用。

循环系统能够将组织中产生的代谢物送到其他组织进行中间代谢或经过排泄器官排出体外。昆虫在进行生命活动的过程中会产生各种代谢废物，如二氧化碳、氨等。这些代谢废物会在循环系统的作用下被输送到排泄器官（如马氏管等）进行排泄。例如，昆虫体内多余的水分、无机盐和代谢废物的主要排出途径是体腔→马氏管→后肠→直肠→肛门→体外。

昆虫循环系统还能维持身体各部位的渗透压、离子浓度和 pH 值。血淋巴中的各种离子和蛋白质等成分能够调节细胞内外的渗透压，保证细胞的正常形态和功能。同时，循环系统还能够调节血液的 pH 值，使其保持在一个相对稳定的范围内，为各种生理活动提供适宜的环境。例如，当昆虫处于不同的环境条件下，如干旱、高盐等，循环系统会通过调节血淋巴中的离子浓度等方式来维持渗透压的平衡。

四、昆虫循环系统的意义

昆虫循环系统为昆虫提供了高效的物质运输机制。它能够将营养物质、水和激素快速输送到身体的各个部位，满足昆虫生长、发育和繁殖的需求。例如，在昆虫的变态过程中，循环系统将蜕皮激素等重要激素输送到作用部位，促使昆虫完成从幼虫到成虫的转变。昆虫在幼虫期的生长速度非常快，这离不开循环系统高效的物质运输能力。

昆虫循环系统有助于昆虫维持体内的稳态。通过调节渗透压、离子浓度和 pH 值，循环系统确保了细胞的正常功能和生理活动的稳定进行。例如，当昆虫处于干旱环境时，循环系统会通过调节血淋巴中的水分和离子浓度，维持细胞的渗透压平衡，防止细胞失水死亡。

昆虫循环系统在免疫防御方面也发挥着重要作用。血细胞能够通过吞噬作用、成瘤作用、包被作用和溶菌作用等方式，抵抗病原体的入侵，保护昆虫的身体。例如，当昆虫受到细菌感染时，循环系统中的血细胞会迅速聚集到感染部位，吞噬和消灭病原体。

昆虫循环系统还在适应陆地生活方面具有独特优势。开放式循环方式使得昆虫能够在血压低、血量大的情况下，根据取食和生理状态的变化灵活调整血液循环。这种特点使得昆虫能够在不同的环境条件下生存，如在食物短缺时减少血液量以降低能量消耗，在需要快速生长或繁殖时增加血液量以满足营养需求。

第三节　消 化 系 统

昆虫的消化系统（digestive system）由一条从口到肛门的消化道及唾腺组成。消化道不仅负责摄取、运输和消化食物，还涉及吸收营养、调节体内水分和离子平衡，以及将代谢废物排出体外。唾腺通过分泌唾液来辅助取食和消化过程。唾液中含有的消化酶对食物的预消化至关重要。昆虫消化系统的结构和消化过程因取食种类和方式的不同，也有不同程度的变异。

昆虫的消化道根据结构和机能的不同可分为前肠、中肠和后肠三部分（图 4-2）。在前肠和中肠之间有贲门瓣，以调节食物进入中肠的量；在中肠和后肠之间有幽门瓣，以控制食物残渣排入后肠。

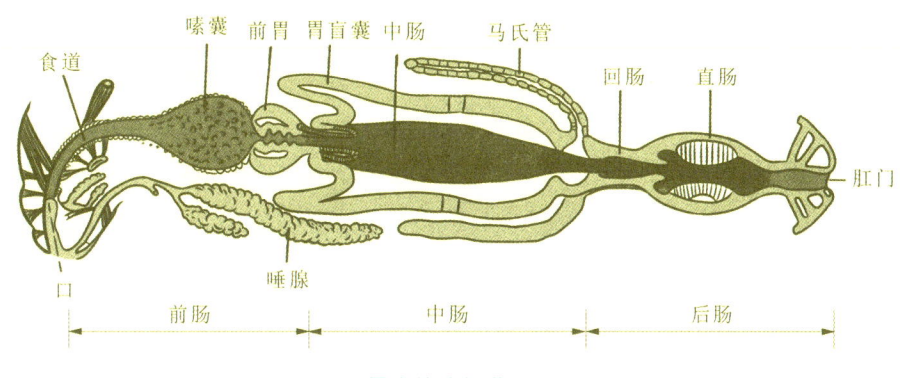

图 4-2　昆虫的消化道（仿 Weber）

一、前肠

前肠由胚胎发育时期的外胚层组织内陷发育而来，因此在组织上和体壁相似，由内而外可分为内膜、肠壁细胞、底膜、纵肌、环肌和围膜。昆虫的前肠内壁覆盖着一层非常厚实的表皮层，即内膜。内膜表面带有突起或小刺。消化产物和消化酶都无法穿透内膜，前肠因此不具备吸收功能，其主要负责食物的初步处理和储存。

前肠又可分为咽喉、食道、嗉囊、前胃、贲门瓣等。

咽喉与口相接，位于额神经节后方，背面有起源于额区或后唇基的咽喉背扩肌控制其扩张与收缩。

食道是咽喉向后延伸形成的狭长管，是食物的通道，可以直接伸入中肠或终止于前胃。

嗉囊是食道后端的膨大部分，是暂时贮藏食物的场所。

前胃位于前肠的最后一段，其结构常特化成多种形状。其原始型仅为狭长的管道，并伸入中肠的前端形成贲门瓣。前胃除有磨碎食物的功能外，还可以作为调节食物进入中肠的活瓣，兼有过滤的作用。

贲门瓣位于前胃的后端，由前肠末端的肠壁向中肠前端内褶而成，一般呈筒状或漏斗形，可使食物从前肠直接输入中肠，而不与胃盲囊接触，阻止中肠内食物倒流入前肠。

二、中肠

中肠由胚胎发育时期的内胚层中肠韧细胞发育而来，是多数昆虫分泌消化酶、消化和吸收食物的主要部位。昆虫的中肠一般呈管状，前端与前胃相接，后端于马氏管的着生处与后肠连接。很多昆虫的胃盲囊从中肠或其附近发出，但它们位于中肠的不同位置。有些昆虫的胃盲囊是消化产物吸收的主要场所，也能产生消化酶。

中肠在组织上由内到外可分为围食膜、肠壁细胞、底膜、环肌、纵肌和围膜。其与前肠组织的不同在于肠壁细胞层较厚，环肌排列在纵肌内面，肌肉层较薄，允许营养物质、水和无机盐的渗透，因此中肠是营养物质吸收的主要部位。大多数昆虫的肠腔内有一层由几丁质和蛋白质形成的纤维质网状结构，即围食膜。围食膜包围着食物，使食物不直接与肠壁细胞层接触，有保护中肠细胞免受食物和微生物损害的作用，并具有选择性穿透功能，消化酶和已消化的食物成分是可以穿透的，但食物中未消化的蛋白质和碳水化合物则不能穿透。

中肠上皮由单层细胞组成，包含四种细胞类型：柱状细胞，杯状细胞，再生细胞和内分泌细胞。

（1）柱状细胞是中肠上皮中最常见的细胞，负责消化酶的分泌和消化产物的吸收。其特征为柱状，顶膜上特化为微绒毛，内含线粒体，该特化可增加中肠的表面积，强化对消化产物的吸收能力。

（2）杯状细胞主要存在于鳞翅目幼虫的肠壁中，与柱状细胞相间排列，具有调节血淋巴中离子浓度的功能。杯状细胞的顶端内陷形成了一个称为杯颈的通道，它通向细胞内部，形成一个中空的杯腔结构。在杯腔的底部，存在带有微绒毛的区域，这些微绒毛富含线粒体。而细胞核则位于杯腔下方、靠近细胞底部的位置。

（3）再生细胞是一类具有增殖分裂能力的小型细胞，位于柱状细胞基部之间。再生细胞的细胞质较少，但游离核糖核酸的含量很高。中肠细胞磨损很快，可被小再生细胞成长而来的新细胞取代。

（4）内分泌细胞内有分泌颗粒，形态与染色特性都与神经分泌颗粒相似。其具有分泌消化酶、产生特定的肠道调节激素和肽的功能，并介导沟通营养状况对其他器官的影响。

▌三、后肠

后肠是消化道的最后一段，与前肠一样由胚胎的外胚层组织发育而来。后肠的组织结构与前肠相似，但肌肉层的排列与中肠相似，纵肌在环肌外侧。其内膜比前肠的薄，水分和无机盐类易被渗透。后肠的主要功能是排除食物残渣和代谢废物，并从食物和排泄物中吸收水分及无机盐类，供昆虫再利用。

后肠一般由回肠、结肠和直肠三部分组成。后肠与中肠交界处着生进入肠腔的马氏管。在马氏管开口的前方，形成突入肠腔内的幽门瓣，幽门瓣可控制中肠内的食物残渣进入回肠。当幽门瓣开启时，中肠内食物残渣进入回肠；关闭时，仅马氏管中的排泄物能进入回肠。在结肠与直肠的交界处，有一圈由瓣状突起形成的直肠瓣，可调节残渣进入直肠。多数昆虫直肠有特大的柱状肠壁细胞形成环状或瓣状的突起，均匀地突入直肠前半部肠腔内，称直肠垫。直肠垫的主要功能是从食物残渣中吸收水分及无机盐类物质，这一过程对于昆虫体内水分和离子平衡的维持至关重要。

▌四、唾腺

唾腺是一组与昆虫的口器或口腔相连的腺体，在取食过程中产生分泌物（唾液），分泌物与食物混合后，有助于食物的消化。唾腺根据其开口位置可分为上颚腺、下颚腺、咽下腺和下唇腺。

唾腺成对存在，由每个腺体而来的导管常合并形成一根共通管，其开口以单孔通往口腔。总体来说，唾腺至少有两个区域：一个分泌区和一个再吸收区。分泌区主要产生唾液；再吸收区从唾液中再吸收钾离子或钠离子，并把它们运回血液。

大多数昆虫的唾液是中性的透明液体，也有少部分的是酸性或强碱性的。唾液的主要功能是润滑口腔、保持口器清洁、湿润溶解食物和分泌消化酶消化食物。唾液中含有的消化酶与昆虫的食性相关。捕食性昆虫的唾液中含有脂肪酶和蛋白酶；取食植物汁液的昆虫的唾液含有转化酶、淀粉酶、蛋白酶和果胶酶；取食花粉的昆虫的唾液只有蔗糖酶；取食血液的昆虫的唾液中含有阻止血液凝固的抗凝素。

第四节　排泄系统

昆虫的排泄系统除负责排弃体内代谢废物和有毒物质外，还有维持昆虫体内离子和水分的平衡、保持正常生理环境的作用。马氏管是主要的排泄器官，常与直肠形成复合系统。除马氏管外，还有许多不同类型的组织和细胞（如体壁、消化道、下唇腺和围心细胞等）在体内起着一定的排泄作用。

一、马氏管

马氏管（Malpighian tube）为长管状结构，由内胚层衍生而来，通常其基部着生于中肠与后肠的交界处，端部盲状游离浸浴于血腔中或伸入直肠内形成特殊的隐肾结构。马氏管的数量因昆虫种的不同而有变化，从 2 条到 100 条以上。一般来说，数量多的马氏管比较短，而数量少的则马氏管比较长，二者总的有效排泄面积差异不大。

马氏管由单层上皮细胞组成，单层细胞围绕着管腔，外面包有 1 层坚韧而富弹性的基膜，基膜上有很多微气管和螺旋状横纹肌纤维，促进螺旋形蠕动，有助于加快血淋巴的流动和更新，并增加血淋巴与马氏管的接触，便于更广泛地吸收排泄物质。但是革翅目、缨翅目和部分缨尾目昆虫的马氏管上因没有肌肉而不能蠕动。马氏管管壁细胞的特征是底膜上有大量内褶，向细胞内产生许多弯曲的通道。向管腔的一面具有微绒毛，微绒毛在端段排列紧密，称为蜂窝边；在基段排列稀疏，称为刷状边。

根据马氏管的结构，可将其分为 4 种基本类型（图 4-3）。① 直翅目型：马氏管的端段和基段在结构上未分化，管内充满液态排泄物，如直翅目、革翅目、脉翅目及某些鞘翅目昆虫属于此类。② 鞘翅目型：这种类型的结构基本上和直翅目型相似，但马氏管的顶端与直肠形成"隐肾"结构，如鞘翅目及一些鳞翅目昆虫属于此类型。③ 半翅目型：马氏管在形态和机能上可区分为 2 段，在端段水和溶质可以进入，在基段水分被吸收，使得溶液浓缩成为固体状而移至后肠，如半翅目昆虫属于此种类型。④ 鳞翅目型：与半翅目型基本相似，不同之处是马氏管顶端与直肠结合成"隐肾"结构，如鳞翅目昆虫的马氏管。

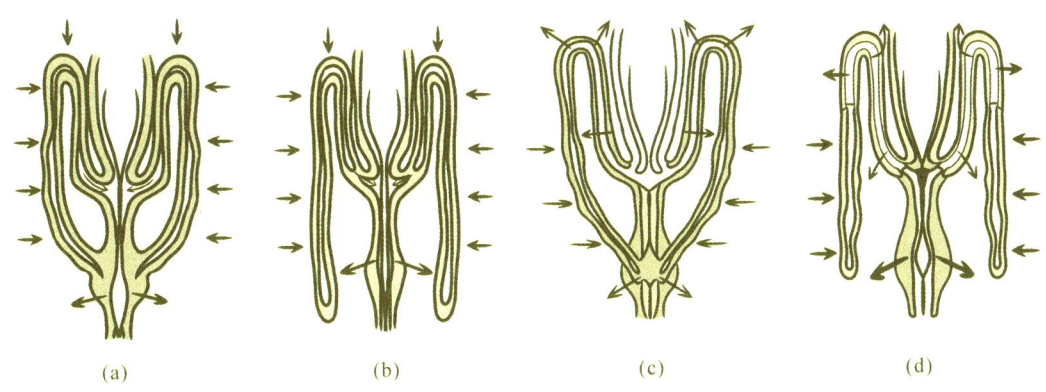

图 4-3 昆虫马氏管的基本类型（仿 Wigglesworth）
(a) 鞘翅目型；(b) 直翅目型；(c) 鳞翅目型；(d) 半翅目型

在某些昆虫种类中，马氏管除了具有基本的排泄功能外，还承担了一些特殊的生理功能。例如，草蛉幼虫的马氏管能够产生黏稠的成丝分泌液，用于结茧。沫蝉若虫的马氏管则具有分泌黏液的能力，这种黏液与后肠中的液体混合后，通过肛门吹出形成泡沫，覆盖在沫蝉若虫的体背上，为其提供了一种自然的保护屏障。除此之外，许多昆虫的马氏管还能分泌石灰质物质。竹节虫会将这些石灰质物质重新吸收，用于构建卵壳，增强卵的保护能力。而天牛幼虫则将分泌的石灰质排入中肠，并通过口腔将其排出，用以形成隧道的保护层。

二、马氏管和直肠的排泄作用

马氏管是昆虫排泄系统的主体，而直肠常与马氏管形成隐肾复合体，并在水分及有用物质的再吸收方面起主要作用。因此，昆虫的排泄功能是由马氏管和直肠共同完成的。马氏管将废物转运至管腔内形成原尿，然后原尿在经过马氏管基段或直肠时，其中的水分、无机离子甚至有机营养被再吸收，形成尿，并和食物残渣混合，经肛门排出体外（图 4-4）。

大多数昆虫的马氏管都游离在血淋巴中，但在鞘翅目和鳞翅目的很多种类中，马氏管的顶端部分与直肠紧密连接在一起，组成隐肾管复合体，具有比直肠更强的

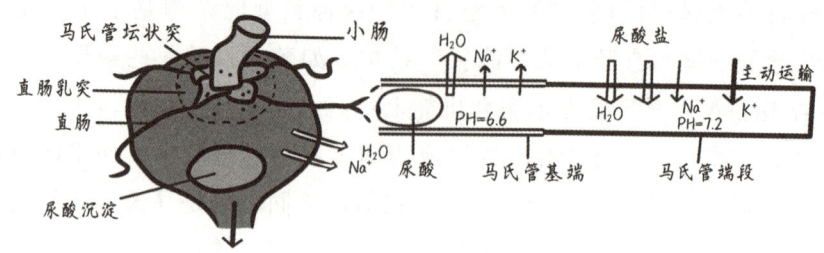

图 4-4　普热猎蝽马氏管的内水分和无机盐的流动情况及其与尿酸排泄和沉淀的关系
（仿 Chapman）

回吸能力，使经过直肠的尿液中的水分及无机离子能够更有效地被回吸。例如，在黄粉虫中，6 根马氏管的端段紧贴在直肠周围，并由直肠肠壁细胞分泌的围肾膜包裹在外面。马氏管在靠近血淋巴的一侧，一些管壁细胞向外突起，顶部与围肾膜相连形成珠泡状的薄膈。围肾膜对水无通透性，但 K^+ 可从薄膈进入马氏管腔，使腔内的渗透压增高。从直肠进入间隙的水分，便被动扩散到马氏管腔内，最后流向马氏管的基段，并被管壁细胞回吸到血腔内（图 4-5）。

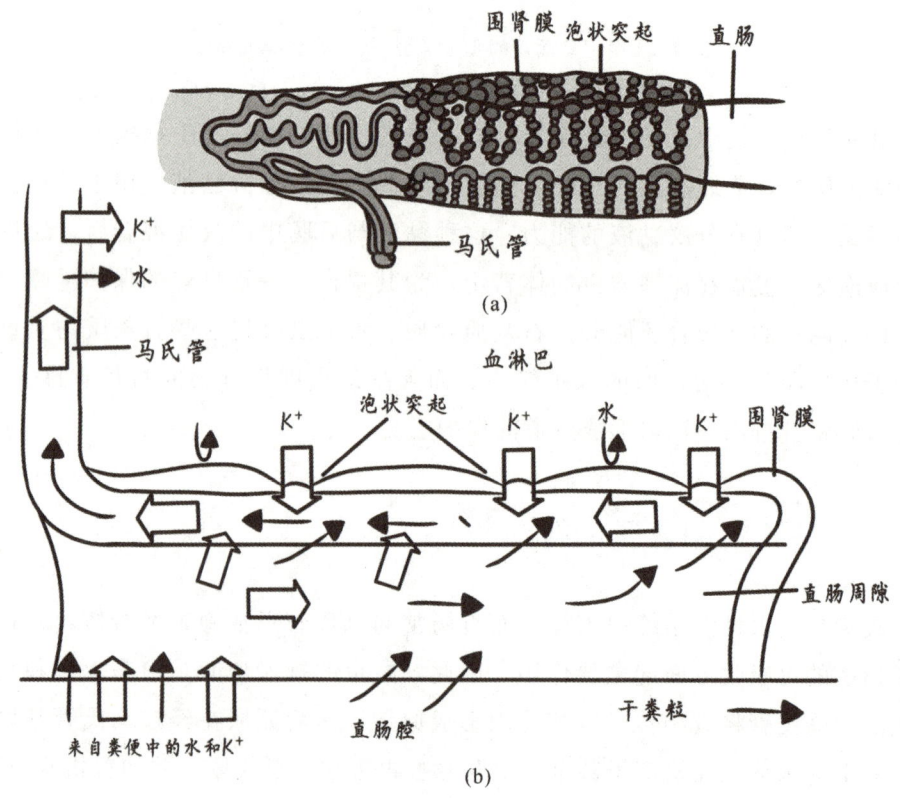

图 4-5　黄粉虫的隐肾复合体（a）及水和 K^+ 的运输（b）
（黑箭头表示水的运输方向，空心箭头表示 K^+ 的运输方向）

三、其他排泄器官

除马氏管和直肠行使基本排泄功能外，有些昆虫的围心细胞和脂肪体也有一定的排泄功能。没有马氏管的一些昆虫，排泄功能由其他器官承担，如蚜虫就以消化道作为主要的排泄器官。

围心细胞由中胚层形成，呈球形，拥有一个或多个核，常分布于心脏、背膈和翼肌的表面，不随血液流动。围心细胞不仅吸收进入血液中的物质，同时也吸收体液中不能被马氏管吸收的胶质状颗粒，进行消化和排泄，因此具有中间代谢的功能。

脂肪体是昆虫体内重要的代谢器官，广泛分布在血腔内，其中含有很多种酶类。其主要功能是储存营养物质和代谢废物，以及进行中间代谢、物质的合成转化和解毒等。脂肪体的排泄功能主要表现为储存排泄。其储存的代谢废物可分为两种：一种被脂肪体做永久性的封闭处理；另一种只做短期储存，到一定时期（如蜕皮或化蛹）被排出体外或被重新利用。

第五节　呼吸系统

昆虫的呼吸系统是由外胚层内陷形成的管状气管系统，昆虫借助这一系统直接把氧气输送给需氧的组织、器官或细胞，然后经过呼吸作用，将体内储存的化学能以特定形式释放出来，为生命活动提供所需能量。

昆虫的呼吸过程和一般动物相同，包含两个紧密相连的环节。一是外呼吸，指昆虫通过呼吸器官与外界环境进行气体交换，即吸入氧气和排出二氧化碳，这是一个物理过程。二是内呼吸，指利用吸入的氧气氧化分解体内的能源物质，生成高能化合物 ATP，这是一个化学过程。

一、气管系统

气管系统包括在昆虫体内呈一定排列的管状气管、分布于各组织细胞间的微气管、气管在虫体两侧的开口（气门），以及由气管转化而成的气囊等组织结构。

气管由外胚层内陷形成，在活体中呈透明或乳白色，其组织结构与体壁大体相同，由底膜、管壁细胞层和内膜组成。其中内膜以局部加厚的方式形成螺旋状的内脊，称为螺旋丝，螺旋丝能够增强气管的强度和弹性，防止气管被压扁，有利于气体交换。

原始昆虫的每一体节都有 1 对气门和分布在本节的独立气管系，随着昆虫的进化，各体节间出现了连接的侧纵干，侧纵干可使呼吸通风更加有效。

从气门延伸入体内的一小段气管，称为气门气管。由气门气管分出 3 条主要分支：背气管分布于背面的体壁肌和背血管，腹气管分布于腹面肌肉和腹神经索，内脏气管分布于消化道壁、生殖腺、生殖管和脂肪体等。

昆虫的气管由粗到细进行分支。当分支到直径为 2~5 μm 时，伸入一个掌状的端细胞，然后由端细胞再形成一组直径在 1 μm 以下、末端封闭的微管，即微气管。微气管伸入组织内或细胞间，微气管的内壁和气管一样，也具有螺旋丝，但在昆虫蜕皮时微气管并不随外表皮一起蜕去。气囊是气管的某些膨大成囊状且可被压缩的部分，常见于有翅亚纲昆虫中。气囊容易被血压或体躯的弯曲压缩或扩张，主要功能是保证气管进行通风作用。对于飞行昆虫或水栖昆虫来说，气囊具有增加浮力的作用。此外，气囊的伸缩还可促进血液循环。气囊的存在，还可允许取食后的前肠或中肠有膨大扩展的部位；相反，当某些器官退化或缩小时，气囊可占据相应空出的部位，这对内部器官发挥正常功能具有重要作用。

不同的昆虫种类，因其生活习性和环境的不同，气门的数量、位置和结构也相应地发生了变化。但一般来说，昆虫的胸部只有 2 对气门，分别位于中胸和后胸的前端；腹部有 8 对气门，分别位于第 1 至第 8 腹节。

最简单的气门仅是气管在体壁上的一个开口，称为气管口。气管口是体壁内陷形成气管后留下的原始孔，如无翅亚纲昆虫的胸部气门。但绝大多数昆虫的原始气管口已陷入体壁再度内陷的气门腔内，腔的外口称为气门腔口，气门腔口常围以一块特别硬化的骨片，称为围气门片。具有气门腔的气门，常具有开闭机构来控制气体的进出。

根据开闭控制气门部位的不同，可将昆虫的气门分为两类。

（1）外闭式气门是具有关闭气门腔口机构的气门。开闭机构包括 1 对卵圆形、基部相连的唇形活瓣，包围在气门腔口的四周，2 片活瓣可以相对地开合。很多昆虫的胸部气门具有这种外闭式机构，如蝗虫、蜚蠊、龙虱、蜜蜂等昆虫的气门。

（2）内闭式气门主要控制气门腔内气管口的大小，大多数昆虫的气门，特别是腹部气门常具有这种开闭机构。在其气门腔口，往往能看到被称为筛板的密生细毛的刷状过滤结构。筛板在陆栖种类昆虫中可用来防止灰尘、细菌和雨水的侵入，在水栖种类昆虫中可用来防止水的侵入。内闭式气门的开闭机构主要由三部分组成：闭弓、闭带、闭肌。

气门的另一附属结构是气门腺。气门腺主要存在于水栖昆虫中，用以在气门表面分泌一层疏水性的物质，便于呼吸。

二、昆虫的呼吸方式

昆虫的呼吸方式因体躯的结构、生活习性、栖境、虫期的不同而有很大差异，大致可归纳为以下几种。

1. 体壁呼吸

有些昆虫没有气管系统，或仅有不完整的线管系统，气体交换经体壁直接进行，如弹尾目昆虫。此外，很多寄生性昆虫的幼虫，体内虽有气管网，但无气门，整个体躯浸浴在寄主的体液或组织中，以柔软的体壁吸取溶解在寄主血液中的氧。大多数水生昆虫，也都用体壁吸取溶解在水中的氧，排出的二氧化碳则靠扩散作用进入水中。对陆栖昆虫来说，体内的一部分二氧化碳也由体壁的薄膜部位扩散至体外。

2. 气管鳃呼吸

一些水生昆虫如蜉蝣目和蜻蜓目的稚虫，体壁的一部分突出呈薄片状或丝状的结构称气管鳃，其内分布有丰富的气管，昆虫利用气管鳃和水中氧的分压差来摄取氧气。蜻蜓稚虫的气管鳃突出在直肠腔内，形成直肠鳃，蜻蜓稚虫通过腹部的抽吸活动迫使水在直肠鳃内流动，并利用氧的分压差来吸进氧气。

3. 气泡和气膜呼吸

气泡和气膜呼吸是水生昆虫的一种特殊呼吸方式，常称为物理性鳃呼吸。一部分水生昆虫的幼虫或成虫的气门减少，腹部末端常形成长的呼吸管，上面有气门开口，气门周围因分泌有油质或生有拒水毛，呼吸时常以体末端倒悬于水面上，利用分泌油质或拒水毛打破水的表面张力，从空气中直接吸氧，如蝎蝽、食蚜蝇和蚊幼虫等。另一些种类的昆虫能利用气泡和气膜进行呼吸，如龙虱的鞘翅下面和仰泳蝽的体躯腹面有一层直立的疏水性毛，当虫体潜入水中时，毛间会携带一层空气或气泡并与气门形成一相通的贮气构造。由于昆虫对氧气的使用，气泡中氧的分压下降，当气泡中氧的分压低于水中氧的分压时，水中的氧便会扩散进气泡，又由于在水和空气两相之间，氧气的渗透系数是氮气的 3 倍以上，因此，在同一时间内，从水中扩散进入气泡的氧气含量便大于从气泡中扩散出去的氧含量，可使气泡的体积在一定时间内不致缩小，其中氧的含量也不会减少，以保持物理性鳃的工作。

4. 气门和气管呼吸

气门和气管呼吸是绝大多数陆栖昆虫的呼吸方式。昆虫依靠气管系统的通风和扩散作用，使体内各组织直接吸取大气中的氧气和排出二氧化碳。

5. 寄生昆虫的呼吸方式

与水生昆虫相类似，寄生昆虫的呼吸通常依靠体壁的渗透作用从寄主体液或组织中摄取氧，或以气门穿透寄主的体壁从大气中获取氧，如牛皮蝇幼虫。

三、气管系统的呼吸机制和控制

昆虫的呼吸是在管状的气管系统里进行的。气体在气管里的传送主要靠通风扩散作用，在微气管细胞内或组织间进行气体交换。

体躯较小或行动缓慢的昆虫，单靠气体的扩散作用就能够满足呼吸的需要，但对于行动活泼和飞行的昆虫来说，耗氧量大大增加，此时除气体扩散作用外，还需要通过通风作用来保证氧的迅速供应，并尽快地排除体内产生的二氧化碳。

昆虫进行通风作用时，通过气门的开闭来调节气体的进出，通过气囊体积的变化实现气体交换。气管本身具有伸缩性，收缩时，气管的容积可减少30%，气囊可被血压或体躯弯曲等压缩，表现出风箱作用。当体躯收缩时，气管也随之缩短，血压则升高，气囊被压缩或压扁，此时气流排出；当体躯伸展时，气囊因本身的弹性而扩大并充满气体。这样通风的结果，使得气囊和气管中经常充满新鲜空气。但在支气管和微气管中，依然靠扩散作用进行气体交换。

昆虫体躯的纵缩运动是产生通风作用的主要原因，这种体躯的纵缩运动也可称为呼吸运动。

昆虫的呼吸运动有以下几种类型。① 仅背板运动，如鞘翅目、半翅目等。② 背板和腹板同时运动，如蝗虫等。③ 背板、腹板和侧板同时运动，如鳞翅目、脉翅目等。④ 沿腹部长轴伸缩，如蜜蜂和双翅目等。

昆虫呼吸所需氧气，大都是通过微气管壁扩散进组织和细胞中去的。因此，凡是大量需氧的组织，如神经节、翅肌、卵巢、睾丸等都布满了微气管。微气管的末端常充满液体，当组织活动（如肌肉收缩）时，产生的代谢物使组织液的渗透压升高，微气管末端的液体进入组织，液体上面的空气柱也随之扩散到微气管末端和管外，直接与进行氧化作用的细胞接触，进行气体交换。当组织停止活动时，代谢产物在氧的作用下被氧化，组织液的渗透压下降，微气管末端又重新充满液体。

在正常情况下，昆虫代谢活动产生的二氧化碳通过体壁和气管系统排放。在动物组织中，二氧化碳的扩散速度是氧的 35 倍，因此，二氧化碳很容易通过昆虫体壁的薄膜部位扩散出去，如竹节虫有 25% 的二氧化碳是由体壁扩散出去的。在气管系统中，除二氧化碳的扩散速度比氧快外，大气中的二氧化碳的分压也比组织中要低得多，因此，大部分的二氧化碳将直接进入微气管向外扩散。

昆虫的气管系统通过微气管广泛分布于昆虫的组织和细胞之间，这不仅有利于氧气和二氧化碳的扩散，而且非常有利于水分的蒸发，这对于生活在干旱环境中的昆虫，尤其是不取食的虫态，是非常不利的。如猎蝽气门连续开启 3 d，就会因失水过多而死亡。因此，昆虫在正常呼吸过程中，总是尽量减少气门开启。一般来讲，气管内二氧化碳的浓度达到临界点时，气门即开启。以蝗虫为例，当气管中二氧化碳浓度达到 6.5% 时，气门即开启，使二氧化碳浓度降到 3%；当气管中含氧量增加到 18% 时，气门即关闭。当氧气逐步减少到 3.5% 左右时，同时释放出来的二氧化碳开始溶解在组织内，气管内气压下降 533.2 Pa。在闭肌收缩的间期，气门会因弹性而产生颤动性开合，使管内气压回复，氧气维持在 3.5% 左右，而二氧化碳却在逐步增加，当达到临界点时，气门再次开启，形成二氧化碳间歇式暴发释放。这样既保障了气体交换的正常进行，又减少了水分的散失。

昆虫腹部神经节含有控制该节或下节气门和气管分支活动的呼吸中心，而组织内氧的含量及呼吸代谢产生的二氧化碳和酸性代谢物则通过内感器传递到呼吸中心，引起呼吸活动的改变。竹节虫的实验证明，在进气中只要含有 0.2% 的二氧化碳，即能促进呼吸作用，最有效的促进量是 0.3%～3%；当二氧化碳的浓度达到 25% 时，气管的通风作用达到最高峰；超过上述浓度，虫体进入麻醉状态。如果降低进气中的含氧量，也能产生同样效果，最有效的控制范围为 15%～20%。当含氧量降至 8% 以下或二氧化碳的浓度超过 12% 时，又会加速呼吸作用。在应用熏蒸剂防治仓储害虫、检疫害虫时，常在毒气中加入少量二氧化碳，促使昆虫气门张开，加速呼吸率，使更多的毒气扩散进虫体，提高杀虫速率和效果。

昆虫的呼吸活动还受到环境因素（如温度、光等）的影响。如蝗虫在 14 ℃ 环境中，腹部的伸缩运动频率为每分钟平均 40 次，当温度升至 54 ℃ 时，呼吸率增至每分钟 110 次，温度再升高时，呼吸率反而下降。一般来说，昆虫的呼吸率在低温时比较低，随着温度的升高而迅速增高，直至接近致死温度范围时呼吸率突然下降。光线可以通过昆虫的视觉影响呼吸代谢的水平，如将几种蝗虫的复眼涂黑后，二氧化碳的呼出量即降低。

第六节　内分泌系统

昆虫的内分泌系统主要由内分泌激素、内分泌细胞以及器官构成，对昆虫的生长、发育、繁殖以及行为等方面具有至关重要的调节作用。

一、内分泌细胞和器官

神经分泌细胞是一类体积较大且具备分泌功能的细胞。它位于前脑中区与侧区、咽下神经节以及其他胸腹部神经节中。神经分泌细胞主要由细胞体、轴突、膨大的神经末梢这三部分组成。总体来讲，神经分泌细胞具有传递脉冲和分泌激素的双重功能。

前胸腺是由第二下颚节的外胚层内陷发育而来的，是典型的激素分泌腺体。前胸腺因其最先被发现位于家蚕前胸气门附近而得名，其具体位置和结构因昆虫种类不同而存在差异。在较低等昆虫（如蝗虫）中，前胸腺位于头内且组织致密。在鳞翅目昆虫幼虫体内，它由一群松散的细胞串组成，位于前胸气门附近且附着于气管上。在双翅目昆虫中，它合并在环腺中。前胸腺主要在促前胸腺激素作用下分泌蜕皮激素。前胸腺细胞的分泌活性在幼虫期随幼虫蜕皮呈现周期性变化，并且一般在成虫期退化并分解消失。

咽侧体是由胚胎发育时上颚节和第一下颚节间的外胚层芽体发育形成的。在鳞翅目中，咽侧体是位于脑后方心侧体下方的一对球状小器官，通过心侧体神经与脑相连，形成脑-心侧体-咽侧体系统。在纺足目、半翅目、革翅目及啮虫目中，左右的咽侧体在主动脉腹侧融合成一个中央腺。在高等双翅目中，咽侧体、心侧体与前胸腺在主动脉背侧合并为一个环腺。咽侧体主要由围膜和分泌细胞组成。咽侧体有来自神经分泌细胞的轴突及其分泌物，所以咽侧体既是保幼激素的分泌器官，又是释放脑激素的另一个神经血器官。

心侧体位于脑后方的食道与背血管的两侧，是脑神经分泌细胞的神经血器官，由外胚层向内分化而成。心侧体一般是成对的或融合成一个的球状体，主要由 3 部分组成：① 心侧体本身的神经分泌细胞；② 起源于脑神经分泌细胞的轴突末梢，内部充满神经分泌颗粒；③ 包围神经分泌细胞的胶质细胞，形成一个围膜，为神经分泌细胞提供营养。

心侧体的主要功能是储存和释放神经激素，如促前胸腺激素、利尿激素和抗利尿激素等。同时，其本身的神经分泌细胞也分泌某些神经激素，如激脂激素和亲肌肽等。

■二、昆虫的激素

昆虫的激素有 30 多种，以下介绍蜕皮激素、保幼激素和滞育激素。

（1）蜕皮激素属于类固醇激素，由前胸腺分泌。它在昆虫的蜕皮和变态过程中起着关键作用。蜕皮激素的分泌水平随着昆虫的发育阶段而变化。在幼虫期，蜕皮激素的分泌促使幼虫不断蜕皮生长；在变态期，蜕皮激素与保幼激素的比例发生变化，引发昆虫的变态发育，使幼虫转变为蛹或成虫。

（2）保幼激素是一类萜烯类化合物，由咽侧体分泌。它具有维持昆虫幼虫形态、抑制成虫特征出现的作用。

保幼激素的水平在昆虫的不同发育阶段有所不同。在幼虫期，保幼激素水平较高，保持幼虫的生长和发育；随着发育的进行，保幼激素水平逐渐降低，促使昆虫向成虫转变。

（3）滞育激素由脑分泌，主要作用是诱导昆虫进入滞育状态。滞育是昆虫在不良环境条件下采取的一种生存策略，通过降低代谢率、暂停生长发育等方式来度过困难时期。滞育激素的分泌受到环境因素（如光周期、温度等）的影响。

■三、激素的作用过程

昆虫的许多生理活动，如生长、蜕皮、变态、生殖、滞育、迁飞等都表现出明显的周期性。这些周期性的生理活动既是进化过程中形成的遗传特性，又是激素调节能力的集中反映。激素的调节和控制作用可归纳为以下几个过程。

（1）活化过程。当昆虫体内外的各种刺激信息，如光周期、温湿度、食物、交配、外激素、体内营养物、腹部膨胀压力等作用于中枢神经系统时，中枢神经系统能将神经性冲动转换成激素性冲动，脑神经的分泌细胞进行分泌活动，产生分泌物质。脑神经分泌物质是一种促激素，它能活化其他内分泌腺体的活动。

（2）激素的分泌、结合和运动过程。当昆虫的内分泌器官接收脑神经分泌物质的刺激后，内分泌细胞便开始产生特有的激素，这些激素再与载体蛋白质结合形成复合体，靠体液运送到靶细胞。

（3）激素对靶器官的作用过程。当激素被载体携带到靶细胞时，便与细胞膜上的特殊受体结合，经受体进入细胞质后作用于染色体上某些特定位点，使染色体产生膨突现象，并转录 mRNA，最后经核糖体翻译成蛋白质。

四、激素对变态的调节

变态是昆虫特有的特征之一。昆虫的蜕皮、变态受体内激素的调节，参与调节的激素有促前胸腺激素、蜕皮激素和保幼激素。促前胸腺激素在保幼激素与蜕皮激素的调节过程中起主导作用。蜕皮激素启动与调整蜕皮过程，保幼激素调控每次蜕皮后昆虫的不发育方向，即发育为幼虫或发生变态形成蛹和成虫。具体来说，高浓度的保幼激素和蜕皮激素一起使幼虫蜕皮后维持幼虫状态，低浓度的保幼激素和蜕皮激素一起促使幼虫到蛹或成虫的转变。

保幼激素对形态发生的效应与昆虫体组织所处的敏感时期有关。昆虫只有在某一虫龄早期存在保幼激素的条件下，才能完全保留幼虫特征。另外，保幼激素的存在还能抑制前胸腺对促前胸腺激素的感受性，从而阻止蜕皮激素的合成。

五、内分泌系统的作用

昆虫的内分泌系统通过调节蜕皮激素和保幼激素的水平，控制昆虫的蜕皮和变态过程，从而决定昆虫的生长发育方向。在幼虫期，保幼激素水平高，蜕皮激素促使幼虫不断蜕皮生长；在变态期，蜕皮激素与保幼激素的比例变化引发变态发育，使昆虫从幼虫转变为蛹或成虫。

昆虫的内分泌系统对昆虫的生殖过程也有重要调节作用。一些激素可以刺激昆虫的生殖器官发育、促进卵子和精子的形成，以及调节交配行为和产卵行为。例如，某些昆虫在特定发育阶段会分泌促性腺激素，促进生殖器官的成熟和生殖细胞的产生。

昆虫的内分泌系统还可以影响昆虫的行为。例如，一些激素可以调节昆虫的觅食行为、迁徙行为和社会行为等。例如，蜜蜂的保幼激素水平与工蜂的劳动分工有关，保幼激素水平高的工蜂主要从事哺育幼虫等任务，而保幼激素水平低的工蜂则更多地参与采集花蜜等工作。

总之，昆虫的内分泌系统是一个复杂而精密的调节系统，通过分泌各种激素来控制昆虫的生长、发育、繁殖和行为等方面，使昆虫能够适应不同的环境条件，生存和繁衍后代。

第七节　神经系统

　　昆虫的神经系统是一个精巧的器官系统，它具有接收刺激信号、传递和储存信息，以及协调昆虫体内各器官的功能。这个系统类似于一个复杂的信息处理网络，通过神经细胞的突起和突触来传递信息。经过漫长的进化，昆虫发展出一套复杂的神经调控程序，这些程序不仅指挥着昆虫的日常行为，如跳跃、逃跑、飞行和觅食，还涉及消化、呼吸和发声等生理过程。这些行为和生理功能的实现，都依赖于神经细胞膜上离子通道的开合和电位变化。

　　昆虫的神经系统就像一个精心编织的网络，它通过神经细胞的细长部分（神经突）和神经细胞间连接点（突触）来传递信息。这些行为的背后，是神经细胞膜上离子通道的开合和电位的变化。当感觉神经元接收到外界信号时，它会通过轴突将信号传递给联络神经元，联络神经元再将信号传递给运动神经元，最终由大脑或神经中枢对这些信息进行整合，指挥肌肉和腺体做出相应的反应。

一、神经元的类型与功能

　　昆虫的神经系统是一个复杂的网络，由不同类型的神经元组成，每种类型的神经元都有其特定的功能，如图 4-6 所示。昆虫主要有三种类型的神经元：感觉神经元，运动神经元和联络神经元。

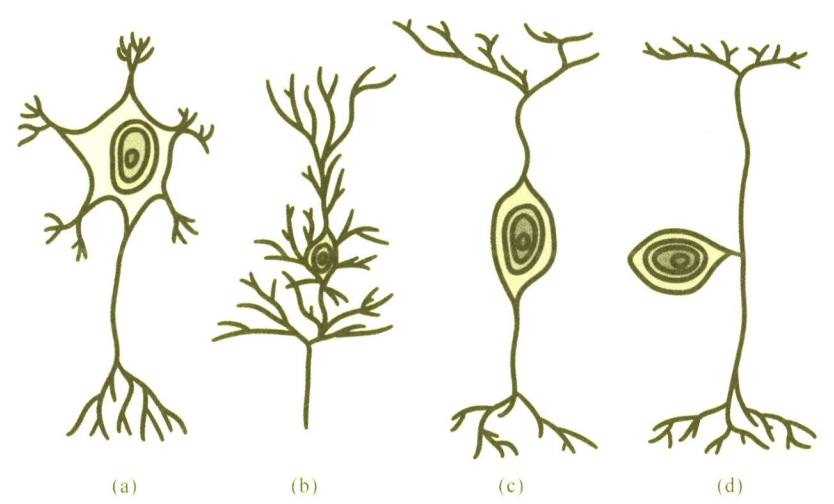

(a)　　　　　(b)　　　　　(c)　　　　　(d)

图 4-6　昆虫神经元的类型

(a) 多级（运动神经元）；(b) 皮质锥体细胞；(c) 双级（中间神经元）；(d) 单级（感觉神经元）

感觉神经元负责将外部环境或内部器官的感受器接收到的刺激传递到中枢神经系统。它们通常被称为传入神经元，因为它们将信息从身体各部位传递到大脑或神经节。运动神经元也称为传出神经元，将中枢神经系统的指令传递给肌肉或其他效应器，如腺体，从而产生运动或其他响应。联络神经元在感觉神经元和运动神经元之间起联系作用，负责在神经系统内部传递信息。

这些神经元通过突触连接，形成复杂的网络，以实现昆虫的各种生理和行为反应。突触是神经元之间、神经元与感受器或效应器之间的接触区域，通过化学传递实现信息的传递。昆虫的神经递质，如乙酰胆碱、谷氨酸、GABA 以及各种生物胺，都在神经系统中发挥重要作用，影响昆虫的行为和生理功能。

二、神经胶质细胞的作用

神经胶质细胞也称作神经胶质，构成了神经系统中除神经元外的另一大类细胞群体，并且在大脑和脊髓中有着广泛的分布。虽然这些细胞不具备产生动作电位的能力，但它们在神经系统的运作中发挥着不可或缺的作用。

（1）神经胶质细胞为神经元的生长和功能提供必要的物理和营养支持。它们通过突起与血管紧密相连，形成了血管周足，这不仅确保了神经元的营养供应，也参与到神经系统稳态的维持中。特别是星形胶质细胞，它们通过脚板过程与脑内毛细血管的内皮细胞相互作用，构成了血脑屏障的关键部分，这一屏障保护大脑不被有害物质侵入。

（2）神经胶质细胞通过紧密连接形成鞘细胞层，类似于血脑屏障的功能，保护着神经和血淋巴。在中枢神经系统中，少突胶质细胞负责制造髓鞘，这是一种富含脂质的保护层，它包裹在某些神经元的轴突上，从而加速神经冲动的传导。髓鞘的存在对于神经系统的正常运作至关重要，因为它促进了神经冲动的快速有效传递。同时，星形胶质细胞与内皮细胞紧密排列，进一步强化了血脑屏障，控制了血液与脑组织间的物质交换。

（3）神经胶质细胞还负责维持神经系统的稳态。它们通过摄取和释放神经递质，精细调节神经元周围环境的化学平衡。例如，星形胶质细胞能够吸收神经元释放的谷氨酸和氨基丁酸，并将其转化为谷氨酰胺，以此维持神经递质水平的稳定。

（4）在神经系统遭受损伤时，神经胶质细胞扮演着修复和再生的关键角色。特别是小胶质细胞，它们会激活并迁移到受损区域，清除细胞残骸，并促进损伤的修复。星形胶质细胞同样可以通过增生来填补因神经元缺失造成的空白，进一步促进组织的修复和再生。

（5）神经胶质细胞通过释放神经营养因子和细胞因子，调节神经元的生长、分化和功能。星形胶质细胞还能通过调节钾离子的浓度，影响神经元的兴奋性，进而维护神经系统的稳定性。

（6）神经胶质细胞也参与到神经系统的免疫反应中。小胶质细胞作为中枢神经系统中的免疫细胞，参与对病原体和损伤的免疫响应。它们能够吞噬病原体和受损细胞，释放炎症因子，并协调免疫反应。

三、神经系统的解剖学结构

昆虫的神经系统由中枢神经系统、外周神经系统和交感神经系统组成。

（1）中枢神经系统是昆虫神经系统的核心，包括脑和腹神经索，它不仅接收和处理来自外部环境的感觉信息，还控制着昆虫的行为和生理功能。位于昆虫头部的脑是这一中枢系统的关键，它被细分为前脑、中脑和后脑。前脑，也被称作大脑，主要处理视觉、嗅觉和味觉信息，并参与学习、记忆和决策等复杂行为的控制。中脑则专注于视觉信息的进一步处理和眼睛的运动控制，确保昆虫能够精确地定位和追踪目标。而后脑则负责触觉和听觉信息的处理，以及维持身体的平衡和协调运动，帮助昆虫在多变的环境中保持稳定。

腹神经索是一条沿着昆虫腹部延伸的神经索，它由多个神经节组成，连接着脑和身体其他部分，控制着昆虫的运动功能和内脏器官的活动。每个神经节都负责接收和传递特定的神经信号，从而精准地控制相应的肌肉群或器官。

（2）外周神经系统则是由中枢神经系统延伸出的神经纤维构成的网络，它负责将感觉信息传递到中枢神经系统，并将中枢神经系统的指令传递到身体的各个部位。这一系统包括感觉神经和运动神经两部分。感觉神经将来自昆虫触角、眼睛等感觉器官的信息传递到脑，使昆虫能够感知外界环境的变化。而运动神经则将脑的指令传递到肌肉和腺体，控制昆虫的运动和腺体分泌，使昆虫能够对外界刺激做出反应。

（3）交感神经系统主要负责支配和调节内脏器官的活动。通过神经信号的传递，它影响着心跳、呼吸、消化等生理过程，使昆虫能够迅速响应外界环境的变化。

四、神经系统的功能

神经系统是生物体内的一种关键调节系统，它不仅确保生物体能够适应环境的变化，还有效地支撑着生物体的生存。通过精心协调各器官和系统之间的活动，神经系统维持了生物体内部环境的稳定。神经系统对心跳、呼吸、消化以及内分泌系统进行精细调节，确保这些系统能够协同工作，满足生物体的能量需求和生理平衡。例如，当昆虫面临捕食者的威胁时，其神经系统迅速调整肌肉活动，同时增加氧气供应和能量产生，以支持这种突然的能量需求。

神经系统还通过突触结构实现信息的整合与传递。在突触处，神经元通过释放神经递质来传递信号，这些化学信使跨越突触间隙，与接收细胞上的受体结合，触发或抑制接收细胞的电活动。这种精确的信息传递方式，使得复杂的生理反应和行为模式得以实现。神经递质（如乙酰胆碱和多巴胺）在行为控制、感觉处理以及神经系统的发育中发挥着重要作用。乙酰胆碱不仅参与肌肉的控制，还涉及学习与记忆过程，而多巴胺在苍蝇和人类的大脑中对"奖励学习"都很重要，显示了不同物种间神经递质功能的相似性。

突触传递是神经元之间信息交流的方式，涉及复杂的生化事件。当一个神经元的电信号（动作电位）到达突触末梢时，会引起神经递质的释放。这些递质穿过突触间隙，并与突触后神经元的受体结合，触发电生理和化学反应，导致突触后神经元内细胞膜电位发生变化，从而完成信息的传递。这个过程只能由突触前神经元传递给突触后神经元，且不可逆向传递，确保了神经系统活动的规律性进行。

神经细胞膜的性质和动作电位构成了神经系统功能的基石。神经元的细胞膜拥有特殊的离子通道，能够在细胞内外形成电位差。当神经元受到刺激时，这些离子通道打开，导致离子流动，产生动作电位。动作电位作为神经元传递信号的方式，以电信号形式沿神经元的轴突传播，直至达到突触，然后通过神经递质将信号传递给下一个神经元或效应细胞。这一"电—化学—电"的信号转换过程，保证了信息在神经系统中的快速和准确传递。

第八节　肌 肉 系 统

昆虫肌肉系统是昆虫的动力系统。昆虫通过肌肉的收缩与舒张为各种运动和行为提供动力，肌肉也为各内脏器官活动提供动力。昆虫的肌肉由中胚层发育和特化而成，多为横纹肌，在功能和形态上与高等动物的骨骼肌无明显差异。

一、肌肉的类型

通常情况下，按昆虫肌肉所在的位置和作用范围，可将其分为内脏肌和体壁肌两大类。

（1）内脏肌是包在内脏器官壁中的肌肉，有的是排列整齐的纵肌或环肌，如包围在消化道肠壁细胞外的肌肉；有的则是排列不规则的网状肌肉层，如分布在嗉囊壁及卵巢管膜外的肌肉。内脏肌的功能是保证内脏器官的伸缩和蠕动。

（2）体壁肌着生在体壁下或由体壁内陷形成的内突上，负责体节、附肢和翅的运动，如背纵肌、腹纵肌、背腹肌等。

组成肌肉的基本单位是肌纤维（图 4-7、图 4-8），肌纤维中含有大量的肌原纤维。根据肌原纤维在肌纤维中的排列情况，可把体壁肌分为管状肌、束状肌、纤维状肌。

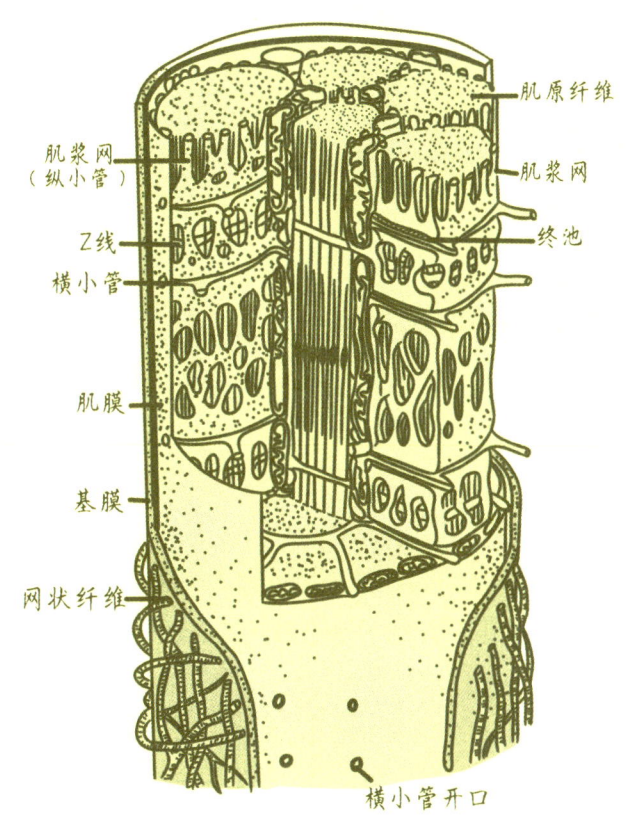

图 4-7　昆虫的肌肉系统

① 管状肌的肌原纤维呈放射状排列在肌纤维的四周，肌纤维的中央是无肌原纤维的肌浆轴心，细胞核纵列在肌浆轴内。

② 束状肌的肌原纤维和线粒体位于肌纤维的中央，肌核和没有肌原纤维的肌质位于肌纤维的外周。

③ 纤维状肌的细胞膜不明显，肌原纤维较粗，由气管的细支联成疏松的多角形束。细胞核位于肌原纤维之间，不易分辨。线粒体显著，卵圆形，分布于肌原纤维间。多见于飞行昆虫的间接翅肌。

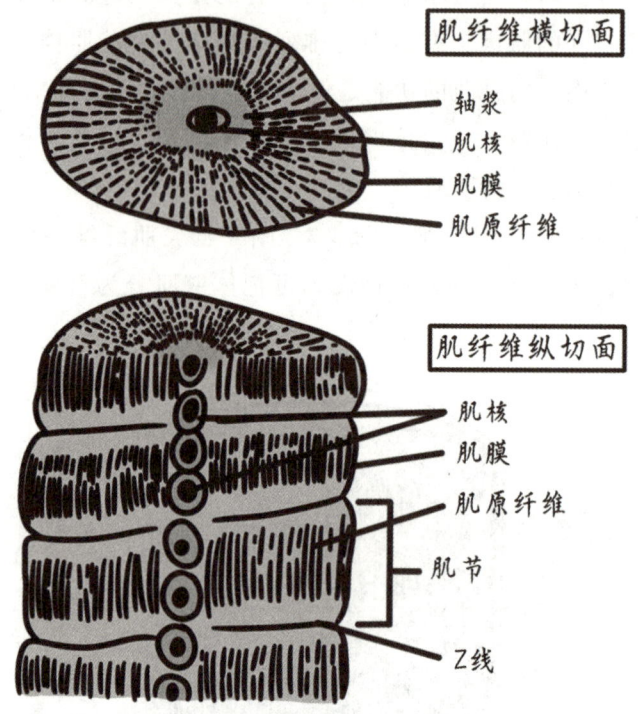

图 4-8　昆虫的肌肉组织结构

二、肌肉与体壁的连接

昆虫的肌肉大多属体壁肌，至少有一端连接在体壁上。体壁肌与体壁的连接方式分为肌纤维与皮细胞连接、肌纤维与肌小腱连接、肌纤维与内骨骼连接。

三、肌肉的组织结构

昆虫的每束肌肉由许多平行的肌纤维组成。肌纤维是一个大而长的多核细胞，其组织结构包括以下 4 部分。

（1）肌膜是由胞膜转化而来的肌纤维外膜，具兴奋性，可接收并传递神经脉冲。

（2）肌原纤维是肌肉收缩的基本单位，肌纤维特有的功能细胞器。

（3）肌质即肌纤维的细胞质，或称肌浆，内含线粒体内膜系统、肌质网和横管系统等。

（4）肌细胞核即肌核，1 条肌纤维中通常有多个肌细胞核。

四、肌肉的收缩机制

在肌原纤维中，粗肌丝和细肌丝按照一定的方式结合，蛋白质的变构作用会引起细肌丝在粗肌丝间滑动，产生肌肉收缩活动。

昆虫肌原纤维中的粗肌丝由单一的肌球蛋白分子聚合而成。分子头部呈球状膨大的部分由 4 根较短的肽链组成，并有规律地裸露在粗肌丝主干，表面形成外突。外突有两个中心：① 肌动蛋白结合中心，能与肌动蛋白结合形成以横桥联结的肌动球蛋白；② ATP 酶活性中心，它在形成肌动球蛋白横桥时，分子构象发生变化而被激活，水解 ATP，释放能量，从而改变肌动球蛋白横桥的角度。

昆虫肌原纤维中的细肌丝主要由肌动蛋白组成，肌动蛋白有两种形式：① 单个球状分子，称为肌动球蛋白；② 球状分子的聚合形式，呈串珠状，称为纤维状肌动蛋白。

五、肌肉的收缩控制

昆虫的绝大部分肌肉都有神经分布，并通过神经调节其兴奋收缩。昆虫的神经末梢具有大量的分支，并在肌纤维上形成多点式分布，以保证对肌纤维的整体控制。不同的肌肉受不同神经元的控制，即每条肌纤维都与运动神经末梢形成多个突触联结，运动神经末梢与肌肉的连接点又称运动终板。昆虫的运动神经分为兴奋性和抑制性两类。兴奋性神经又分为快神经、慢神经及一些中间类型。

昆虫的肌肉除受神经的调节外，还受其他因子的调控，一些没有神经分布的肌原性收缩肌肉（如心肌等）受其他因子调控更为明显。此外，昆虫肌肉的兴奋性也受到激素、体液化学成分和机械张力的影响。它们不仅影响自发活动的肌肉，也影响受神经支配的肌肉。后肠素能增加后肠肌的活动，同时对骨骼肌和心肌也有促进收缩的作用。

第九节　生殖系统

昆虫的生殖系统是产生卵子和精子、进行交配、繁殖种族的系统。昆虫生殖系统的构造比较复杂，由三种不同来源的器官组成：① 由中胚层体腔囊部分细胞特化的内部生殖器，如卵巢、睾丸、输卵管和输精管等；② 由外胚层部分内陷形成的管道，如中输卵管阴道及射精管等；③ 外部的交配和产卵附器，如产卵器、阳茎及抱握器等。

内部生殖器官的主要功能为贮存和增殖生殖细胞，吸收必需的营养物质，供生殖细胞生长发育，达到成熟阶段；排卵或排精；分泌胶质或其他物质保护卵子和精子；形成卵壳、卵囊或精珠等。外生殖器的作用主要是雌、雄虫的交配和授精，雌虫产卵，繁殖后代。

一、昆虫的内生殖器

（一）雌性昆虫内生殖器

雌性昆虫内生殖器包括 1 对卵巢、2 根侧输卵管、1 根中输卵管、1 个受精囊、1 条受精囊腺、1 对附腺、1 个生殖腔。

雌性昆虫生殖系统的结构如图 4-9 所示。

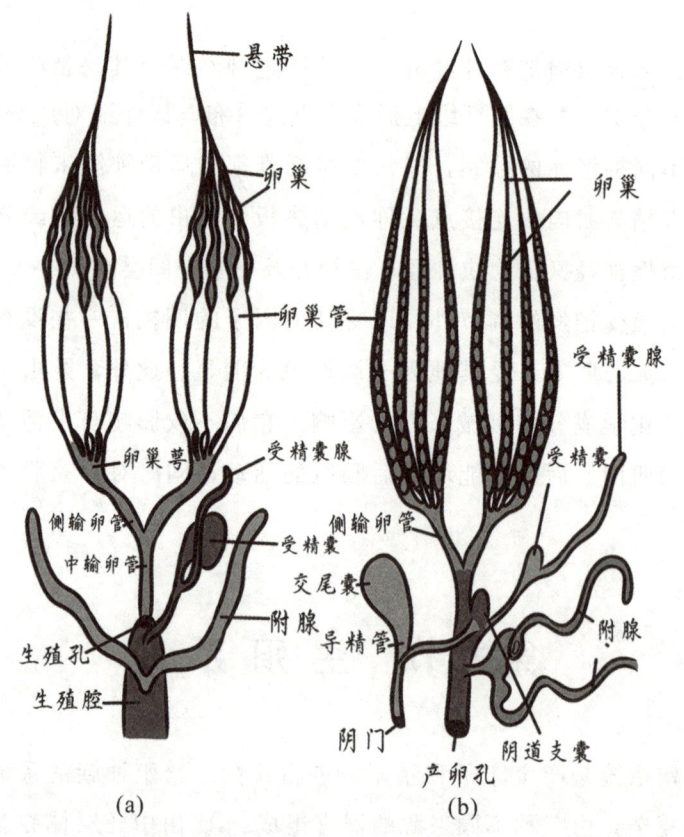

图 4-9　雌性昆虫生殖系统的结构

1. 卵巢

卵巢通常成对，位于消化道的背面，由一群管状的卵巢管所组成。每一卵巢前端伸出的端丝集合成悬带，悬带则附在邻近的脂肪体上、体壁内或背膈上。

（1）卵巢管的数目各类昆虫差异较大。一般情况下，昆虫的卵巢由4根、6根或8根卵巢管组成（如鳞翅目昆虫和美洲蜚蠊）。白蚁的卵巢管最多，可达2000多根，舌蝇（*Glossina*）和一些蚜虫的卵巢管只有1根。

（2）卵巢管的构造可分为端丝、卵巢管本部、卵巢管柄。端丝是卵巢管本部前端的围鞘延伸成的细丝。卵巢管本部包含生殖区和生长区（卵黄区）两部分。生殖区的位置在成熟的卵巢管，生殖区前端含有正在分裂时期的生殖细胞、由生殖细胞产生的卵原细胞和由卵原细胞发育成的卵母细胞。有些种类中卵原细胞可以分化成滋养细胞。卵原细胞周围包围着一层卵泡细胞。在最后一个卵室的下端，卵泡细胞特化成卵管塞（plug），封堵住卵巢管本部的出口。即将产第1粒卵之前，卵管塞即行溶解，形成通道。卵巢管柄是一个薄壁的管道，连接于卵巢管本部的后端与侧输卵管之间。

（3）卵巢管的类型。根据滋养细胞的有无和排列方式，卵巢管分为无滋式卵巢管、多滋式卵巢管和端滋式卵巢管。

无滋式生殖区内仅包含生殖细胞、卵原细胞、原始卵母细胞以及卵泡细胞，而没有卵原细胞分化出来的特殊滋养细胞，故称无滋式卵巢管。生长区内卵母细胞由小到大排列，每个卵母细胞被一圈卵泡细胞所包围。卵母细胞积聚卵黄（营养），主要通过卵泡细胞从血液中吸取养料。

多滋式卵巢管内的卵母细胞与滋养细胞呈现交替排列方式。大多数昆虫的滋养细胞是由卵原细胞分化而成的，少数昆虫的由卵泡细胞转化而成。

端滋式卵原细胞分化成卵母细胞，同时也分化成滋养细胞，滋养细胞都集中在生殖区，以细胞质丝形成的滋养丝与每一个卵母细胞相连通，供给营养，直至卵发育成熟。生殖区又是卵母细胞的营养供应区，故称端滋式卵巢管。

2. 侧输卵管

侧输卵管连接卵巢和中输卵管的一对管道，由中胚层演变而来。蝗虫的侧输卵管有些特殊，其每一侧的前端与卵巢管接合处膨大，称为卵巢萼，是暂时贮存卵子的地方，且每一侧的卵巢萼顶端延伸出一条管形附腺。

3. 中输卵管

两根侧输卵管的后端汇聚于中输卵管，中输卵管向后延伸到第八腹节，开口于

第八腹节体壁内陷形成的生殖腔（大）或阴道（小）基端。中输卵管的后端开口，称生殖孔，是排卵入生殖腔的通道。而交配孔则是生殖腔的外端开口，用以交配。另有一孔称为产卵孔。

4. 受精囊

受精囊由第八腹节腹板后缘的体壁内陷而成，开口于生殖腔或阴道，其形状和结构变化较大，一般是一个带有细长管的囊状结构。受精囊是雌虫接受和贮存精子的地方，常有附腺，其分泌的液体用于保存精子。受精囊附腺一般只有一根，少数昆虫有 2～3 根。

5. 附腺

雌性昆虫产卵孔近处常具 1～2 对附腺，附腺的功能与产卵有关，附腺能分泌胶质物，使产出的卵黏附在植物或其他物体上，或相互黏成块状，或者形成卵鞘，将卵包裹在卵鞘里面（如蜚蠊和螳螂的卵鞘）。

6. 生殖腔

生殖腔在多数昆虫中为管状，称为阴道，但在鳞翅目等昆虫中为囊状，称交配囊。

（二）雄性昆虫内生殖器

雄性昆虫的内生殖器包括 1 对精巢、1 对输精管、1 根射精管和附腺（图 4-10）。

1. 精巢

雄虫的精巢由一组精巢管组成。无翅亚纲和有翅亚纲昆虫的精巢管都是相互分开的，没有围膜包被。较高等的昆虫的精巢相互紧靠并包被在一层围膜中。

精巢的一般构造如下所示。

（1）生殖区位于精巢管的顶部，其中含有密集的精原细胞。鳞翅目昆虫的生殖区顶部有一个大型细胞被精原细胞群包围，称为端细胞。它和周围的精原细胞有细胞质丝相连，供应生殖细胞早期发育所需要的营养物质。

（2）生长区位于生殖区下方。精原细胞向后移入生长区后，每 1 个精原细胞都被一群细胞包围而形成一个胞囊（育精囊），并在其中进行分裂，最初胞囊呈圆球形，以后精母细胞体积逐渐增大，相互挤压而变成多面体。每个精原细胞经 6～8 次分裂成为 64～256 个精母细胞。

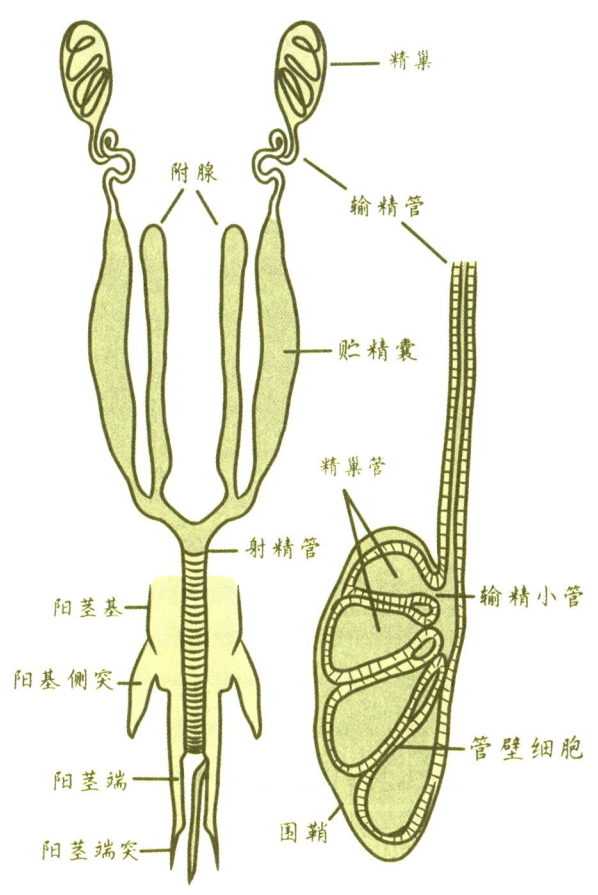

图 4-10　雄性内生殖系统的结构

（3）成熟区位于生长区下方。精母细胞进入这一区域以后，连续进行两次成熟分裂，每个精母细胞分裂成 4 个精细胞。在大多数昆虫中，第一次分裂都是减数分裂，即染色体数目减少一半。

（4）转化区位于睾丸管的最下端，此时，紧密地排列在胞囊中的圆形精细胞转变成具有鞭毛的精子。包围精子的胞囊壁溶化，而精子仍然是一束一束的没有分散，其上面的精细胞逐渐转化为精子。成熟的精子都在睾丸管的下端。

2. 输精管和贮精囊

从睾丸基部一端伸出来的细长管，称为输精管。相当于雌性的侧输卵管。有些昆虫的输精管常圈成紧密的环圈，比如鞘翅目昆虫的附睾。昆虫的输精管的下段常膨大呈囊状，用以贮存精子，称贮精囊。两根输精管在后端联合成一根，与外胚层形成的射精管连接。

3. 射精管

射精管在形态学上相当于雌性的中输卵管，由第 9 腹节后端内陷而成，射精管的顶端部分常常包藏在体壁外突成的阳茎内。

4. 雄性附腺

雄性附腺一般位于输精管和射精管的交界处，通常为长形囊状或管状。多数昆虫只有一对附腺，但有些无翅亚纲昆虫和双翅目的牛虻、家蝇等，则无雄性附腺。附腺分泌的黏液，主要作用是浸浴精子和保存精子，在交配时起传送精子的作用，或形成精珠，以保证卵子的受精。

▎二、昆虫配子的发育

昆虫的配子即卵子和精子，来自亲体受精核分裂时形成的原生殖细胞。当受精的合子分裂出的细胞核向周围扩散时，某些细胞核迁移进原生质区，与其中的部分细胞质组合，进行分裂、分化，形成原生殖细胞群。随后在胚胎发育过程中，原生殖细胞群移入由中胚层形成的生殖腺囊内，组成生殖腺。随昆虫的发育，生殖腺中的原生殖细胞分化成配子。

1. 昆虫卵的形成

在卵巢管生殖区内，原生殖细胞经过分裂、增殖产生卵原细胞，再由卵原细胞沉积卵黄发育成卵母细胞，最后卵母细胞进行成熟分裂（减数分裂），形成成熟的卵细胞。

在卵巢管前端的生殖区内，原生殖细胞首先进行周期性分裂增殖，分化出卵原细胞，卵原细胞再进行 3 次分裂，形成卵母细胞。

2. 卵子成熟

卵子成熟包括卵母细胞的成熟分裂，以及卵黄和卵壳的形成。卵黄沉积结束时，卵母细胞进入卵巢管的成熟区，进行两次成熟分裂（其中第一次为减数分裂）。卵子发育的最后阶段，首先由卵母细胞或卵泡细胞在卵母细胞膜上分泌多糖物质，使之聚合成卵黄膜，以改变膜的通透性，其后再由卵泡细胞在此膜上面分泌和沉积一层卵壳，以提高卵对环境的适应能力。

3. 精子形成

昆虫的精子发生与卵子相似。其发育过程为原生殖细胞分裂增殖产生精原细胞，精原细胞进一步分裂发育成精母细胞，精母细胞进行成熟分裂（减数分裂）形成精细胞，精细胞再变形转化为精子。

精巢管顶端的原生殖细胞进行分化，形成 1 个大滋养细胞（端胞）和许多精原细胞。随后每个精原细胞被多个来自中胚层的细胞包围，分别形成育精囊。精原细胞在育精囊中进行 6～8 次有丝分裂，最后形成 64～256 个双倍体精母细胞。精母细胞进入成熟区进行成熟分裂（减数分裂），每个精母细胞产生 4 个单倍体精细胞。

精细胞在精巢管基部或贮精囊中，经过一系列的形态和结构变化分化成具有鞭毛的精子。精细胞在育精囊中转化成精子后，它们的头部相互连接包埋在 1 个胶质冠内，形成精子束。蝗虫精液中的精子束，一直要到进入雌虫受精囊中，才由特定的酶溶解其胶质冠，释放出游离的精子。昆虫的精液包含精子和精浆，精浆中含有大量的蛋白质和游离氨基酸，供应精子运动能量。

三、昆虫的交配、受精与产卵

性成熟的昆虫在一定的环境下，释放性外激素、鸣叫或发光等求偶信息，吸引异性前来交配。多数昆虫选择与幼虫取食有关的场所进行交配。有的昆虫一生只交配 1 次（如蜉蝣、石蝇），有些昆虫则多次交配，可达到几百次至上千次。

在交配季节，雄虫常成群飞舞吸引雌虫前来交配，如双翅目、襀翅目、蜉蝣目、毛翅目等昆虫。有些昆虫的雄虫发出特殊振幅和频率的鸣叫声来吸引雌虫，如蝉、蟋蟀。有些昆虫的雌虫用发光器吸引雄虫，如萤火虫。

两性交尾时，雄虫将精液注入雌虫的生殖器官内，并贮存于受精囊中，这个过程称为受精。

昆虫卵成熟后，由卵巢管经输卵管进入生殖腔的过程，称为排卵。在排卵过程中，精子由卵的受精孔进入卵内，实现精核与卵核结合的过程，称为受精。

受精卵由于输卵管和阴道的蠕动而排出体外称产卵。有的昆虫 1 次产 1 粒卵，有的昆虫则连续产出形成卵块。附腺分泌的黏液将产出的卵贴在物体表面，有的昆虫则将腹部的绒毛覆盖在卵块之上。昆虫有各种不同的产卵习性，有的昆虫有发达的产卵器，将卵产在植物组织内，有的昆虫将卵产在其他昆虫体内（如寄生蜂类）。雌虫依靠分布于产卵器上的感触器和感化器选择产卵部位。

四、昆虫的生殖调控

1. 神经和激素对生殖的调控

大部分昆虫能通过神经中枢的综合作用，适时释放咽侧体分泌的保幼激素，刺激卵母细胞进行卵黄沉积而转变为成熟的卵。成虫期卵巢分泌蜕皮激素对卵巢发育和卵黄沉积进行控制。蜕皮激素可以刺激精原细胞分裂，促进精子发生，如吸血蝽和蝗虫。保幼激素可以拮抗蜕皮激素的功能，抑制精原细胞的分裂。

昆虫的交配和产卵行为是中枢神经系统编码的本能行为，主要由咽下神经节和生殖节的腹神经节控制。家蚕在交配受精后，进入雌蛾体内的雄性附腺分泌物可以刺激心侧体释放激素，刺激腹神经节，启动产卵。蛾类通过中枢神经系统分泌的神经肽类激素控制性激素的合成和释放。

2. 影响昆虫生殖的因素

（1）温度

昆虫的雄虫对高温反应极为敏感，精巢管内的精子在高温下失去活力而影响其生殖力。如温度超过 32 ℃时，小地老虎、东方黏虫产生畸形精细胞，精子形成受阻，核和鞭毛明显缩短。

雌性昆虫在适宜温度下，温度愈高产卵愈快，而高温（如 32 ℃）则会造成产卵率急剧下降，或卵巢生长发育明显受阻等。

（2）营养

营养对雄虫的生殖力影响较小，而对雌虫的产卵量影响显著。蛋白质、糖分、脂肪、维生素与雌虫的产卵量和卵的发育都有很大的关系，尤其是成虫期需要补充营养的昆虫，食物营养是否充足，与其产卵量直接相关。水、糖类、蛋白质、维生素等是昆虫正常产卵所需要的营养物质。

第十节　感觉器官

在昆虫的微观世界中，感觉器官是它们与外界沟通的重要桥梁。这些精巧的结构虽然微小，却承载着昆虫对光明与黑暗、声音与寂静、香气与异味的感知。昆虫通过这些感觉器官来导航、寻找食物、选择伴侣以及逃避天敌。它们的生存在很大程度上依赖于这些器官对环境的敏锐反应。

感觉器官不仅对昆虫个体至关重要，也是昆虫群体适应环境、进化演变的关键因素。例如，复眼让昆虫能够捕捉到快速移动的物体，从而在捕食或逃避时占据优势。触角上密布的化学感受器则让昆虫能够在复杂的气味中分辨出微弱的食物信号或危险警告。

在害虫管理的实践中，昆虫感觉器官的作用更是不容忽视。了解昆虫感觉器官的重要性，不仅能够帮助我们揭开昆虫行为的奥秘，还能为农业可持续发展提供科学支撑。我们可以开发出更为精准和环保的防治策略，减少对化学农药的依赖，保护生态平衡。

昆虫的感觉器官可以根据它们接受刺激的性质进行分类，主要包括视觉器官、机械力感受器、化学感受器、温湿度感受器。接下来我们将从以下几个方面介绍昆虫的感觉器官。

一、视觉器官

昆虫的视觉器官主要由复眼和单眼组成，它们是昆虫感知光线和形象的主要工具（见图 4-11）。这类器官不仅帮助昆虫在复杂的自然环境中定位，还对昆虫的觅食、交配和逃避捕食者等行为至关重要。

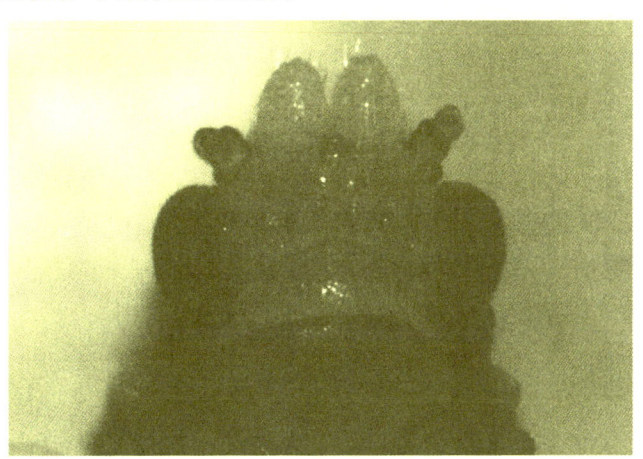

图 4-11　柑橘木虱的橙色单眼、暗红色复眼（桑文摄）

1. 复眼

复眼是昆虫的主要视觉器官，由成千上万个小眼组成，每个小眼都是一个独立的光学单元。这些小眼包含角膜、晶体和视杆，它们共同工作，使昆虫能够感知光线并形成图像。想象一下，这就像一个巨大的像素网格，每个像素都为昆虫提供了周围世界的一小部分信息，共同组成一个完整的图像。复眼的结构使昆虫能够捕捉到广泛的视角和动态变化。它们对光的敏感性极高。此外，复眼对移动物体的检测能力非常强，这对于昆虫来说是一种生存优势。昆虫的复眼就像一个高速摄像机，能够捕捉到最微小的动作。

复眼的形状和排列方式在不同的昆虫种类中有所不同，这些差异反映了它们的生活方式和生态需求。例如，捕食性昆虫通常具有更为突出的复眼，以便更好地发现猎物。昼行性昆虫的复眼通常具有更高的分辨率，以帮助它们在明亮的日光下寻找食物和识别同伴。而夜行性昆虫的复眼则对光线更为敏感，能够在夜晚或光线微弱的环境中有效导航。这就像昆虫世界中的"日间/夜间模式"切换。昆虫复眼的视觉能力通常不如人眼，但它们能够感知的颜色范围和光的强度是人眼无法比拟的。昆虫可以看到人类看不见的紫外线，这对于觅食和寻找伴侣非常有帮助。

2. 单眼

与复眼相比，单眼结构简单，通常由一个透明的表皮透镜和一组感光细胞组成。它们位于昆虫头部的上方，就像一个小型"天窗"。单眼主要负责感知光线的强弱和方向，而不是形成详细的图像。它们帮助昆虫对光线变化做出反应，比如从室内飞到室外，或者在阴天和晴天之间调整行为。在昆虫的不同生活阶段，单眼的功能和结构可能会发生变化。例如，在幼虫阶段，单眼可能起到更重要的作用，而在成虫阶段，复眼可能更为发达。

3. 视觉器官的作用

视觉器官在昆虫行为中的作用是多方面的，它们不仅影响昆虫的飞行能力，还在交配和社会互动中扮演着关键角色。

（1）视觉器官对于飞行中的导航至关重要。昆虫的复眼提供了宽广的视野，使它们能够感知周围环境中的动态变化。复眼的结构使得昆虫能够感知光线的方向和角度，帮助它们在飞行中避开障碍物并找到食物资源。例如，蜜蜂寻找花朵依赖于它们对颜色和形状的视觉感知能力。

（2）在交配行为中，视觉器官对昆虫寻找配偶至关重要。许多昆虫，如蝴蝶和蛾类，使用视觉信号来吸引配偶。雄性昆虫常常被雌性昆虫的翅膀上的特定颜色或图案所吸引。这些视觉信号在交配选择中起着重要作用，有助于物种内的识别和配偶选择。

（3）社会性昆虫的视觉器官在社会互动中发挥着重要作用，如蚂蚁和蜜蜂，这些昆虫使用视觉信号来进行沟通和协调群体行为。例如，蜜蜂的"摇摆舞"

是一种复杂的视觉信号，通过这种舞蹈，蜜蜂能够向同伴传达食物源的方向和距离。

昆虫的视觉器官是一个令人惊叹的自然奇迹，它们展示了生物多样性的无限可能。在害虫管理中，了解昆虫的视觉器官如何影响其行为对于开发有效的控制策略至关重要。

二、机械力感受器

在昆虫的微观世界中，机械力感受器扮演着至关重要的角色，它们是昆虫感知外部物理世界的关键。这些感受器就像昆虫的触觉神经，使它们能够感知触摸、声音和平衡等机械刺激，从而对环境做出精确的反应。机械力感受器包含感触器和听觉器。

1. 感触器

感触器主要分为毛状感受器、钟形感受器、毛板感受器、剑梢感受器。感触器是昆虫感知物理接触的主要方式，可以比作人类的触觉。它们分布在昆虫身体的不同部位，如口器、触角、尾须和生殖器等，能够感知外界的触碰。毛状感受器类似于哺乳动物皮肤上的感觉神经末梢，分布在昆虫的触角等部位，能够感知轻微的触碰和气流变化，帮助昆虫在飞行或爬行时感知周围环境。想象一下昆虫的足部和翅基处有小小的压力计，钟形感受器就类似于这些压力计，能够感知压力的变化，帮助昆虫在不同表面上保持平衡。毛板感受器由多个毛状感受器组成，它们就像昆虫的"关节位置传感器"，能够感知关节的移动和身体的弯曲，帮助昆虫协调复杂的运动。剑梢感受器位于昆虫的触角、足和翅基部，它们是昆虫的"张力计"，能够感知肌肉和表皮的张力变化，对于昆虫的运动和飞行定向至关重要。

2. 听觉器

听觉器使昆虫能够感知声波。这些感受器帮助昆虫进行社交互动，如寻找配偶或是逃避捕食者。

听觉器的结构包含听觉毛、江氏器和鼓膜器。

听觉毛就像昆虫的"外耳"，能够感知低频率的声波，帮助昆虫感知环境中的声音变化，常见于蜚蠊和蟋蟀的尾须。

江氏器位于触角内，它们是昆虫的"内置麦克风"，控制触角活动，并在某些昆虫如雄蚊中具有听觉功能。江氏器使昆虫能够通过声波来定位和识别。

鼓膜器就像昆虫的"耳膜"，能够感知声波刺激。它们通常位于昆虫的胸部或腹部，当声波冲击鼓膜时，产生振动，刺激与它相连接的剑梢感受器。

昆虫的机械力感受器是它们适应环境、寻找食物、避免危险和繁衍后代的关键。这些感受器不仅使昆虫能够感知物理世界的变化，还使它们能够在复杂的生态系统中生存和繁衍。通过了解这些感受器的功能和多样性，我们能够更好地理解昆虫的行为和生态策略。

三、化学感受器

在昆虫的奇妙世界中，化学感受器是它们探测化学物质的超级英雄。这些微小而强大的感官工具，就像是昆虫的私人化学实验室，让它们能够在复杂的自然环境中找到食物、选择配偶，甚至参与社会交往。昆虫的化学感受器主要分为嗅觉感受器和味觉感受器，它们共同构成了昆虫探索世界的嗅觉和味觉系统。

1. 嗅觉感受器

嗅觉感受器通常位于昆虫的触角上。这些嗅觉器官能够捕捉到空气中微弱的化学信号，比如花朵的香气或是潜在配偶释放的信息素。它们就像是昆虫的天线，不断扫描周围环境，寻找那些对生存和繁衍至关重要的化学线索。这些感受器对化学物质的探测能力极为灵敏，即使在广阔的自然环境中，昆虫也能准确地找到那些它们需要的微小物质。

2. 味觉感受器

味觉感受器位于昆虫的口器上，相当于它们的味蕾。当昆虫在品尝潜在的食物时，这些味觉器官能够感知食物的味道和化学成分，帮助昆虫判断食物是否适宜。这就像是昆虫在进行一场化学实验。昆虫通过味觉感受器来分析食物样本，确保能够选择营养丰富且安全的食物来源。味觉感受器不仅帮助昆虫在觅食时做出选择，还在它们的繁殖和社交行为中发挥作用，比如评估配偶的适合度或是识别同类的信号。

总的来说，化学感受器为昆虫提供了一个与世界沟通的化学通道，使它们能够在自然界中生存，并与其他生物进行互动。这些感受器的存在，不仅展示了昆虫适应环境的精妙机制，也让我们对昆虫世界的复杂性和多样性有了更深的理解。

四、温湿度感受器

世界充满了变化，而温湿度感受器就是昆虫应对这些变化的秘密武器。这些感受器就像昆虫体内的微型气象站，分布在昆虫身体的不同部位，比如触角、足部或腹部，它们能够敏锐地感知环境中的温度和湿度变化。

　　想象一下，当清晨的露珠在草叶上闪烁时，一只蝴蝶开始了新的一天。温湿度感受器就像是蝴蝶对自然界微妙变化的第六感，告诉它现在是寻找花蜜的最佳时机。当环境温度升高，这些感受器也会提醒蝴蝶寻找阴凉处避暑。同样，在湿度变化时，蝴蝶也能通过这些感受器来调整自己的行为，比如选择在湿度较高时活动以保持身体的水分，或是在湿度较低时寻找水源。

　　这些感受器的功能不仅帮助昆虫适应即时的环境变化，还对它们的生活习性和行为模式产生深远影响。比如，一些昆虫在感知到温度下降时会开始准备过冬，而另一些则可能在湿度变化时选择迁徙到更适宜的地方。可以说，温湿度感受器赋予了昆虫一种超乎寻常的生存智慧，让它们能够在不断变化的环境中生存和繁衍。

第五章　昆虫系统学

第一节　昆虫分类学

昆虫种类繁多、形态多样，且随着生态环境的变化和人类活动的影响，昆虫的种群结构和分布格局也在不断发生变化。这种复杂性和动态性对园艺昆虫的研究提出了更高的要求，昆虫分类学在生产中的作用愈发重要。为了便于进行研究，科学家们需要将不同的昆虫种类按一定的分类标准进行系统化分类，并对其历史演化过程进行深入研究。

昆虫分类学的主要任务之一是为确定种类提供科学依据。分类学的基础是对昆虫形态、行为、生态和分子特征的综合分析。现代分类学不仅依赖于传统的形态学特征，还结合了分子生物学技术，如 DNA 条形码技术（DNA barcoding）和基因组学分析。这些新技术使得分类更加精确，有助于揭示昆虫间的进化关系。

昆虫分类学不仅服务于基础研究，还直接应用于农业、林业和园艺等领域。通过对昆虫种类的准确识别和分类，研究人员可以追踪害虫的来源和传播途径，预测其爆发趋势，并制定相应的防治措施。例如，在园艺昆虫学中，识别和分类害虫及其天敌有助于实施综合害虫管理（integrated pest management，IPM）策略，从而减少化学农药的使用，保护环境和人类健康。

昆虫分类学是园艺昆虫学不可或缺的一部分。它不仅为研究提供了基础框架，还在实践中发挥着重要作用。随着技术的进步和知识的积累，昆虫分类学将继续发展，为园艺昆虫学的研究和应用提供更加精确和全面的支持。

一、分类的阶元

分类的观念早已存在于人类的原始生活中。随着生产力的提高，人们对自然界中生物的认知不断加深，"分门别类"的需求应运而生。这种需求既体现在对生物个体特征的辨析上，也体现在对共性特征的归纳上。为了合理地归纳各类生物的共性特征，人们在分类时采用了不同的等级体系。

阶元是生物分类学中确定生物共性范围的等级单位。现代生物分类体系采用了界（Kingdom）、门（Phylum）、纲（Class）、目（Order）、科（Family）、属（Genus）、种（Species）等七个必要的阶元。其中，种是最基本的分类单位。具有相似特征并拥有共同起源的种可聚合成属，若干相似的属进一步聚合成科。同样，一个单独的种或属也可以独立构成一个属或科，但它们与其他属或科之间有明显的间断界限。

在分类实践中，模式种是建立属的依据，而模式属则是构建科的基础。属和科不仅具有形态学上的独特性，也展现了显著的生态学差异性。相较于较低的分类阶元，目以上的阶元相对稳定，其所涵盖的共性范围通常不会存在较大争议。

这种分类体系的建立，为生物学研究提供了清晰的框架，也推动了生物多样性和进化关系的深入探索。以稻飞虱为例：

界：动物界 Animalia

门：节肢动物门 Arthropoda

纲：昆虫纲 Insecta

目：半翅目 Hemiptera

科：稻虱科 Delphacinae

属：褐飞虱属 *Nilaparvata*

种：稻飞虱 *Nilaparvata lugens*（Stål，1854）

从界到种，各分类等级均可设"亚级"（Sub-），如亚界（Subkingdom）、亚门（Subphylum）、亚纲（Subclass）、亚目（Suborder）、亚科（Subfamily）等。在目和科上，有时可加上"总级"（Super-），如总目（Superorder）、总科（Superfamily）。在亚科和属之间，可加入"族"（Tribe）等级，用于进一步划分。

在种以下，唯有亚种（Subspecies）被国际命名法规正式承认，并采用三名命名法。其他种内变异，如两性异形体、社会性昆虫的"阶级"、交替性世代、多型体（如短翅型、长翅型等）、季节型及病态畸形个体，均不授予独立命名权。林奈时期曾广泛使用的"变种"（Variety）以及所谓的"异常型"（Aberration），在现代分类学中已被废止或仅作为描述性术语使用，而非正式的命名单位。

二、种和亚种

物种是生物分类系统中的基本单元，既是繁殖的基本单位，又是进化过程中表现出连续性与间断性特征的核心层级。作为繁殖单元，物种内个体能相互交配并成功繁殖，而物种之间则存在生殖隔离，即无法交配、交配后无法生育后代，或虽能繁殖但后代失去生殖能力。生殖隔离是区分物种间差异的关键因素。

林奈时期的物种定义侧重于形态一致性与繁殖能力，认为物种是固定不变的。达尔文则提出物种是不断演化的，强调其可变性，但未考虑到物种在进化中的相对稳定性。现代的定义则承认物种的可变性，同时指出物种作为基本的"间断形式"具有一定的稳定性。随着分子生物学的飞速进步，生殖隔离这一传统观念受到挑战，物种的定义是否需要更新仍在探讨中。

在物种以下，亚种是唯一得到正式承认的分类层级。亚种是指在地理隔离的背景下，表现出独特形态和生物学特征的种群。

同种不同种群由于地理隔离缺乏交配机会，逐渐形成遗传和形态上的差异。不同亚种之间通常可以交配并产生可育后代，但它们在分类上仍有区分。

三、学名和俗名

生物命名是分类学中的重要环节，其目的是通过法规规范命名过程中出现的各种问题。然而，在正式法规出台之前，各民族和部落通常根据本民族的语言为常见生物命名。例如，我国古代很早就有了松、榆、牛、马、牡蛎等生物名称。然而，由于语言和方言的差异，同一种生物可能会有多个名称，这类名称被称为俗名。俗名缺乏统一的命名规则，不仅给知识交流带来不便，还容易引发误解，从而阻碍科学研究，尤其是包括古生物学在内的生物学科发展。

为了便于国际间的知识交流，消除语言障碍，并避免命名混乱，世界各国的生物学家达成共识：任何生物，无论是古生物还是现代生物，经研究后都应赋予一个国际通用的拉丁语或拉丁化名称，即学名。一般书刊中提到的生物名称，通常指的就是学名，而不是俗名。学名的优势在于其国际统一性和命名规则的规范性，同时确保每种生物只有一个名称。这种名称不仅能明确表示特定的生物，还能反映其分类等级。在种及其以下的分类层级，学名还能表明生物的分类位置，即其所属的属。

生物分类中有多个等级，其中最基本的单位是种。种的命名采用瑞典学者林奈（Carl von Linné）在其著作《自然系统》第十版中提出的双名法。这种方法使用当时欧洲通用的古代语言——拉丁语。根据双名法，种名由两个词组成，第一个词是属名，第二个词是种加词。双名法的简洁性解决了林奈之前命名中的混乱问题，例如有些生物使用单名，有些使用双名，甚至还有多名。双名法的确立极大地推动了分类学的发展。

▍四、国际命名法规

动物分类的国际命名法规是一套全球公认的规则和标准，用于规范动物物种的科学命名，确保命名的唯一性、稳定性和一致性。该法规由国际动物命名委员会（ICZN）负责发布和管理，旨在避免由命名不规范而导致的混乱。它的核心原则包括优先权、唯一性和清晰性，确保不同地区的科学家都能在统一的框架下进行交流和研究。

其中，优先命名原则是规定了物种名称的优先权，意味着最早正式描述的名称具有最高效力。例如，一个物种在 19 世纪被命名后，即使后来有更合适的名称，也不能随意改变，除非现有名称存在严重错误。每个物种都需要有一个拉丁化的二名法名称，由属名和种名组成，属名表示物种的分类关系，而种名通常描述物种的特征或来源地。

此外，国际动物命名委员会通过严格的程序和规范来管理命名过程。它不仅确保所有命名都符合学术标准，还在遇到命名争议或特殊情况时，提供了裁定的机制。举例来说，对于化石或灭绝物种的命名，ICZN 会有特别的规定，确保这些物种与现存物种区分开来。

在动物分类中，模式标本是指作为物种命名依据的实际标本，它是物种定义和命名的核心要素之一。根据国际动物命名法规，物种的命名必须基于一个明确的模式标本，这样才能保证命名的准确性和有效性。模式标本通常是由最早描述该物种的科学家收集和指定的个体，作为该物种的代表。

第二节　六足总纲的分类

昆虫纲的目级分类的演变历史承载了生物分类学的发展轨迹，其分类依据主要基于昆虫的形态特征，如翅膀的有无、口器的类型、足部结构以及生活习性等。在昆虫系统发育基础上，各学者提出了自己的主张。林奈在其《自然系统》一书中将昆虫纲划分为 7 个目，这一划分奠定了昆虫分类的基础。Brauer（1885）开始分昆虫类为二亚纲，创造了昆虫近代分类的基础。Jeannel（1949）将昆虫纲分为有翅、无翅 2 个亚纲，共 40 目。周尧（1950）分昆虫纲为四亚纲：蚣虫亚纲（Myrientomata）、黏管亚纲（Collembola）、无翅亚纲（Apterygota）、有翅亚纲（Pterygota）。蔡邦华（1955）将昆虫纲分为无翅、有翅 2 个亚纲共 34 目。

传统、广义的昆虫纲中的无翅亚纲由弹尾目、双尾目、原尾目、石蛃目及衣鱼目所构成，近年来"石蛃目＋衣鱼目＋有翅亚纲"的单系性得到证明，越来越多的学者将无翅亚纲中的弹尾目、双尾目、原尾目提升至纲的等级而保留石蛃目及衣鱼目的分类地位。本书在采用蔡邦华的分类系统的基础上，结合现代分类学修订，将昆虫纲分为有翅、无翅亚纲共 28 目。

（一）弹尾纲（Collembola）

弹尾纲俗称跳虫或弹尾虫，简称蚾。体色多样，有些种类具有银色等金属光泽；体形微小或中等，长形或近圆球形；体表光滑，或被有鳞片或毛；口器为咀嚼式，缩入头内；没有复眼；触角丝状；无尾须，外生殖器不明显。常见种如中华长角跳虫［*Orchesellides sinensis*（Denis，1929）］。

（二）原尾纲（Protura）

原尾纲俗称原尾虫，简称蚖。体型微小，细长，体色多为白色或淡黄色，复眼和单眼均无，触角退化；口器咀嚼式，内藏于头部；胸部三节相似，腹部具 12 节，前 3 节腹部每节有 1 对退化的附肢，称为腹刺；尾部无尾须。属于渐变态类昆虫。原尾虫无翅，主要生活在土壤、腐殖质或苔藓中，以腐殖质、有机碎屑和真菌为食，少数种类可能参与土壤微生物分解。常见种如红华蚖［*Sinentomon erythranum*（Yin，1965）］。

（三）双尾纲（Protura）

双尾纲俗称双尾虫，简称蚋。体型细长而扁平，外骨骼多不发达，多数白色、黄色或褐色；体长一般在 20 mm 以内，有毛或刺毛，少数种类有鳞片；头大，前口式，无眼，无翅，触角念珠状，口器咀嚼式，陷入头内，上颚和下颚包在头壳内；胸部构造原始，侧板不发达；3 对足的差别不大，跗节 1 节，有 2 爪，常有 1 小型中爪；腹部前面数节的腹面常有成对的刺突和可翻出的泡囊；无变态。常见种如黄副铗蚋［*Parajapyx isabellae*（Grassi，1886）］。

（四）无翅亚纲（Apterygota）

1. 石蛃目（Archeognatha）

俗称石蛃，简称蛃。体小到中型，被鳞片，无翅。复眼大，两复眼在内面接触。触角长，丝状。上颚单关节式，与头壳只有一个关节点。口器咀嚼式。腹部 2～9

节，有成对的刺突。尾须长、多节，有长的中尾丝。表变态。生活于草原或林区的树叶中、树皮下、枯木中以及石头裂缝等环境中。活泼、善跳。主要取食藻类、地衣、苔藓、植物碎屑。常见种如天目跃蛃［*Pedetontinus tianmuensis*（Xue Ying，1991）］。

2. 衣鱼目（Zygentoma）

俗称衣鱼。体型小至中等，通常 5～20 毫米，柔软，呈纺锤形，背腹扁平，体表覆盖不同形状的鳞片，有金属光泽，颜色多为褐色，室内种类多为银灰色或银白色。无翅，触角长丝状，超过 30 节，末端变细。口器咀嚼式，外露。衣鱼喜欢温暖的环境，多数夜出活动，大多数以生境所具有的食物为食，主要喜好碳水化合物类食物。常见种如小灶衣鱼［*Thermobia domestica*（Packard，1873）］。

（五）有翅亚纲（Pterygota）

1. 蜉蝣目（Ephemeroptera）

俗称蜉蝣，简称蜉。体型小至中等，细长柔软，体色多为褐色或灰色，部分种类具金属光泽。复眼发达，单眼明显，触角短小丝状；口器退化，成虫不取食。胸部三节分化明显，前胸较小、中、后胸发达，足细长。腹部有 10 节，末端具 2 或 3 条长尾丝。属于不完全变态类昆虫。蜉蝣成虫有翅，前翅大而透明，后翅较小或退化，主要生活在水边，以稚虫形态栖息于淡水中，稚虫主要取食藻类或有机碎屑，成虫寿命短。常见种如绢蜉［*Ephemera serica*（Eaton，1871）］。

2. 蜻蜓目（Odonata）

俗称蜻蜓，简称蜻。体型中至大型，细长，体色多为鲜艳的蓝色、绿色或褐色，部分种类具金属光泽。复眼非常发达，占据头部大部分，单眼明显，触角短小丝状；口器咀嚼式，适于捕食。胸部三节分化明显，中、后胸发达，足强健，适于捕捉猎物。腹部细长，有 10 节，末端具附属器。属于不完全变态类昆虫。蜻蜓具有两对大而透明的翅膀，翅脉清晰，飞行能力强，幼虫生活在淡水中，以捕食小型水生动物为主，成虫为肉食性，捕食飞行中的昆虫。常见种有红蜻［*Crocothemis servilia*（Drury，1773）］。

3. 蜚蠊目（Blattaria）

由等翅目（Isoptera）并入原先蜚蠊目而来。等翅下目俗称白蚁，简称蟁，具高度社会性。体型小至中等，体色多为白色或淡黄色，体表柔软。复眼退化或缺失，单眼不明显，触角短小，呈珠状或丝状，灵活；口器咀嚼式，适于取食木质纤维或腐殖质。胸部不明显，前胸较小，足短小，适于挖掘和移动。腹部较宽，有 10 节，末端具尾须。常见种如台湾乳白蚁 [*Coptotermes formosanus* (Shiraki, 1909)]。蜚蠊目俗称蟑螂，简称蠊。体型小至中等，扁平，体色多为褐色或黑色，部分种类具光泽。复眼发达，单眼不明显，触角长丝状，灵活；口器咀嚼式，适于取食多种食物。胸部宽大，前胸背板发达，覆盖部分头部，足强健，善于奔跑。腹部较宽扁，有 10 节，末端具尾须。属于渐变态类昆虫。蜚蠊多具翅，前翅革质，后翅膜质，部分种类翅退化，主要生活在温暖潮湿环境，以腐殖质、食物残渣等为食，适应性强。常见种如德国小蠊 [*Blattella germanica* (Linnaeus, 1767)]。

4. 螳螂目（Mantodea）

俗称螳螂，简称螳。体型小至大型，体色多为绿色、褐色或其他保护色，适于伪装在植物中。头部呈三角形，具有发达的复眼，视力良好，触角丝状，灵活；口器咀嚼式，适于捕食其他昆虫。前胸特别延长，前足特化为捕捉足，具刺，用于捕捉和固定猎物。中足和后足较长，适于行走和攀爬。腹部较长，10 节，末端具尾须。螳螂多具翅，前翅革质，较窄，覆盖在后翅上，后翅膜质，展开时呈扇形，部分种类翅退化。常见种有广斧螳 [*Hierodula patellifera* (Serville, 1839)]。

5. 直翅目（Orthoptera）

俗称蝗虫、蚱蜢、蟋蟀等。体型中等至大型，体态多样，体色多为绿色、褐色或黑色，部分种类具有保护色和斑纹。头部较大，复眼发达，单眼明显，触角丝状或锯齿状，较长且灵活；口器咀嚼式，适于取食植物或其他昆虫。前胸发达，前足和中足适于行走，后足特化为强壮的跳跃足，适于跳跃和快速移动。腹部较长，有 10 节，末端具尾须。多具翅，前翅革质，狭长，称为鞘翅，覆盖在后翅上，后翅膜质，展开时呈扇形，适于飞行。常见种有中华纺织娘 [*Mecopoda elongata* (Linnaeus, 1758)]。

6. 螳䗛目（Mantophasmatodea）

体型中型，体长 20～30 mm。大多生活在山区草地上、石块下，捕食小型昆虫。略具雌雄二型现象；头下口式，口器咀嚼式；触角丝状，多节；复眼大小不一，无单眼；无翅；胸部每个背板都稍盖过其后背板，前胸侧板大，充分暴露；前足和中足均为捕捉足；跗节 5 节，基部 4 节具跗垫，基部 3 节合并；尾须短，1 节。

7. 䗛目（Phasmatodea）

俗称竹节虫，简称䗛。中型或大型，体长 3～64 cm，多数竹节虫的体色呈深褐色，少数为绿色或暗绿色。头小，口器咀嚼式，前胸小，中胸和后胸伸长，有翅或无翅，有翅种类翅多为两对，前翅革质，多狭长，横脉众多，脉序呈细密的网状，翅平展时颇似干枯叶片。常见种有棉管䗛 [*Sipyloidea sipylus*（Westwood，1859）]。

8. 革翅目（Dermaptera）

俗称蠼螋，简称螋。中、小型昆虫，体长而扁平。咀嚼式口器，头部扁阔，复眼圆形，少数种类复眼退化；有些种类无复眼。触角 10～30 节，多者可达 50 节，线形。上颚发达，较宽，其前端有小齿。前胸游离，较大，近方形；后胸有后背板。腹板较宽，除少数种类外，多具翅。常见种有瘤螋 [*Challia fletcheri*（Burr，1904）]。

9. 蛩蠊目（Grylloblattodea）

体型扁长，长 15～30 mm。头扁，无翅。复眼退化，无单眼。触角丝状，28～40 节。前口式，咀嚼式口器。上唇和大颚发达。大颚有端齿，小颚完整，叶片具 1～2 齿。小颚须 5 节。下唇分前、中、后 3 节，前节有 3 节组成的须 1 对以及侧唇舌、中唇舌各 1 对。舌扁，宽卵形，唾液由此分泌。肉食性。夜出活动，适应低温环境。

10. 纺足目（Embioptera）

俗称丝蚁。体长而扁，行动活泼。咀嚼式口器。复眼发达，无单眼。雌虫无翅，状如若虫；雄虫一般有翅，前后翅相似。前足第一跗节膨大，有纺丝腺开口于此。若干种类栖息于蚁或白蚁的巢中。喜隐蔽，群居。昼伏夜出。雄虫有趋光性。以枯死或腐烂的植物碎片、地衣、苔藓为主要食料，在饥饿时，雌、雄虫常互相吞食。常见种有黑等丝蚁 [*Oligotoma nigra*（Hagen，1885）]。

11. 襀翅目（Plecoptera）

俗称石蝇。体中小型，细长、柔软。复眼发达，单眼 3 个。触角长丝状，为体长之半；口器咀嚼式，上颚正常或痕迹状。前胸大，方形。翅膜质，前翅狭长，后翅臀区发达，翅脉多，变化大，中肘脉间多横脉，休息时翅平折在虫体背面。跗节 3 节；稚虫捕食蜉蝣稚虫、摇蚊和蚋的幼虫或其他水生小动物，有些取食水中的植

物碎屑、腐败有机物、藻类和苔藓；成虫多不取食。常见种有大型锤襀 [*Classenia magna* (Wu, 1948)]。

12. 缺翅目 (Zoraptera)

体微小，体长 1.5～2.5 mm，身体扁平。头大，口器咀嚼式，触角长，念珠状。无翅个体无复眼，有翅个体有复眼和单眼。有翅型有 2 对膜质翅，翅狭长，只有 1～2 条翅脉，易脱落。3 对足适于爬行，跗节 2 节，腹部 10 节，尾须 1 节，雌虫无产卵器。代表种有墨脱缺翅虫 [*Zorotypus medoensis* (Huang, 1976)]。

13. 啮虫目 (Psocodea)

俗称书虱，简称啮。体小脆弱，头部较发达。复眼发达，有翅型单眼 3 个，无翅型单眼缺失。触角长丝状，口器咀嚼式，唇基大而突出。有翅型前胸狭缩成颈状，胫节长，腹部 10 节，无尾须。多数种类生活在树干或枯木上，也有生活在室内或动物巢穴中的，食书籍、谷物、库毛及动植物标本等。少数种类捕食介壳虫及蚜虫等。常见种有嗜卷书虱 [*Liposcelis bostrychophila* (Badonnel, 1931)]。

14. 缨翅目 (Thysanoptera)

俗称蓟马。体型小。成虫身体黑色、褐色或黄色，前胸后缘有缘鬃。头略呈后口式，口器锉吸式，能挫破植物表皮，吸吮汁液；触角 6～9 节，线状，略呈念珠状，一些节上有感觉器；翅细长透明，边缘有长而整齐的缘毛，脉纹最多有两条纵脉；足的末端有泡状的中垫，爪退化；雌性腹部末端圆锥形，腹面有锯齿状产卵器，或呈圆柱形，无产卵器。常见种有豆大蓟马 [*Megalurothrips usitatus* (Bagball)]。

15. 半翅目 (Hemiptera)

俗称蝽象、蝉、飞虱。体略扁平而坚硬；口器为刺吸式；触角呈丝状或棒状；单眼 2 个或无；前胸背板发达，小盾片多呈三角形；前翅半鞘翅，后翅膜质，有些种类翅退化或无翅；多数种类有臭腺；跗节末端常具爪，爪下具爪垫；腹部有 9～11 节，通常有 10 节；无尾须。常见种有蚱蝉 [*Cryptotympana atrata* (Fabricius, 1775)] 和麻皮蝽 [*Erthesina fullo* (Thunberg, 1783)]。

16. 广翅目 (Megaloptera)

体型中至大型，体态细长或粗壮，通常呈保护色或暗色，以适应环境伪装。头部发达，为前口式结构，复眼大而显著，单眼为 3 个。触角呈丝状，由多节组成，灵活且较长。口器咀嚼式。胸部发达，前胸呈方形或长形，具有一定的活动性。足共有 3 对，跗节分为 5 节。翅膀两对，前后翅大小和结构相似，翅面具有明显的脉络。腹部分为 10 节，无尾须，外生殖器不明显突出。成虫多在白天栖息于水边的岩石或植物上，夜间活动频繁，并具有明显的趋光性。常见种有东方巨齿蛉 [*Acanthacorydalis orientalis* (McLachlan，1899)]。

17. 蛇蛉目 (Rhaphidioptera)

体细长，小至中型，多为褐色或黑色。头部长，后端常狭缩变细，呈三角形。复眼发达，触角丝状，口器咀嚼式。前胸延长呈颈状，中、后胸宽短。翅狭长，膜质，翅脉网状，前、后翅相似。腹部 10 节，无尾须。雄虫尾端具肛上板和抱握器，雌虫具长针状产卵器。全变态，成虫和幼虫均肉食性。常见种有硕华盲蛇蛉 [*Sininocellia gigantos* (Yang，1985)]。

18. 脉翅目 (Neuroptera)

简称蛉。体小至大型。体壁通常柔弱，有时生毛或覆盖蜡粉。成虫咀嚼式口器，幼虫捕吸式口器。复眼发达。触角类型多样。前、后翅均为膜质透明，翅脉呈网状。腹部细长，10 节，第 1～2 节及第 9 节短形，末节甚小。无尾须。许多种类（如草蛉等）是多种农林作物害虫的重要捕食性天敌，在害虫生物防治中占有重要地位。常见种有中华草蛉 [*Chrysoperla sinica* (Tjeder)]。

19. 鞘翅目 (Coleoptera)

俗称甲虫。体小至大型。复眼发达，常无单眼。触角形状多变。体壁坚硬，前翅质地坚硬，角质化，形成鞘翅，静止时在背中央相遇成一直线，后翅膜质，通常纵横叠于鞘翅下。成、幼虫均为咀嚼式口器。幼虫多为寡足型，少数为无足型，胸足通常发达，腹足退化。蛹为离蛹。卵多为圆形或圆球形。鞘翅目是昆虫纲中最大的目。常见种有七星瓢虫 [*Coccinella septempunctata* (Linnaeus，1758)]。

20. 捻翅目 (Strepsiptera)

俗称捻翅虫，简称蝙。体型小，体长 1.5～4 mm。触角发达且形状多变，复眼大而突出，由 20～50 个小眼组成，无单眼。前翅退化为棒状的伪平衡棍，后翅大且呈扇状，具退化的纵脉。一般不具可进食的口器，其口器的许多部分退化为感觉器官。捻翅虫的一生大多寄生于其他昆虫（如蜜蜂、黄蜂、叶蝉）体内。代表种有杨氏胡蜂 [*Xenos yangi* (Dong, Liu & Li，2022)]。

21. 长翅目（Mecoptera）

俗称蝎蛉。成虫体中型、细长。头向腹面延伸成宽喙状。口器咀嚼式，位于喙的末端。触角长，丝状。翅 2 对，膜质，前、后翅大小、形状和脉序相似，翅脉接近原始脉相，有的翅退化或消失。尾须短，雄虫有显著的外生殖器，幼虫和成虫肉食性、腐食性或植食性。大多栖息在潮湿的森林、峡谷和植被茂密的地区。常见种有染翅华蝎蛉［*Sinopanorpa tincta*（Navás，1931）］。

22. 毛翅目（Trichoptera）

俗称石蛾。成虫小型到中型，外形似蛾类。口器咀嚼式，几乎退化而没有咀嚼功能，仅下颚须和下唇须显著。复眼发达，单眼有或无。触角丝状，约等于体长。前胸小，中胸发达。前翅略长于后翅，有的远长于体，翅狭窄，翅面密布粗细不等的毛，后翅臀区发达。常见种有挂墩短脉纹石蛾［*Cheumatopsyche guadunica*（Li & Dudgeon 1988）］。

23. 蚤目（Siphonaptera）

俗称跳蚤，简称蚤。体微型至小型，体长 0.5～1 mm，体上有许多指向后端的鬃毛。口器刺吸式，无翅。身体侧扁，黑棕色或黑褐色，触角棒状，后足发达，为跳跃足。全变态，产卵于寄主体上、窝或巢内，吸食多种动物血液。常见种有人蚤［*Pulex irritans*（Linnaeus，1758）］。

24. 双翅目（Diptera）

俗称蚊、蝇、虻等。体微型至大型，体长 5～50 mm。口器刺吸式或舐吸式，下唇端部膨大成 1 对唇瓣，某些种类口器退化。中胸发达，中胸背板几占背面全部，前、后胸退化，中胸具翅 1 对，膜质，某些类群具毛或鳞片，后翅退化成平衡棒。常见种有白纹伊蚊［*Aedes albopictus*（Skuse，1895）］和家蝇［*Musca domestica*（Linnaeus，1758）］。

25. 鳞翅目（Lepidoptera）

俗称蛾或蝶。体小型至巨型，体长 1.5～80 mm。大部分为虹吸式口器，少数类群为咀嚼式口器，下口式，蝶类触角棍棒状，蛾类触角丝状、锯齿状或双栉状。复眼发达，蛾类无单眼。成虫一般取食花蜜、水等物，大多数不危害植物。幼虫绝大多数陆生，植食性，为害各种植物；少数水生。常见种有菜粉蝶［*Pieris rapae*（Linnaeus，1758）］和袋衣蛾［*Tineola bisselliella*（Hummel，1823）］。

26. 膜翅目（Hymenoptera）

俗称蜂或蚁。体微型至大型，体长 0.1～60 mm。口器咀嚼式或嚼吸式，下口式或前口式。翅膜质、透明，两对翅质地相似，后翅前缘有翅钩列与前翅连锁，翅脉较特化。头部明显，正面观横形，有时几成球形，颈部细小，可自由转动。触角形状多变化，有丝状、棒状、膝状、栉状和扇状等，通常以雄性为发达，多为 13 节，雌性较短，多为 12 节，少数种类节数减少到 6～8 节。常见种有中华蜜蜂［*Apis cerana*（Fabricius，1793）］。

第三节　园艺植物昆虫重要目、科

（一）鞘翅目（Coleptera）

鞘翅目俗称甲虫。体小至大型。复眼发达，常无单眼。触角形状多变。体壁坚硬，前翅质地坚硬，角质化，形成鞘翅，后翅膜翅或缺翅。全变态或复变态。

鞘翅目是昆虫纲最大的目，已知种类达 35 万种，占全部昆虫种类的 40% 以上，中国记载有 7000 多种。鞘翅目食性广，有植食性、捕食性、粪食性、寄生性、腐食性等。鞘翅目复杂的食性导致其中许多植食性类群如叶甲科、天牛科等成为生产害虫，部分捕食性类群如瓢虫科、步甲科等作为天敌昆虫用于生物防治。

下面是与园艺植物关系密切的鞘翅目主要科的特征。

1. 瓢虫科（Coccinellidae）

瓢虫科昆虫在全球已记录约 6900 种，在中国有 1000 多种。其食性大致可分为三类：植食性、菌食性和捕食性。其中，捕食性瓢虫占总种类的 82%，主要以蚜虫、介壳虫、粉虱、叶螨等节肢动物为食，是重要的害虫天敌，因此它们通常被作为利用和保护的对象。捕食性瓢虫的食性具有一定的专一性。瓢虫亚科（Coccinellinae）和显盾瓢虫亚科（Hyperaspinae）的多数成员主要捕食蚜虫；而盔唇瓢虫亚科（Chilocorinae）则专注于捕食有蜡粉覆盖的介壳虫，如盾蚧和蜡蚧。红瓢虫亚科（Coccidulinae）的种类专食绵蚧和粉蚧，四节瓢虫亚科（Lithophilinae）中也有捕食绵蚧和粉蚧的种类。隐胫瓢虫亚科（Aspidimerinae）的成员主要捕食蚜虫和介壳虫。

小毛瓢虫亚科（Scymninae）、小艳瓢虫亚科（Sticholotinae）和刻眼瓢虫亚科（Ortalinae）则包含捕食蚜虫、介壳虫、粉虱和叶螨的种类。食螨瓢虫族（Stethorini）专门捕食叶螨，是其重要的天敌之一。在实际应用和研究中，具有显著经济价值的瓢虫种类包括澳洲瓢虫（*Rodolia cardinalis*）、细缘唇瓢虫（*Chilocorus circumdatus*）、孟氏隐唇瓢虫（*Cryptolaemus montrouzieri*）、七星瓢虫（*Coccinella septempunctata*）（图 5-1（c））、异色瓢虫（*Harmonia axyridis*）以及深点食螨瓢虫（*Stethorus punctillum*）等。这些种类被广泛应用于生物防治，尤其在农业害虫管理中，其由于强大的捕食能力和对目标害虫的专一性，成为有效的天然敌害。茄二十八星瓢虫（*Henoseplichna vigintioctopunctata*）为害茄科蔬菜（图 5-1（d））。

2. 虎甲科（Cicindelidae）

虎甲科昆虫在全世界已知近 3000 种，中国已知 200 余种，世界范围内除南极洲和一些小海岛以外，几乎遍布所有陆地生态系统，其中东洋界的虎甲科昆虫多样性远高于其他地区。成虫和幼虫均为广谱捕食性，捕食其他昆虫和小动物，在生物防治领域有广阔的应有前景。由于虎甲科昆虫栖息环境的特殊性，其成为重要的森林生态环境监测类群。虎甲族（Cicindelini）的成虫一般栖息在靠近水源的沙滩地、湿润的林下泥地或者低矮的灌木丛中；树栖虎甲族（Collyridini）的成虫多栖息在林下树叶和枝干间。幼虫多栖息于沙草地中，缺翅虎甲属（Tricondyla）的幼虫有时会栖息在枯木、倒木的树洞内，捕食接近洞口的猎物，腹部背面的倒钩可防止猎物挣扎时将幼虫拖出洞外。我国常见的虎甲科昆虫有中华虎甲（*Sophiodela chinensis*）、金斑虎甲（*Cosmodela juxtata*）、多型虎甲（*Cicindela transbaicalica*）和星斑虎甲（*Cylindera kaleea*）等（图 5-1（a））。

3. 步甲科（Carabidae）

步甲科昆虫已知超过 40000 种，中国有 3000 种以上。成虫、幼虫均为捕食性，部分种类兼具植食性。成虫不善飞翔，地栖性，多在地表活动，行动敏捷，或在土中挖掘隧道，喜潮湿土壤或靠近水源的地方。白天一般隐藏于木下、落叶层、树皮下、苔藓下或洞穴中；有趋光性和假死现象。在热带和亚热带地区，步甲科昆虫于植株上活动的种类较多。成虫、幼虫多以蚯蚓、钉螺、蜘蛛、小昆虫以及软体动物为食。步甲科昆虫是我国最早用于农业生物防治的类群之一。黄缘步甲（*Nebria livida*）、中华广肩步行虫（*Calosoma maderae chinense*）和耶气步甲（*Pheropsophus jessoensis*）能够大量捕食鳞翅目幼虫，是黏虫、棉铃虫、菜青虫等害虫的重要天敌。毛青步甲

（*Chlaenius pallipes*）则捕食半翅目成虫和蝗虫卵荚。赤胸梳状步甲（*Dolichus halensis*）是多种蚜虫、毛毛虫和蝼蛄的捕食性天敌（图 5-1（b））。

4. 方头甲科（Cybocephalidae）

方头甲科昆虫体型微小，成虫和幼虫均为捕食性，主要捕食盾蚧和粉虱，食性和行动近似于小型的瓢虫。常见的日本方头甲（*Cybocephalus nipponicus*）是农业上防治盾蚧的重要天敌昆虫。黑缘方头甲（*Cybocephalus gibbulus*）捕食螺旋粉虱。

5. 隐翅虫科（Staphylinidae）

隐翅虫科昆虫全球已知超过 63000 种，中国约有 6000 种，食性丰富多样，包括植食性、捕食性、腐食性、粪食性、尸食性和寄生性等。其中，黑足蚁形隐翅甲（*Paederus tamulus*）和青翅蚁形隐翅甲（*Paederus fuscipes*）在稻田中非常常见，主要以鳞翅目幼虫为食，同时也能捕食飞虱、叶蝉等害虫。此外，前角隐翅虫亚科（Scydmaeninae）专门捕食螨类，进一步丰富了其在生态系统中的功能。

6. 葬甲科（Silphidae）

葬甲科昆虫全球已知约 200 种，中国有近 100 种。多数种类腐食性，部分种类捕食蝇蛆、蛾类昆虫和蜗牛。例如树葬甲属（*Dendroxena*）可捕食多种蛾类害虫，是潜在的生物防治材料。

7. 阎甲科（Histeridae）

阎甲科昆虫全球已知近 4000 种，中国有近 300 种。食性杂，呈腐食性和捕食性。一般栖息在腐烂的动物或植被、粪便以及蚁穴等环境。能够捕食多种昆虫和小动物。部分种类对白蚁、蚂蚁和双翅目昆虫有专食性。

8. 芫菁科（Meloidae）

芫菁科昆虫全世界已知近 3000 种，中国有超过 200 种。复变态生活史，成虫多为植食性，许多种类的幼虫营半寄生性半捕食性生活，捕食蝗卵或在蜂巢捕食幼虫，是许多蝗虫的重要天敌昆虫。例如大斑芫菁（*Mylabris phalerata*）捕食棉蝗（*Chondracris rosear*）蝗卵（图 5-1（g））。

9. 萤科（Lampyridae）

萤科昆虫全球已知超过 2000 种，中国有 160 余种。成虫会在傍晚发光吸引配偶，俗称萤火虫。成虫、幼虫大部分为捕食性，捕食多种昆虫或蜗牛、蛞蝓等软体动物，是多种软体动物的重要天敌昆虫。代表种有黄胸黑翅萤（*Aquatica hydrophila*）。

10. 郭公虫科（Cleridae）

郭公虫科昆虫世界已知约 4000 种。形似虎甲，食性广泛，幼虫和成虫大多为捕食性，幼虫食量大，捕食各种蛀干害虫，例如小蠹、天牛、吉丁等，也有部分种类捕食白蚁等筑巢昆虫的幼虫，是小蠹等农业害虫的重要天敌昆虫。代表种有赤足郭公虫（*Necrobia rufipes*）。

11. 天牛科（Cerambycidae）

天牛科昆虫全世界已知约 25000 种，中国记载 2200 多种。成虫通常体型较大，形态修长，拥有较长的触角，长度可达到身体的两倍以上。天牛的前翅坚硬，具有明显的纵向纹理，通常呈褐色或黑色，且常带有斑点或条纹。其后翅则较为薄弱，主要用于飞行。天牛科的幼虫以木材为食，通常在树木的木质部或干枯植物内蛀食，破坏树木的内部结构，可能导致树木枯死或生长不良。天牛科昆虫许多种类是主要的木材害虫，尤其在果树和林木栽培中，常造成经济损失。常见的害虫如为害松树的松墨天牛（*Monochamus alternatus*）、为害桑树的桑天牛（*Apriona germari*）（图 5-1（h））。

12. 吉丁甲科（Buprestidae）

吉丁甲科昆虫全世界已知约 13000 种，中国记载 450 多种。成虫常具金属光泽。触角 11 节，锯齿状。前胸腹板有一扁平突起嵌入中胸腹板。幼虫体扁，前胸膨大；头小，无单眼；触角 3 节；上颚无臼叶，胸足退化。常见的害虫如为害杨树、柳树的杨十斑吉丁虫（*Melanophila decastigma*）。

13. 金龟甲总科（Scarabaeoidea）

金龟甲总科昆虫全世界已知约 19000 种，中国记载 1300 多种。金龟甲总科成虫体粗壮，卵圆形或长形。幼虫体型弯曲，呈 C 形，多为白色，少数为黄白色。体壁较柔软多皱，体表疏生细毛。头大而圆，多为黄褐色，生有左右对称的刚毛，俗称蛴螬。常见的害虫如为害作物根部的铜绿丽金龟（*Anomala corpulenta*），为害果树嫩芽、花蕾等的黑绒金龟（*Maladera orientalis*）、小青花金龟（*Oxycetonia jucunda*）（图 5-1（e））。

14. 叩甲科（Elateridae）

叩甲科昆虫全世界已知 10000 多种，中国记载 600 多种。体形多狭长，小型至大型。体表多被细毛或鳞片状毛，组成不同的花斑或条纹，头型多为前口式，深嵌入前胸；上唇显露，唇基不明显，触角着生在额脊下方，靠近复眼，11～12 节，锯齿状、丝状、栉齿状，有的雌雄异形，雄虫锯齿状，雌虫栉齿状、梳齿状；前胸背板向后倾斜，与中胸连接不紧密，后角尖锐；常见害虫如沟叩甲（*Pleonomus canaliculatus*）、细胸叩甲（*Agriotes subvittatus*）、蔗梳爪叩甲（*Melanotus regalis*）。

15. 叶甲科（Chrysomelidae）

叶甲科昆虫全世界已知约 26000 种，中国记载 1500 多种。成虫多有金属光泽。跗节为假 4 节型，实际 5 节，其第 4 节极小，隐藏于第 3 节的两叶中。头型为亚前口式，唇基不与额愈合，前部明显分出前唇基，其前缘平直。前足基节窝横形或锥形突出，基节窝关闭或开放。常见的害虫如黄曲条跳甲（*Phyllotreta striolata*）、栗凹胫跳甲（*Chaetocnema ingenua*）、玉米异跗萤叶甲（*Apophylia flavovirens*）。

16. 小蠹科（Scolytidae）

小蠹科昆虫全世界已知约 6000 种，中国记载 500 多种。微小至小型，宽短，圆筒形。头部的一部分向下方延长成较短的头管，象鼻部分短而不甚明显。触角短，锤状。前胸背板大，长度占体长的 1/3 以上，前端收狭。足胫节有齿，跗节 5 节，末节长。鞘翅长，盖过腹末，表面有粗大的刻点条纹。腹板可见 5～6 节，腹部末节通常平切状。体多为黑色或褐色，被毛。蛀干为害。常见的害虫如红脂大小蠹（*Dendroctonus valens*）、华山松大小蠹（*Dendroctonus armandi*）。

17. 象甲科（Curculionidae）

象甲科昆虫全世界已知约 50000 种，中国记载 1200 多种。小型至大型种类。喙显著，由额向前延伸而成；触角膝状，颚须和下唇须退化而僵直，不能活动；体壁骨化强；多数种类被覆鳞片。幼虫通常为白色，肉质，身体弯成 C 字形，没有足和尾突。成虫、幼虫均为植食性。常见的害虫如杨干隐喙象（*Cryptorrhynchus lapathi*）、稻水象甲（*Lissorhoptrus oryzophilus*）等（图 5-1（f））。

（二）膜翅目（Hymenoptera）

膜翅目俗称蜂、蚁。翅膜质、透明，两对翅质地相似，后翅前缘有翅钩列与前翅连锁，翅脉较特化；口器一般为咀嚼式，但在高等类群中下唇和下颚形成舌状构造，为嚼吸式；雌虫产卵器发达，锯状、刺状或针状，在高等类群中特化为螫针。

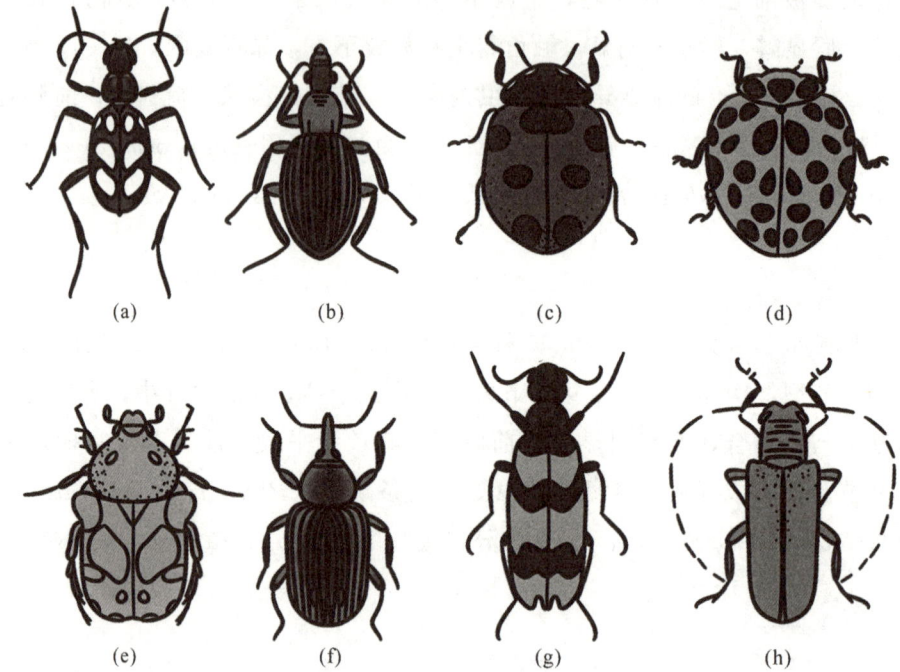

图 5-1　鞘翅目重要科代表（（a）～（d）、（g）仿周尧）

（a）虎甲科（中华虎甲）；（b）步甲科（黄缘步甲）；（c）瓢虫科（七星瓢虫）；（d）瓢虫科（茄二十八星瓢虫）；
（e）花金龟科（小青花金龟）；（f）象甲科（稻水象甲）；（g）芫菁科（大斑芫菁）；（h）天牛科（桑天牛）

　　膜翅目昆虫全世界已知约 12 万种，中国记载约 2300 种。膜翅目昆虫中有一半的科都具有捕食性种类。

　　下面是与园艺植物关系密切的膜翅目主要科的特征。

1. 胡蜂科（Vespidae）

　　成虫能捕食多种昆虫，部分种类偏好捕食鳞翅目，在果园地区，常咬食果实造成减产。胡蜂毒性很大，被胡蜂攻击非常疼痛，严重时可造成伤残或死亡。但是，胡蜂一般不主动攻击人畜。除在养蜂、养蚕地区和果园附近外，胡蜂是一类实用的天敌昆虫。全世界已知约 5000 种，中国约有 290 种。常见种如黄脚胡蜂（*Vespa velutina*）。

2. 蚁科（Formicidae）

　　蚁科昆虫全世界已超过 15000 种，中国有 1000 余种。多数蚁科昆虫具有多型现象，属社会性昆虫。蚂蚁根据食性分为：① 低等种类（肉食性，以昆虫、小动物乃至病、死的大动物为食）；② 臭蚁亚种（切叶蚁亚科及蚁亚科中的较高等种类，对动植物均能取食，尤喜蚜、蚧虫分泌的蜜露）；③ 草食性种类（其他大部分蚁类为草食性，多以枯物、叶片、种子、果实、枝干为食。有益种类如黄猄蚁，能捕食农业害虫）。黄猄蚁（*Oecophylla smaragdina*）可以有效防治热带地区果园和橡胶园害虫。黑毛蚁（*Lasius niger*）在白蚁生物防治中也有应用潜力。福建利用红蚂蚁防治甘蔗螟虫，颇具成效。常见种有黄猄蚁（*Oecophylla smaragdina*）、小家蚁（*Monamorium pharaonis*）。

3. 小蜂总科（Chalcidoidea）

小蜂总科昆虫体小型，长 1～5 mm，最小的仅 0.2 mm，翅脉退化，在前翅主要为沿翅前缘的亚缘脉（包括缘前脉）、缘脉、后缘脉及痣脉，有的类群在亚缘脉与缘脉之间有一小段翅脉呈弯曲状，末端折而汇入缘脉，称作缘前脉，后翅翅脉更加简单，无痣脉。前胸背板与翅基片之间的胸腹侧片，其形状、大小随种类的不同而变化。常见种类如苹果绵蚜小蜂（*Aphelinus mali*）、松毛虫赤眼蜂（*Trichogramma dendrolimi*）（图 5-2（a）、（b））。

4. 臀钩土蜂科（Tiphiidae）

特征与土蜂科相似，但中、后胸腹板不形成连续的片，也盖不住中、后足的基节；雄性末节腹板不呈 3 刺状，而是向背面弯曲成钩刺。雌虫第 1、2 腹节间有收缩；幼虫多寄生于蛴螬的体外。

5. 蛛蜂科（Pompilidae）

体黑色、深蓝色或红褐色，有金属光泽和鲜明的淡色斑纹。触角卷曲，雄性 13节，雌性 12 节。前胸背板伸达肩板，中胸侧板有 1 横缝。足细长，多刺，后足腿节多长过腹部，胫节有 2 距，爪简单。翅透明，黄红色、黄色或褐色，翅脉不伸达外缘。前翅具 1 个缘室及 3 个亚缘室。腹部短，腹柄不明显，雌蜂蜜刺发达。

6. 泥蜂科（Sphecidae）

腹柄细长而显著，又称为细腰蜂科。世界已知 8000 多种。体形细长，通常黑色，并有黄、橙或红色斑纹。头大，横阔。触角一般丝状，雌性 12 节，雄性 13 节。前胸背板三角形或横形，不伸达肩板，前侧片后方有隆起的线。足细长，前足适于开掘，中足胫节有 2 端距。翅狭，前翅一般具 3 个亚缘室，少数 1 或 2 个。并胸腹节长，腹柄通常包括腹部第 1、2 节和第 3 节的一部分。常见种如绿长背泥蜂（*Ampulex compressa*）、黑毛泥蜂（*Sphex subtruncatus*）、棒腹泥蜂（*Ammophila clavus*）。

7. 螯蜂科（Dryinidae）

触角丝状，10 节；前胸背板突伸达或几乎伸达翅基片；雄虫后翅无明显的脉序或关闭的翅室，有臀叶，雌蜂多无翅，似蚂蚁；雌蜂前足第 5 跗节与爪特化成螯，用以捕捉猎物和抱握寄主。常见种如稻虱红单节螯蜂（*Haplogonatopus apicalis*）。

8. 姬蜂科（Ichneumonidae）

触角细长，丝状，多节；单眼 3 个，口器发达；足转节 2 节，胫节有明显的距，跗节 5 节，爪强大，有一爪间突；翅一般发达，偶有无翅型和短翅型，前翅前缘脉和亚前缘脉愈合，具翅痣，肘脉基段消失而第 1 肘室和第 1 盘室合并为盘肘室，有第 2 回脉；腹部基部缩缢，具柄或略呈柄状，一般细长，网筒形、卵形、扁平、侧扁；产卵管长短不等。常见种如广黑点瘤姬蜂（*Xanthopimpla punctata*）、舞毒蛾黑瘤姬蜂（*Coccygomimus disparis*）（图 5-2（c）、（d））。

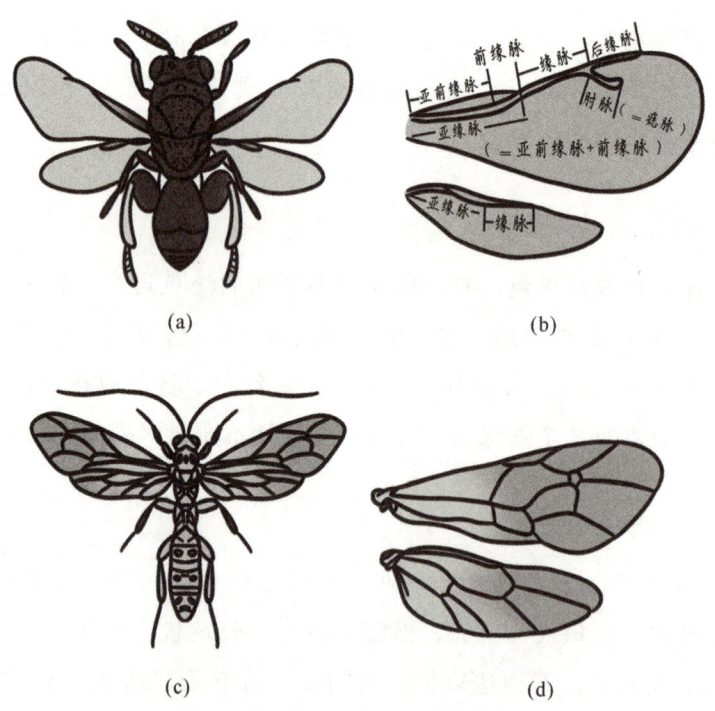

图 5-2　膜翅目重要科代表（（a）、（b）仿祝汝佐等，（c）、（d）仿廖定熹）

（a）小蜂科姬蜂科；（b）小蜂科前后翅；（c）姬蜂科（广黑点瘤姬蜂）；（d）姬蜂科前后翅

（三）脉翅目（Neuroptera）

脉翅目通称蛉。口器咀嚼式。触角长，呈丝状，多节。复眼发达。翅膜质、透明，有许多纵脉和横脉，多分支，前后翅脉序相似，网状，翅脉在翅缘二分叉。无尾须。全变态。

脉翅目全世界已知约 4500 种，我国记载 640 余种。本目绝大多数种类的成虫和幼虫均为肉食性（螳蛉大多为寄生的种类，可寄生在蜘蛛、胡蜂等昆虫身上），捕食蚜虫、叶蝉、粉虱、蚧（介壳虫）、鳞翅目的幼虫和卵以及蚁、螨等，其中不少种类在害虫的生态控制中起着重要作用。

下面是与园艺植物关系密切的脉翅目主要科的特征。

1. 草蛉科（Chrysopidae）

一般均呈草绿色，复眼有金属光泽面成为易于识别的一个特征。有些种类不带一点绿色，为黄褐色或带黑色，红色等。触角丝状，细长。前后翅相似或前翅宽大、透明，少数有褐斑。翅脉的特点是前缘横脉不分叉，翅缘无缘饰，径分脉的各支都是简单的梳状分支。草蛉科是松蚜、柳蚜、桃蚜、梨蚜等各类蚜虫及松干蚧的重要天敌昆虫。常见种如大草蛉（*Chrysopa septempunctata*）、晋草蛉（*Chrysopa shansiensis*）（图 5-3（a））。

2. 粉蛉科（Coniopterygidae）

触角念珠状。前后翅相似，翅脉简单，纵脉至多不超过 10 条，到翅缘不再分叉，前缘横脉至多 2 条。卵椭圆形、略扁，有网状花纹，一端有突起的受精孔。幼虫身体扁圆，两端尖削。触角 2 节。上颚和下颚组成粗短的吸管常被唇基和下唇包围，下唇须 2 节、棒状。成虫和幼虫均捕食蚜、螨、蚧和粉虱等。蚜虫常见的天敌为中华啮粉蛉（*Conwentzia sinica*）。

3. 褐蛉科（Hemerobiidae）

前翅有 3 条以上的分支，至少有 2 条直接从主干分出，前缘区内横脉多分叉。卵长卵形，表面光滑，有凹陷或突起的受精孔。幼虫细长形，两端尖削，身体光滑，不具毛瘤。上颚内缘无齿，上、下颚形成弯曲的喙管。茧椭圆形，丝稀疏如网状。成虫和幼虫主要捕食蚜、螨、蚧、粉虱、木虱等。常见种如密斑脉褐蛉（*Micromus densimaculosus*）（图 5-3（b））。

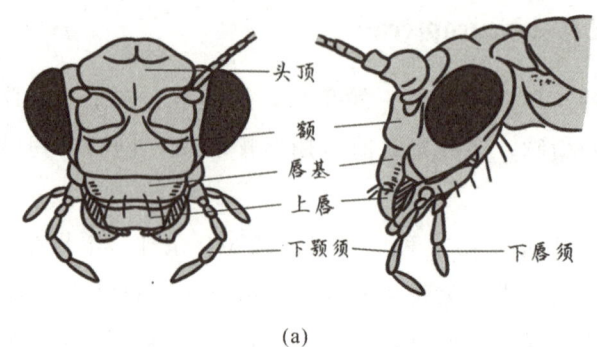

(a)

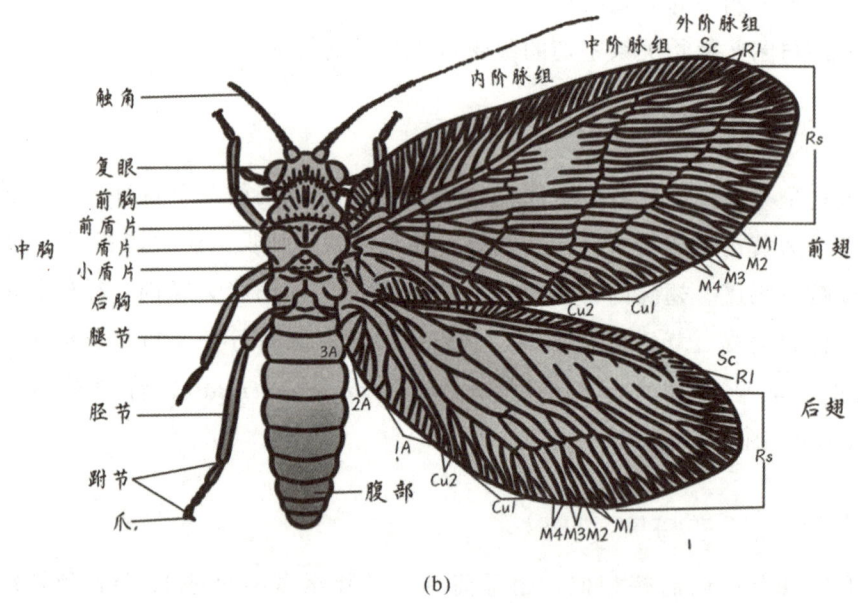

(b)

图 5-3　脉翅目重要科代表

（a）草蛉科（大草蛉）头部正面和头部侧面；（b）褐蛉科（脉线蛉）体翅背观

（四）直翅目（Orthoptera）

直翅目昆虫俗称蝗虫、蚱蜢、蟋蟀等。体型中等至大型，体态多样，体色多为绿色、褐色或黑色，部分种类具有保护色和斑纹。头部较大，复眼发达，单眼明显，触角丝状或锯齿状，较长且灵活；口器咀嚼式，适于取食植物或其他昆虫。前胸发达，前足和中足适于行走，后足特化为强壮的跳跃足，适于跳跃和快速移动。腹部较长，有 10 节，末端具尾须。多具翅，前翅革质，狭长，称为鞘翅，覆盖在后翅上，后翅膜质，展开时呈扇形，适于飞行。

直翅目的种类很多，很多种类既是农业上的重要害虫，又具有重要经济价值。

下面是与园艺植物关系密切的直翅目主要科的特征。

1. 蝗科（Acrididae）

体粗壮。触角短，除极少数种类外，均不超过体长，多呈丝状、剑状或棒状。前胸背板发达，盖住中胸。3 对足的跗节均为 3 节，第一跗节腹面有 3 对垫。多数种类具有 2 对发达的翅，亦有短翅或无翅的种类。后翅宽大，常有鲜艳的颜色。雄虫能以后足腿节摩擦前翅而发音。听器位于第一腹节的两侧。产卵器粗短，锥形。常见种如东亚飞蝗（*Locusta migratoria*）、疣蝗（*Trilophidia annulata*）、青脊竹蝗（*Ceracris nigricornis*）（图 5-4（a））。

2. 螽斯科（Tettigoniidae）

成虫身体呈扁形或圆柱形，颜色多呈绿或褐色。触角一般长于身体。翅发达、不发达或退化。雄性具翅个体在前翅上具有发音区，通过左右前翅摩擦而发音。前足胫节基部左、右两侧听器开放式/闭合式。后足股节发达，跗节 4 节。产卵器剑状或镰刀状。常见种有日本条螽（*Ducetia japonica*）、暗褐蝈螽（*Gampsocleis obscura*）（图 5-4（b））。

3. 蟋蟀科（Gryllidae）

多数中小型，少数大型。黄褐色至黑褐色。头圆，胸宽，触角细长。咀嚼式口器，有的大颚发达，强于咬斗。各足跗节 3 节，前足和中足相似并同长；后足发达，善跳跃；前足胫节上的听器，外侧大于内侧。产卵器外露，针状或矛状，由 2 对管瓣组成。雄虫、雌虫腹端均有尾毛 1 对，雄虫腹端有短杆状腹刺 1 对。雄虫前翅上有发音器，由翅脉上的刮片、摩擦脉和发音镜组成。前翅举起，左右摩擦，从而振动发音镜，发出音调。常见种有迷卡斗蟋（*Velarifictorus micado*）、油葫芦（*Cryllus testaceus*）（图 5-4（c））。

4. 蝼蛄科（Gryllotalpidae）

体狭长。头小，圆锥形。复眼小而突出，单眼 2 个。前胸背板椭圆形，背面隆起如盾，两侧向下伸展，几乎把前足基节包起。

前足特化为粗短结构，基节特短宽，腿节略弯，片状，胫节很短，三角形，具强端刺，便于开掘。常见种有华北蝼蛄（*Gryllotalpa unispina*）、东方蝼蛄（*Gryllotalpa orientalis*）（图 5-4（d））。

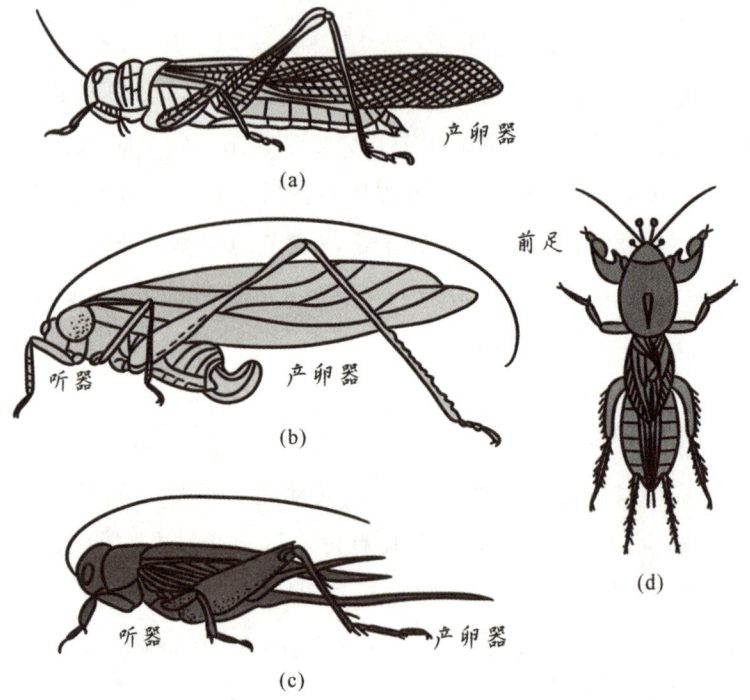

图 5-4　直翅目重要科代表（仿周尧）

(a) 蝗科（东亚飞蝗）；(b) 螽斯科（日本条螽）；(c) 蟋蟀科（油葫芦）；(d) 蝼蛄科（华北蝼蛄）

（五）半翅目（Hemiptera）

半翅目昆虫俗称蝽象、蝉、飞虱。体略扁平而坚硬；口器为刺吸式；触角呈丝状或棒状；单眼 2 个或无；前胸背板发达，小盾片多呈三角形；前翅半鞘翅，后翅膜质，有些种类翅退化或无翅；多数种类有臭腺；跗节末端常具爪，爪下具爪垫；腹部有 9～11 节，通常有 10 节；无尾须。

半翅目中的植食性昆虫是农作物、园林景观植物以及林业的重要害虫；少数种类吸食血液，传播疾病，是卫生害虫；猎蝽、姬蝽、花蝽等捕食各种害虫及螨类，是多种害虫的重要天敌；有些种类可以分泌蜡、胶，或形成虫瘿，产生五倍子，是重要的工业资源昆虫，其产生的紫胶、白蜡、五倍子还可药用；蝉的鸣声悦耳动听，蜡蝉、角蝉的形态特异，是人们喜闻乐见的观赏昆虫。

下面是与园艺植物关系密切的半翅目主要科的特征。

1. 蝽科（Pentatomidae）

绝大多数蝽科昆虫的触角为 5 节，少数种类 4 节。小盾片发达，多数为三角形，紧接前胸背板后方，盖在腹部背面，长度略过腹部的一半，但也有些种类的小盾片超过腹长的 2/3，盖住整个腹背。不完全变态。卵球形、卵圆形或圆桶形，单产或数枚、十数枚或数十枚在一起，平贴在寄主枝、叶上，不少种类 1 次产 12 枚。初孵若虫停留在卵壳附近，直到第 1 次蜕皮，通常 5 龄。第 2 次蜕皮以后出现翅芽，第 5 次蜕皮即为成虫。多数种类植食性。成虫、若虫将针状口器插入嫩枝、幼茎、花果和叶片组织内，吸食汁液，造成植株生长缓滞，枝叶萎缩，甚至花果脱落；小部分种类是肉食性，以鳞翅目、鞘翅目的幼虫和同翅目的成虫与若虫为猎捕对象。常见害虫有稻黑蝽（*Scotinophara lurida*）、荔枝蝽（*Tessaratoma papillosa*）、麻皮蝽（*Erthesina fullo*），常见益虫有益蝽（*Picromerus lewisi*）（图 5-5（a））。

2. 盾蝽科（Scutelleridae）

盾蝽科昆虫全世界已知 450 种，我国已知约 40 种。体小型至中大型。背面强烈圆隆，腹面平坦，卵圆形。许多种类有鲜艳的色彩和花斑。头多为短宽状。触角 4 或 5 节。小盾片极大，U 形，能盖住整个腹部和前翅的绝大部分。前翅与体等长，膜片不能折回。臭腺发达。常见种有为害茶树的油茶宽盾蝽（*Poecilocoris latus*）。

3. 缘蝽科（Coreidae）

体中小型至大型，体壁坚硬，多为黄、褐、黑色，或鲜绿色，个别属为鲜红色。触角 4 节，着生处偏于背面，由背方观察可以看到触角基。喙 4 节。前胸背板前倾，多为梯形或六角形。小盾片相对较小，不及蝽科发达。前翅爪片远伸过小盾片末端，有很长的爪片接合缝，无楔片；前翅膜片具 8 根以上纵脉，纵脉或多或少相互平行，并由靠近膜片基部的一根横脉上发出，纵脉在端部尚可有分支。常见种有为害豆科等植物的点蜂缘蝽（*Riptortus pedestris*）、入侵害虫西部喙缘蝽（*Leptoglossus occidentalis*）。

4. 猎蝽科（Reduviidae）

体中型至大型，一般为宽长形，少数为极细长形。头顶常具横沟，多数具两个单眼。触角 4 节，第 3、4 节又分为 2～4 个小节，亦有多至 40 节者。喙 4 节，但因第 1 节完全退化，可见节为 3 节。前胸腹面常具腹板沟，沟内具若干横纹，喙与横纹摩擦发声。前胸背板被横沟分为前后两叶，小盾片顶端常具直立或半直立长刺。前翅分为革片、爪片和膜片三部分，膜片具有 2 或 3 个大翅室，多为捕食性。常见种有霜斑素猎蝽（*Epidaus famulus*）、齿缘刺猎蝽（*Sclomina erinacea*）、纹彩猎蝽（*Euagoras plagiatus*）、淡带荆猎蝽（*Acanthaspis cincticrus*）（图 5-5（b））。

5. 姬蝽科（Nabidae）

体小型，通常浅褐色至深褐色。头细长，前伸；触角 4 节；喙 4 节；单眼 2 个；小盾片三角形。常见种有华姬蝽（*Nabis sinoferus*）、普姬蝽（*Nabis semiferus*）（图 5-5（d））。

6. 盲蝽科（Miridae）

体小型，稍扁平，触角 4 节，除树盲蝽亚科外，其余亚科无单眼。前翅革质部分可分为革片、爪片和楔片。膜区由翅脉在基部围成两个室。从侧面看，膜区与革区呈一角度。前胸背板前缘常具一横沟，从而划出一个狭长的区域，称为领片。盲蝽科昆虫多数生活于植物上，行动活泼，颇善飞翔。多数类群主要为植食性，寄主范围广泛，包括被子植物、针叶树和蕨类。部分类群则以捕食性为主，成为蚜虫等害虫的天敌。常见害虫有绿盲蝽（*Lygus lucorum*）、三点苜蓿盲蝽（*Adelphocoris fasciaticollis*）、中黑苜蓿盲蝽（*Adelphocoris suturalis*）（图 5-5（c））。

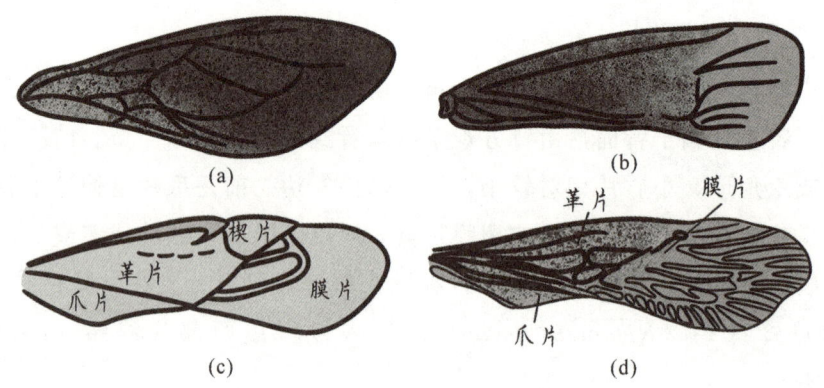

图 5-5　蝽类前翅（仿韩运发和张广学）
（a）蝽科；（b）猎蝽科；（c）盲蝽科；（d）姬蝽科

7. 花蝽科（Anthocoridae）

花蝽科昆虫全世界已知 500 余种，中国已知 70 余种。体小型，椭圆形或比较狭长。背面平坦。黄色、褐色、黑色，或淡色而有黑斑，无鲜艳的色彩。头平伸，前半比较狭窄。有单眼。触角 4 节。喙视若 3 节（实际由 4 节组成，但第 1 节很小，且界限不甚明显，故外观呈 3 节状），取食时常整个喙指向前方，喙直，不弯曲。前胸背板梯形。小盾片发达。前翅爪片亦发达，远伸过小盾片末端，爪片接合缝长大。具楔片缝及楔片。花蝽科昆虫全部为捕食性，成虫及若虫捕食蚜虫、蓟马、小型鳞翅目幼虫等软体小虫，以及螨类和各式虫卵。常见种有微小花蝽（*Orius minutus*）、东亚小花蝽（*Orius sauteri*）、南方小花蝽（*Orius similis*）。

8. 网蝽科（Tingidae）

体小型至中型，体色暗淡，身体比较扁平；前胸背板及前翅遍布网格状的花纹。头小，复眼发达，无单眼；喙直，不用时隐藏于喙沟之中，小颊发达。前胸背板多呈奇异形状，具许多网状小室，前部常具头兜，头兜后方多具纵脊，后部常成三角形突起，多覆盖小盾片；两侧多扩展成侧背板；前翅全部为革质，具由翅脉形成的网状小室；足细长，无爪垫。网蝽科昆虫中有许多种类是树木、果树和经济作物的害虫。常见害虫有为害杨树的小板网蝽（*Monosteira unicostata*）、为害泡桐的角菱背网蝽（*Eteoneus angulatus*）、为害茶树的茶脊冠网蝽（*Stephanitis chinensis*）、为害樟树的樟脊冠网蝽（*Stephanitis macaona*）、为害梨树的梨冠网蝽（*Stephanitis nashi*）、为害香蕉的香蕉冠网蝽（*Stephanitis typical*）。

9. 叶蝉科（Cicadellidae）

体小型，形似蝉，触角粗大的第 2 节上无感觉孔。中胸无翅基片，前翅 2 条臀脉在基部不合并。单眼 2 个或缺失。特别是后足胫节有梭脊，上生刺毛，其中有 2 排粗大而明显的刺。叶蝉科有很多加害农作物的种类。全世界已知 10000 多种，中国记录 1000 余种。常见害虫有为害茶树的小绿叶蝉（*Empoasca flavescens*）、大青叶蝉（*Cicadella viridis*）、黑尾叶蝉（*Nephotettix bipunctatus*）（图 5-6（c）～（e））。

10. 蝉科（Cicadidae）

体粗壮、中大型，头部有 3 个单眼，呈三角形排列；触角短小，鬃状；前胸短阔，领状；中胸背板特别发达，后方呈 X 形隆起；翅膜质，脉纹粗；前足开掘式；雄虫腹部第 1 节两侧有发音器。全世界已知约 3000 种，中国已知约 100 种。常见种有蚱蝉（*Cryptotympana atrata*）、斑透翅蝉（*Hyalessa maculaticollis*）、蟪蛄（*Platypleura kaempferi*）（图 5-6（f））。

11. 蜡蝉科（Fulgoridae）

体小型至大型。部分种类可以分泌蜡质。体表颜色鲜艳，易于辨认。部分幼虫长有蜡质绒毛。单眼着生在复眼的附近或下方，通常在颊的凹陷处。触角锥状，多感觉器。常见害虫有为害荔枝、龙眼的龙眼鸡（*Fulgora candelaria*）、白蛾蜡蝉（*Lawana imitata*）；为害桃、李等果树的斑衣蜡蝉（*Lycorma delicatula*）（图 5-6（a）～（b））。

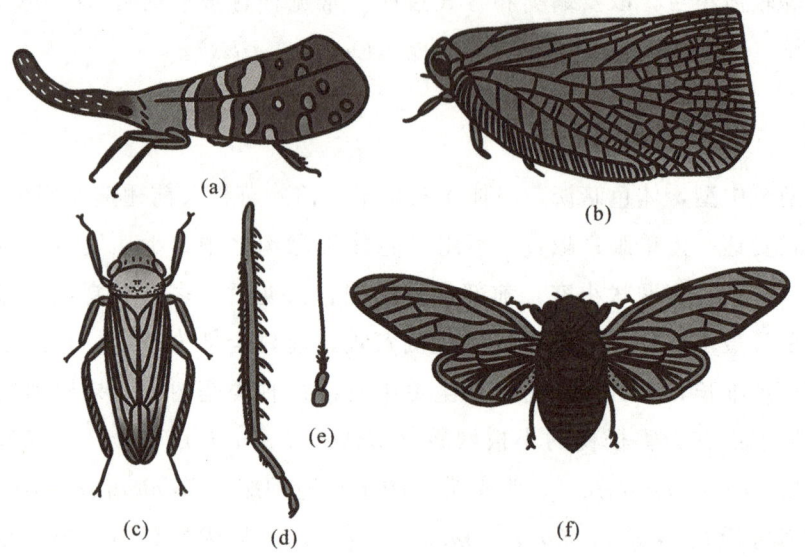

图 5-6 半翅目重要科代表（一）

(a) 蜡蝉科（龙眼鸡）；(b) 蜡蝉科（白鹅蜡蝉）；(c)～(e) 叶蝉科（大青叶蝉）；(f) 蝉科（蚱蝉）

12. 木虱科（Psyllidae）

体小型，活泼，能跳。头短阔，有复眼，单眼 3 个。触角细长，10 节。喙 3 节。前胸小，中胸背板大。前翅有 1 条 3 分支的脉纹，每支再分叉。后足基节腹面有 1 疣状突起；胫节有端刺；跗节 2 节；有中垫。渐变态。幼虫体极扁，体表覆被蜡质分泌物。常见害虫有为害梨树的梨木虱（*Psylla pyrisuga*）和为害桑树的桑木虱（*Anomoneura mori*）（图 5-7（e））。

13. 粉虱科（Aleyrodidae）

体小型，雌、雄成虫皆有翅。喙 3 节，复眼的小眼群常分为上、下两部分，也有的种类上、下两部分复眼常有各种不规则的联合或合并。单眼 2 个，着生在复眼群的上缘。翅 2 对，翅脉很简单，前翅径脉、中脉与第 1 肘脉合并在短的共同主干上，常先分出肘脉，再径脉，中脉分开；有的中脉几乎消失或只存痕迹；肘脉存在或消失，或胫脉也消失；后翅只存留一条脉纹。腹部第 1 节常为柄状，第 8 节常为背板状，膜质。腹部第 9 节背面有管状孔，中间是第 10 节的背板（称为盖瓣）和一管状的肛下板（称为舌状器）。常见害虫有白粉虱（*Trialeurodes vaporariorum*）、柑橘粉虱（*Dialeurodes citri*）、烟粉虱（*Bemisia tabaci*）（图 5-7（d））。

14. 蚜总科（Aphidoidea）

体型微小，一年四季以有翅或无翅孤雌胎生蚜繁殖后代，体柔软，触角 3～6

节，其上具感受器；前翅有径分脉，中脉分叉。蚜虫刺吸植物汁液，会引起植物发育不良，排泄蜜露，会引起霉菌滋生，并能传播植物病毒病，是重要的农林害虫类群之一。常见害虫有菜蚜（*Lipaphis erysimi*）、桃蚜（*Myzus persicae*）、棉蚜（*Aphis gossypii* Glover）（图 5-7（a））。

15. 蚧总科（Coccoidea）

蚧总科昆虫中国已知约 500 种。中、小型昆虫，雌、雄异型显著。雌成虫苗壮，少活动或终生固着不动，无翅，触角退化，足退化或消失，头、胸、腹愈合或区分不明显。体外有各种蜡质分泌物覆盖，或由于虫体背面高度硬化而裸露。雄成虫柔弱，生殖器发达，虽有足和翅，但十分纤细，运动力很差；寿命短，有些种类只存活数分钟。初孵化的幼虫很活泼。全世界已知约 6000 种。常见害虫有松突圆蚧（*Hemiberlesia pitysophila*）、矢尖蚧（*Unaspis yanonensis*）（图 5-7（b）、（c））。

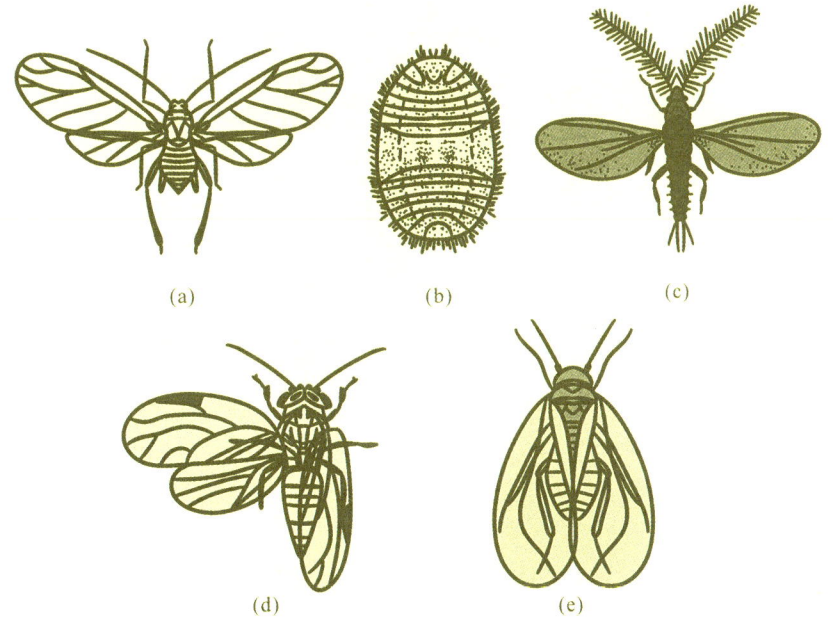

（a）　　　　　　　　（b）　　　　　　　　（c）

（d）　　　　　　　　（e）

图 5-7　半翅目重要科代表（二）（仿周尧）

（a）蚜总科（棉蚜）；（b）蚧总科（吹棉蚧雌虫）；（c）蚧总科（吹棉蚧雄虫）

（d）粉虱科（柑橘粉虱）；（e）木虱科（梨木虱）

（六）缨翅目（**Thysanoptera**）

缨翅目昆虫俗称蓟马（图 5-8）。体型小。成虫身体黑色、褐色或黄色，前胸后缘有缘鬃。头略呈后口式，口器锉吸式，能挫破植物表皮，吸吮汁液；触角 6～9 节，线状，略呈念珠状，一些节上有感觉器；翅细长透明，边缘有长而整齐的缘毛，脉纹最多有两条纵脉；足的末端有泡状的中垫，爪退化；雌性腹部末端呈圆锥形，腹面有锯齿状产卵器，或呈圆柱形，无产卵器。

蓟马是农业害虫，对水稻、玉米、高粱等有很大危害。蓟马以成虫和若虫锉吸植株幼嫩组织（枝梢、叶片、花、果实等）汁液，被害的嫩叶、嫩梢变硬卷曲枯萎，植株生长缓慢，节间缩短；幼嫩果实（如茄子、黄瓜、西瓜等）被害后会硬化，严重时造成落果，严重影响产量和品质。

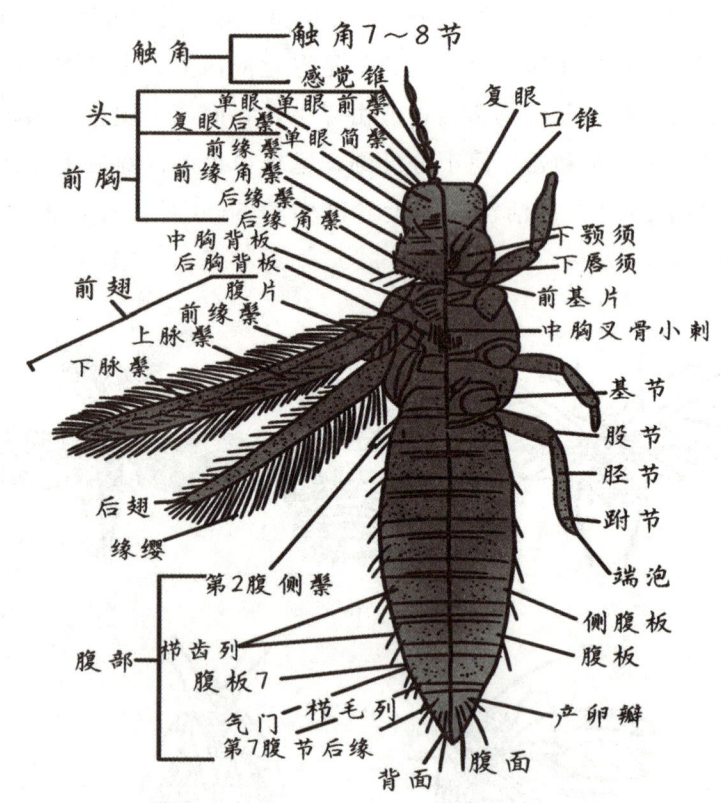

图 5-8　缨翅目昆虫形态特征（仿 Palmer）

下面是与园艺植物关系密切的缨翅目昆虫的主要特征。

1. 蓟马科（Thripidae）

体小型，触角通常 7～8 节，少数 6～9 节，通常末端节较细，形成节"芒"，第 3、4 感觉锥常呈叉状，第 5～6 节或第 5～7 节常具简单感觉锥；下颚须 2～3 节，下唇须 2 节。翅较窄，端部略尖而弯曲，一般具纵脉。产卵器发达，锯齿状，向腹弯曲。雌虫产卵器发达，向腹面弯曲。常见害虫有棕榈蓟马（*Thrips palmi*）、西花蓟马（*Franjliniella occidentalis*）。

2. 纹蓟马科（Acolothripidae）

体小型，体形粗壮，呈黄褐色或暗色。触角9节，第3、4节上常生有带状感觉器。翅较阔，且平行折叠，前翅末端圆形，围有缘脉，有明显的纵脉及横脉；翅面常有暗色斑纹。雌虫锯状产卵器从侧面看，其尖端向上弯曲。躯体的横切面为圆形。常见种有横纹蓟马（*Aeolothrips fasciatus*），捕食其他蓟马、蚜虫、红蜘蛛等小型动物。

3. 管蓟马科（Phlaeothripidae）

体小型。触角8节，少数7节，具锥状感觉器。翅面光滑无毛。腹部第9节宽大于长，比末节短，腹部末节管状，无产器。为害水稻和小麦等禾本科植物。常见害虫有稻管蓟马（*Haplothrips aculeatus*）。

（七）鳞翅目（Lepidoptera）

鳞翅目昆虫俗称蛾或蝶。体小型至巨型，体长1.5～80 mm。其大部分为虹吸式口器，少数类群咀嚼式口器，下口式，蝶类触角棍棒状，蛾类触角丝状、锯齿状或双栉状。

鳞翅目昆虫是生产上危害严重的一类害虫。绝大多数种类的幼虫为害各类栽培植物，体形较大者常食尽叶片或钻蛀枝干。体形较小者往往卷叶、缀叶、结鞘、吐丝结网或钻入植物组织取食，成虫多以花蜜等作为补充营养，或口器退化不再取食，一般不造成直接危害。

下面是与园艺植物关系密切的鳞翅目昆虫的主要特征。

1. 刺蛾科（Limacodidae）

刺蛾科昆虫全世界记载有1000种，中国记录约90种。体型中到大型，身体和前翅密生绒毛和厚鳞，大多黄褐色、暗灰色和绿色，间有红色，少数底色洁白，具斑纹。夜间活动，有趋光性。口器退化，下唇须短小，少数较长。雄蛾触角一般为双栉形，翅较短阔。幼虫体扁，蛞蝓形，其上生有枝刺和毒毛，有些种类较光滑、无毛或具瘤。头小可收缩。有些种类茧上具花纹，形似雀蛋。羽化时茧的一端裂开圆盖飞出。刺蛾幼虫大多取食阔叶树叶，少数为害竹秆和水稻，是森林、园林、行道树、果园和多种经济植物（如咖啡、茶和桑等）的常见害虫。常见害虫有茶树黄刺蛾（*Cnidocampa flavescens*）、褐边绿刺蛾（*Parasa consocia*）、双齿绿刺蛾（*Latoia hilarata*）（图5-9（a））。

2. 毒蛾科（Lymantriidae）

体型中到大型，体粗壮多毛，雌蛾腹端有肛毛簇。口器退化，下唇须小。无单眼。触角双栉齿状，雄蛾的栉齿比雌蛾的长。有鼓膜器。翅发达，大多数种类翅面被鳞片和细毛。毒蛾为害多种农林作物。常见害虫有舞毒蛾（*Lymantria dispar*）、黄斑草毒蛾（*Gynaephora alpherakii*）（图 5-9（b））。

3. 舟蛾科（Notodontidae）

舟蛾科昆虫全世界记载有 2000 多种，中国有 370 种以上。体型中到大型，多为褐色或暗灰色，少数洁白或具鲜艳颜色。夜间活动，具趋光性。外表与夜蛾相似，但口器不发达，喙柔弱或退化；无下颚须；下唇须中等长度，少数较长或微弱；复眼大，多数无单眼；雄蛾触角常为双栉形；部分栉齿形或锯齿形具毛簇，少数为绒形或毛丛形；雌蛾触角常与雄蛾异形，一般为线形，但也有同形者。有些种类是重要的落叶害虫，主要为害果树、森林和行道树。常见害虫有苹果舟蛾（*Phalera flavescens*）、黄斑草毒蛾（*Gynaephora alpherakii*）（图 5-9（c））。

4. 尺蛾科（Geometridae）

尺蛾科昆虫全世界已知 23000 多种，中国有 2000 多种，大多为农林害虫。尺蛾科成虫多为中型蛾类，喙退化，身体较纤细，前后翅面宽且薄，静止时平展在身体两侧，形似枯叶。触角形状多变。其腹部只在第 6 节和末节上各有 1 对足，前翅可有 1～2 个副室，R_5 与 R_3、R_4 共柄，M_2 通常靠近 M_1，但也有居中的。后翅 Sc 基部常强烈弯曲，与 Rs 靠近或部分合并。鼓膜器位于第 1 腹板两侧。常见害虫有核桃四星尺蛾（*Ophthalmitis albosignaria*）、柿星尺蛾（*Percnia giraffata*）、油茶尺蠖（*Biston marginata*）（图 5-9（d））。

5. 夜蛾科（Noctuidae）

夜蛾科昆虫全世界已知 2 万多种，中国已知约 2110 种，其中有很多为害农作物的种类。体中型，成虫喙比较发达，静止时卷缩；少数喙短小。下唇须通常发达，向前或向上伸，少数种类向上弯至后胸。极少数种类有下颚须。多数有单眼。复眼大，半球形；少数种类复眼呈椭圆形。额圆，有时有不同形状的突起。触角呈线形、锯齿形或栉齿形。后足胫节具两对距，有时有刺。翅面斑纹丰富，颜色灰暗或艳丽。常见害虫有草地贪夜蛾（*Spodoptera frugiperda*）、棉铃虫（*Helicoverpa armigera*）、黏虫（*Mythimna separata*）（图 5-9（e））。

6. 灯蛾科（Arctiidae）

体中型，体色较鲜艳，通常具红色或黄色斑纹，有些种类为白底黑纹，形如虎斑。灯蛾前翅 M_2、M_3 与 Cu 脉相近，形成 Cu 脉似有四分支，后翅 $Sc+R_1$ 与 Rs 脉在中室中部或中部以外有一长段并接。常见害虫有为害玉米、谷子、高粱、棉花等的红缘灯蛾（*Amsacta lactinea*）和尘污灯蛾（*Spilarctia obliqua*）；为害桑、茶、柑橘等的红腹白灯蛾（*Spilarctia subcarnea*）（图 5-9（f））。

7. 螟蛾科（Pyralidae）

成虫小到中型。身体细长，脆弱，腹部末端尖削。有单眼，触角细长，通常绒状，偶有栉状或双栉状。喙发达，基部被鳞。下唇须 3 节，前伸或上举。翅一般相当宽，有些种类则窄。前翅呈长三角形，R_3 与 R_4 常在基部共柄，偶尔合并，第一臀脉消失。鉴别特征为腹部基部有鼓膜器。常见害虫有黄杨绢野螟（*Diaphania perspectalis*）、稻纵卷叶野螟（*Cnaphalocrocis medinalis*）、甜菜白带野螟蛾（*Hymenia recurvalis*）（图 5-9（g））。

8. 天蛾科（Sphingidae）

全世界已知 1000 余种，中国已知约 150 种。体大型，前翅大而狭长，翅顶角尖，具翅缰和翅缰钩，触角粗厚，端部成钩。喙发达，触角稍粗，末端渐细。身体呈纺锤状，后上翅狭长，向身后伸展，停栖时呈三角形。常见种有鬼脸天蛾（*Acherontia lachesis*）、咖啡透翅天蛾（*Cephonodes hylas*）、夹竹桃天蛾（*Daphnis nerii*）（图 5-9（h））。

9. 卷蛾科（Tortricidae）

全世界已知约 3500 种，中国已知约 200 种。体中型或小型，多为褐、黄、棕、灰等色，并有条、斑纹或云斑。前翅略呈长方形，肩区发达，前缘弯曲，有的种类雄虫前缘向反面折叠。静止时，两前翅平叠在背上，合成钟状，下唇须第 1 节常被有厚鳞，形成三角形。除头部有竖立的鳞毛外，身上的鳞片平贴。常见害虫有大豆食心虫（*Leguminivora glycinivorella*）、豆荚小卷蛾（*Cydia nigricana*）、麻小食心虫（*Grapholita delineana*）（图 5-9（i））。

10. 枯叶蛾科（Lasiocampidae）

全世界已知约 2000 种，中国约有 200 种。体粗，多厚毛。大多夜间活动。触角

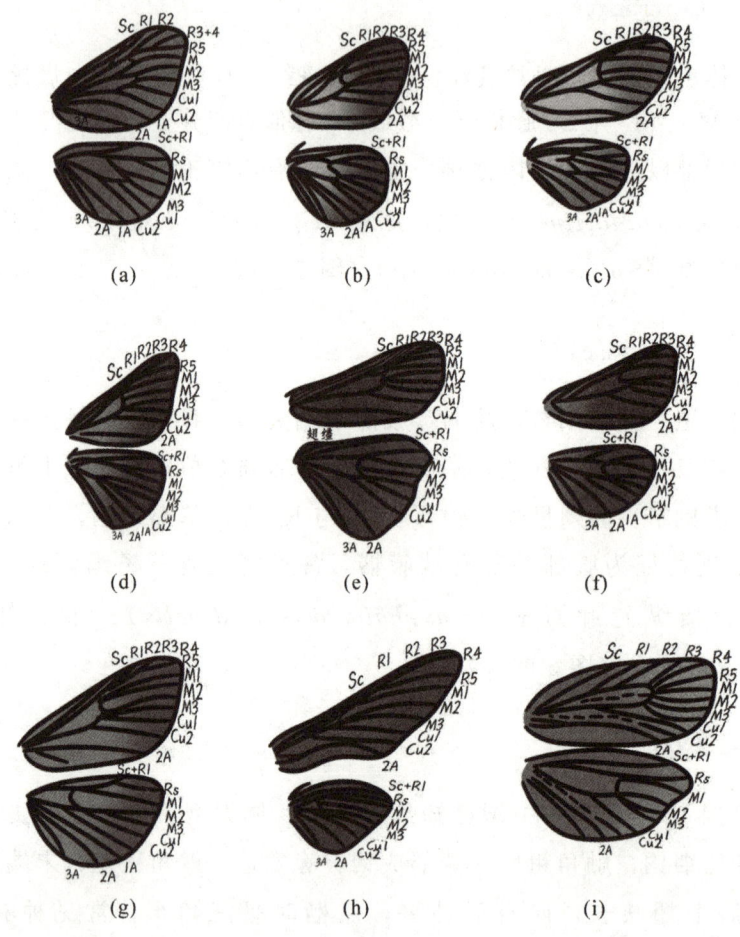

图 5-9　鳞翅目蛾类前后翅脉序

（a）刺蛾科；（b）毒蛾科；（c）舟蛾科；（d）尺蛾科；（e）夜蛾科；（f）灯蛾科；

（g）螟蛾科；（h）天蛾科；（i）卷蛾科

（（a）仿朱弘复，其余仿周尧）

栉齿状。眼有毛，单眼消失。喙退化。足多毛，胫距短，中足缺距。翅宽大。常雌雄异形。雌蛾笨拙；雄蛾活泼，飞行能力较强。枯叶蛾的体色和翅斑变化较多，有褐、黄褐、火红、棕褐、金黄、绿等色。有强趋光性。常见害虫有竹黄毛虫（*Philudoria laeta*）、牧草枯叶蛾（*Philudoria potatoria*）、竹斑枯叶蛾（*Philudoria albomaculata*）。

11. 木蠹蛾科（Cossidae）

体中型到大型。单眼常缺失，喙常退化，下唇须发达或退化；前翅常有副室，中脉在中室内发达并常分叉造成一小中室，第二肘脉存在；臀脉2条，分离或合并；

后翅亚前缘脉游离，或与径脉间有一段横脉相连；中脉和第二肘脉同前翅，臀脉3条，第二臀脉和第一臀脉在基部形成一小叉；第三臀脉短，位于后缘。

12. 凤蝶科（Papilionidae）

体中型到大型，触角细长，基部互相接近，端部棒状；眼前无睫毛，下唇须通常小，喙管发达，前足发育正常。前后翅三角形，中室闭式。前翅 R 脉 5 条，M_1 脉不与 R 脉同柄；A 脉 2 条，3A 脉短，只到翅的后缘，通常有 1 条基横脉（Cu-a）。后翅只 1 条 A 脉，肩角有 1 条钩状的肩脉（h）。外缘波状，多数种类 M_3 脉常延伸成一尾状突起。有些种类是害虫。幼虫寄主多为芸香科、马兜铃科、樟科及伞形花科的植物。常见种有金裳凤蝶（*Troides aeacus*）、裳凤蝶（*Troides helena*）、达摩麝凤蝶（*Byasa daemonius*）、柑橘凤蝶（*Papilio xuthus*）（图 5-10（c）、（d））。

13. 粉蝶科（Pieridae）

粉蝶科昆虫全世界已知 1200 多种，我国有 130 种左右。体小型到中型。前后翅近似椭圆形；两翅中室均为闭式。前翅 R 脉 3～5 分支，多数种类前翅的 R_2 与 R_3 脉常合并，部分种类的 R_4 与 R_5 脉也有合并；M_1 与 R 脉共柄；A 脉只有 1 条（2A）。后翅具有肩横脉（h）；两翅外缘较钝圆；静止时侧面看不见腹部，后翅内缘较发达，A 脉有 2 条（2A 及 3A）。常见种有钩粉蝶（*Gonepteryx rhamni*）、纤粉蝶（*Leptosia nina*）、菜粉蝶（*Pieris rapae*）（图 5-10（a）、（b））。

（八）双翅目

双翅目昆虫俗称蚊、蝇、虻等。体微型至大型，体长 5～50 mm。口器刺吸式或舐吸式，下唇端部膨大成 1 对唇瓣，某些种类口器退化。中胸发达，中胸背板几占背面全部，前、后胸退化，中胸具翅 1 对，膜质，某些类群具毛或鳞片，后翅退化成平衡棒。

双翅目某些类群（如种蝇、叶潜蝇、果实蝇、麦瘿蚊等）的幼虫，都是农业的重要害虫。花蝇科球果花蝇属的幼虫为害松柏球果，严重影响中国北方地区的造林工作；泉蝇属为害竹笋、菠菜、甜菜等蔬菜作物；蝇科芒蝇属为害稻、粟；潜蝇科为害多种豆科植物；实蝇科的许多种类为害柑橘、梨、桃等。

下面是与园艺植物关系密切的双翅目主要科的特征。

1. 瘿蚊科（Cecidomyiidae）

瘿蚊科昆虫全世界已知约 4000 种。体微小至中小型，身体呈淡黄色、橙黄色、

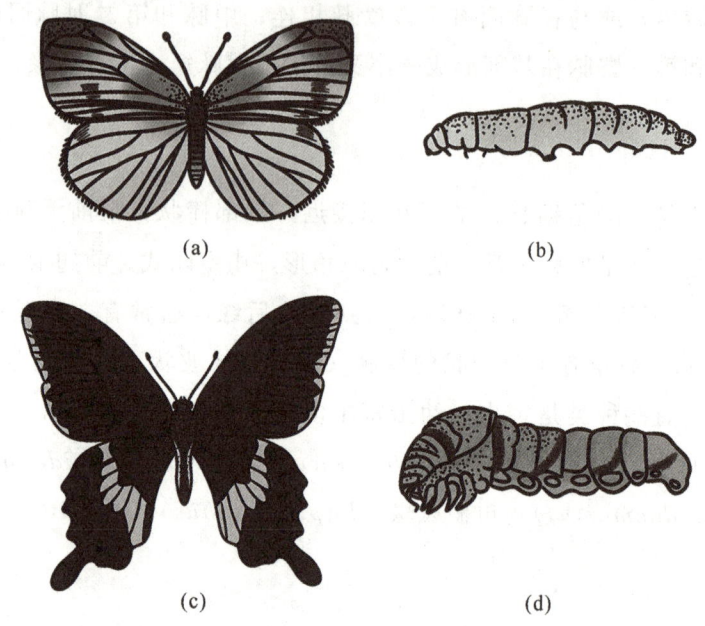

(a)　　　　　　　　　　　　　(b)

(c)　　　　　　　　　　　　　(d)

图 5-10　鳞翅目蝶类重要科（仿周尧）

(a) 粉蝶科（菜粉蝶成虫）；(b) 粉蝶科（菜粉蝶幼虫）；

(c) 凤蝶科（玉带凤蝶成虫）；(d) 凤蝶科（玉带凤蝶幼虫）

红色、红褐色至黑褐色，头部复眼发达，占据头部很大面积，左右两眼常愈合成 1 个。触角细长，念珠状，包括柄节、梗节以及由 6～65 节组成的鞭节。柄节球形或圆锥形，一般大于梗节。翅在蚊类昆虫中相对宽短，轮廓较圆，淡色，具毛或鳞毛，极少有花斑，翅缘常有缘毛。翅脉极少，纵脉仅 3～5 条，脉序简单。C 脉围绕全翅，但在与 R_5 脉会合后的部分常变弱。若干种类为农、林业的重要害虫，若干捕食性种类为益虫。常见害虫有刺槐叶瘿蚊（*Obolodiplosis robiniae*）。

2. 食虫虻科（Asilidae）

食虫虻科昆虫全世界已知 4700 多种，我国已知 200 余种。体小至大型，多毛。两复眼间的头顶向下凹陷；触角 3 节，末端具 1 端刺；足长，爪间突刚毛状。有的短粗，有的细长，被毛或鬃，极少裸露。体黑色、灰色、淡黄色、淡灰色、淡红色，有的具金属绿色、蓝色光泽。头宽，具细小的颈，可活动，触角向前方伸展，第三节延长，具 1～2 节端刺或粗壮的触角芒。复眼发达，单眼 3 个，着生于瘤状体上。成虫在自然界中飞翔时捕食蝇类、蝗虫、蜻蜓、蛾蝶、甲虫、蜂类等，捕食的大部分为植物的害虫，常视为有益的天敌昆虫。常见种有华虻（*Tabanus mandarinus*）、牛虻（*Haematopota pluvialis*）（图 5-11 (d)）。

3. 食蚜蝇科（Syrphidae）

体小型至中型。体宽或纤细，光滑或具毛，体色单一暗色或具黄、橙、灰白等鲜艳色彩的斑纹，某些种类则有蓝、绿、铜等金属色，外观似蜂。头部大。雄性眼合生，雌性眼离生，也有两性均离生。新月片缺失或不清楚。颜面变异很大，或正中突起，或下半部略向前突，或自触角以下向前呈圆锥形突出，或向下延伸。成虫大多数有访花习性，飞翔力强。幼虫捕食对象主要为蚜总科中的球蚜科、蚜科、根瘤蚜科、群蚜科和瘿绵蚜科，常视为有益的天敌昆虫。常见种有纤腰巴食蚜蝇（*Bacch maculata*）、黑带食蚜蝇（*Episyrphus balteatus*）、黑带食蚜蝇（*Episyrphus balteatus*）（图 5-11（e））。

4. 寄蝇科（Tachinidae）

寄蝇科昆虫全世界已知 1100 多种，中国已知 400 余种。体小型至中型，粗壮；多毛和鬃，多为暗灰色，并带褐色斑纹，少数种类有金属光泽；触角芒光裸或具微毛，中胸翅侧片和下侧片具鬃；胸部后小盾片发达，突出；腹部尤其腹末多刚毛。寄蝇是农、林、果、菜害虫的寄生性天敌之一，凡鳞翅目和叶蜂类昆虫的幼虫大都能被寄蝇寄生。常见种有家蚕追寄蝇（*Exorista sorbillans*）、伞裙追寄蝇（*Exorista civilis*）、蚕饰腹寄蝇（*Blepharipa zebina*）（图 5-11（f））。

5. 花蝇科（Anthomyiidae）

体小型至大型。体色一般为黑色、灰黑色或灰黄色，少数种类有明显斑纹。通常雄性眼合生或接近，雌性眼离生，少数种类两性眼均远离或均接近。胸背有时具暗色纵条或斑纹，小盾片腹缘一般有向下的细毛，下侧片无鬃，至多有少数细毛。足一般黑色，也有全部棕黄色，或仅胫节棕黄；某些种类足多毛；足上的鬃和毛均为分类鉴定的重要依据。腹部多较瘦长、扁平，部分种类长锥形，背面具纵条、横斑，某些种类腹面具长毛。花蝇科昆虫包括很多农林害虫。常见害虫有萝卜地种蝇（*Delia floralis*）、灰地种蝇（*Delia platura*）。

6. 潜蝇科（Agromyzidae）

体微小至小型。黑色或黄色。头部有 1 对相互分离的后顶毛（单眼后毛），1 对短小的单眼鬃，触角芒裸或具刚毛，具口鬃。翅宽，具臀室，前缘脉在 Sc 末端处有缺刻。大部分种类以幼虫为害植物的叶或根茎，潜食造成隧道，致使叶片枯死。常见害虫有南美斑潜蝇（*Liriomyza huidobrensis*）、美洲斑潜蝇（*Liriomyza sativae*）。

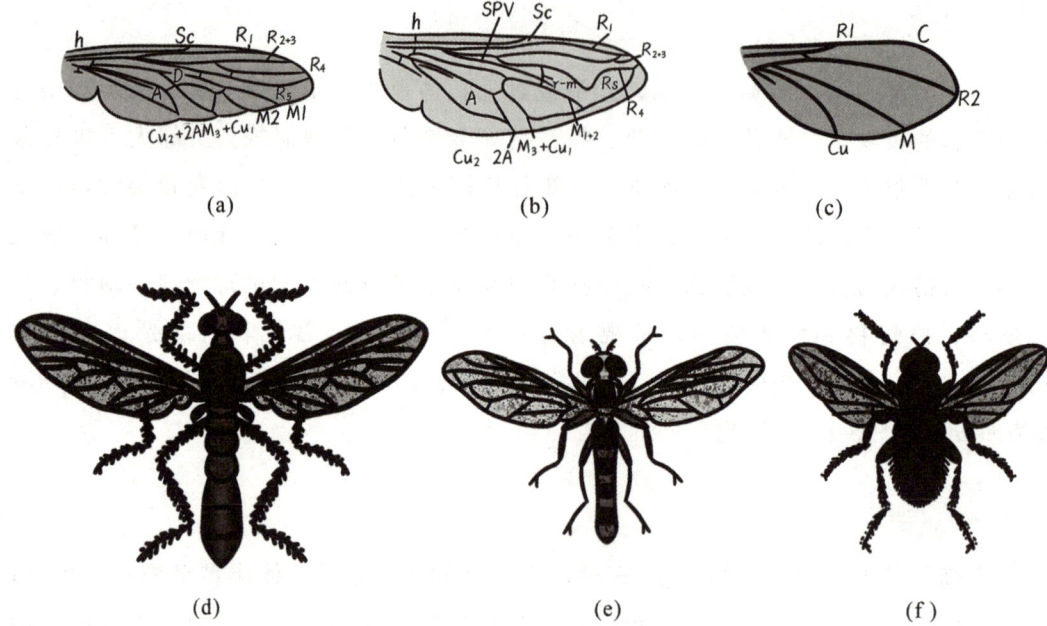

图 5-11　双翅目重要科

（a）食蚜蝇科翅脉；（b）食虫虻科翅脉；（c）瘿蚊科翅脉；（d）食虫虻科；（e）食蚜蝇科；（f）寄蝇科

（（a）、（b）仿素木，（c）仿周尧，（d）仿 Borror，（e）仿高桥，（f）仿 Triplehorn & Johnson）

第六章　昆虫生态学

第一节　环境对昆虫的影响

一、环境的概念及类别

环境指所研究的生物有机体周围所有因素的总和。它包括空间以及其中可以直接或间接影响有机体生活和发展的各种因素。在昆虫生态学中，环境是指在一定的空间范围内，对某一种昆虫或种群产生直接与间接影响的所有因子的总和，如温度、湿度、氧气、二氧化碳、食物和其他相关生物等。

昆虫的生存环境中存在着很多环境因子，这些环境因子在性质、特性和强度方面各不相同，它们彼此之间相互制约、相互组合，构成了多种多样的生存环境，为各类极不相同的昆虫的生存与进化创造了不计其数的环境类型。我们可以把环境因子分为非生物因子和生物因子两大类。

（1）生物因子，包括同种昆虫的其他个体和异种生物。同种个体间形成种内关系，异种个体间形成种间关系。

（2）非生物因子，环境中的非生命组分，包括各种无机物和气候因子。

二、不同环境因子对昆虫作用的基本特点

（一）气候因素

温度是影响昆虫生长发育速度的关键因素。昆虫是变温动物，其体温基本取决

于周围环境的温度变化，因此其新陈代谢强弱和生命活动在很大程度上受外界温度的支配。昆虫的发育速率是单位时间内能完成一个发育阶段的测速。温度对昆虫发育速率的影响常用有效积温法则来分析。

有效积温法则是指昆虫完成某一发育阶段所需要的总热量为一常数，也可以称为热常数或总积温。变温动物的生长发育有一定的温度范围，低于某一温度时，生长发育便停止了，高于此温度时，生长发育才开始进行。这一温度阈值就叫作发育起点温度，可以用下列公式表示：

$$K = N(T - C)$$

式中，K 为有效积温；N 为发育历期；T 为发育期间平均温度；C 为发育起点温度；$T - C$ 为有效平均温度，其单位为"日·摄氏度"。

在适宜的温度范围内，温度增高会加速害虫的取食、消化和发育过程，但其寿命会相对缩短；温度降低则会使害虫发育减慢、寿命延长。然而，温度过高或过低都可能导致昆虫死亡或进入休眠状态。例如，蜜蜂在 $-5\ ℃$ 以下不能存活，但是玉米螟的越冬幼虫能忍受 $-22\ ℃$ 的寒冷，南极的昆虫甚至可以忍受 $-80 \sim -40\ ℃$ 的极端低温。低温致死的重要原因是体液结冰。一般水在 $0\ ℃$ 时开始结冰，由液态变为固态，同时释放出凝固热。但是昆虫的体液能够忍受 $0\ ℃$ 以下的低温而仍然不结冰。当环境温度下降到一定程度时，虫体体液开始结冰，同时释放热量，此时体温复升；当环境温度继续下降到一定程度时，虫体结冰，这就是俄国物理学家巴赫梅捷耶夫1898 年发现的"过冷却现象"，可用图 6-1 来概括。

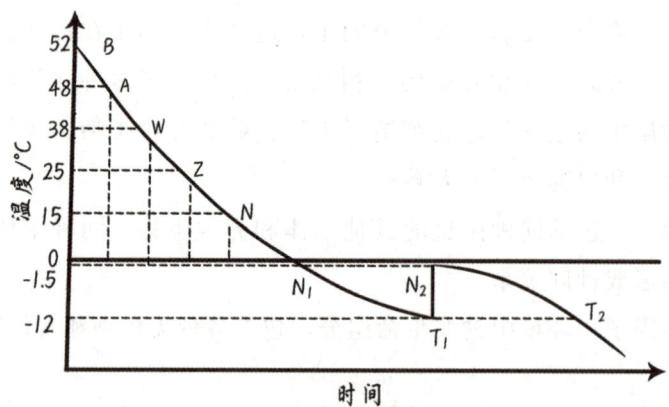

图 6-1　昆虫在低温环境下的体温变化曲线（仿《昆虫生态学与害虫预测预报》张国安）

B—热致死；BA—高温昏迷；AW—暂时高温昏迷；WZ—高适温区；ZN—低适温区；NN_1——低温昏迷；

N_1——开始进入过冷却点；T_1——过冷却点；N_2——体液冰点；T_2——冻结点

湿度主要影响昆虫的成活率、生殖力，从而影响昆虫种群的消长。湿度与昆虫体内水分平衡、体温及活动密切相关。在适宜的湿度范围内，昆虫能够正常生长发育和繁殖；湿度过高或过低都可能导致昆虫脱水、水肿或死亡。湿度可直接影响昆虫的生长、发育、繁殖和生存，也可以通过食物和天敌间接对昆虫产生影响。湿度对昆虫发育速度的影响不像温度那样明显。一般湿度过低、过高都可抑制昆虫的新陈代谢而使发育延迟。例如，小地老虎幼虫在不同土壤含水量条件下发育历期和死亡率均有不同。

光照对昆虫的影响主要体现在昼夜节律、交尾、产卵、取食、栖息、迁飞等行为上。不同昆虫对光照的波长、强度和周期有不同的反应。

（二）土壤因素

土壤温度的变化对土栖昆虫在土壤中潜土的深度或垂直迁移有直接影响。一般在秋季气温渐降时，昆虫要向土壤深层迁移，气温越低，潜土越深；春季转暖时，越冬昆虫复苏，渐向上迁移；在夏季炎热时，也有些土居昆虫向土下潜伏，夏季秋初又向上面耕作层移动。在北方各省，华北蝼蛄在土中做垂直迁移活动和为害麦类、旱粮作物的时期与土壤温度有密切关系。当土壤温度达到 8 ℃以上时，该虫开始活动，土壤温度为 13～26 ℃时，活动于 25 cm 以上土表中，土表遇 26 ℃以上高温，又向下迁移。

土壤中不仅存在气态水，还存在着液态水。土壤水含量对昆虫的影响相当大。许多昆虫在卵发育阶段和蛹羽化阶段需要从周围环境中吸收水分。例如，小麦吸浆虫幼虫化蛹和蛹羽化为成虫出土，都需要一定的土壤含水量。在干旱时，即使成虫已经发育完成，但是也不能出土，所以常是雨后集中大量羽化。

土壤主要由固体颗粒组成，也包含一定的空气。这些空气为生活在土壤中的昆虫提供了必要的氧气来源，是它们进行呼吸作用所必需的。昆虫通过气孔或气管系统从土壤中吸收氧气，以维持其生命活动。土壤中的空气含量和流通性对昆虫的活动和分布有重要影响。在土壤疏松、通气性良好的条件下，昆虫的活动更为频繁，分布范围也更广。反之，在土壤紧实、通气性差的条件下，昆虫的活动会受到限制，分布范围也会相应缩小。土壤空气中的氧气含量对昆虫的生长发育有重要影响。在氧气充足的条件下，昆虫的生长发育更为顺利，代谢活动更为旺盛。反之，在氧气不足的条件下，昆虫的生长发育可能会受到抑制，甚至导致死亡。

第二节　种群生态学

一、种群的基本概念与种群结构

（一）种群的基本概念

种群是种以下的一个单位。物种是指自然界中在形态结构、生活方式及遗传上极为相似的一群个体，它们在生殖上与其他种类的生物有严格的生殖隔离。种群是指在一定的空间内（区域内），同种个体的集合群。种群作为具体的研究对象又可分为自然种群和实验种群、单种种群和混合种群。

（二）种群结构

种群结构是指种群内处于不同发育期的个体组成和分布格局，可用年龄组成、性别比例、分布格局来表示。

（1）年龄组成：种群中不同年龄阶段的个体所占比例。

根据年龄组成的特征，种群可以分为增长型、稳定型和衰退型三种类型。

① 增长型：种群中年轻个体比例较高，表明种群处于增长阶段。

② 稳定型：种群中各年龄阶段个体比例相对平衡，表明种群处于稳定阶段。

③ 衰退型：种群中老年个体比例较高，表明种群处于衰退阶段。

（2）性别比例：种群中雄性和雌性个体数量的比例。

（3）分布格局：种群个体在空间上的分布方式。

种群分布格局可以分为均匀分布、随机分布和聚群分布三种类型。

① 均匀分布：种群个体在空间上分布均匀，不存在明显的聚集现象。

② 随机分布：种群个体在空间上的分布具有随机性，个体间相互独立。

③ 聚群分布：种群个体在空间上呈现聚集分布，个体间相互依赖。

二、种间关系

种群的种间关系是指不同物种种群之间的相互作用所形成的关系。这种关系可以是直接的，也可以是间接的，且可能产生有利或有害的影响。以下是种间关系的几种主要类型。

（1）竞争

直接干涉型竞争：一个物种直接抑制另一个物种的生长或繁殖。

资源利用型竞争：在资源有限的情况下，一个物种通过占用资源而间接抑制另一个物种。

（2）捕食

一个物种（捕食者）以另一个物种（猎物）为食。这种关系通常对捕食者有利，而对猎物有害。

（3）寄生

一个物种（寄生者）生活在另一个物种（宿主）的体内或体表，并从中获取营养或保护。这种关系通常对寄生者有利，而对宿主可能有害或无明显影响。

（4）互利共生

两个物种之间存在一种对双方都有利的相互作用。

（5）偏利作用

对一个物种有利，而对另一个物种无影响或影响较小。这种关系通常表现为一种物种为另一种物种提供某种便利或资源，而自身并不直接受益。

（6）偏害作用

一个物种对另一个物种产生有害影响，而自身不受影响或影响较小。这种关系通常表现为一种物种通过某种方式损害另一种物种的生存或繁殖能力。

（7）原始合作

两个物种之间存在一种对双方都有利的相互作用，但这种关系并非必然发生。

原始合作与互利共生的区别在于，原始合作中的相互作用可能具有更大的灵活性和不确定性。

（8）中性作用

两个物种之间不存在明显的相互作用或影响。它们可能生活在同一环境中，但彼此独立，互不干扰。

三、种群的数量动态

（一）影响种群数量变化的主要因素

（1）出生率是指单位时间内新出生的个体数占总个体数的比例。

（2）死亡率是指单位时间内死亡的个体数占总个体数的比例。

出生率和死亡率是决定种群数量变化的直接因素。当出生率高于死亡率时，种群数量增加；反之，种群数量减少。

（3）迁入率是指单位时间内从其他区域迁入本区域的个体数占总个体数的比例。

（4）迁出率是指单位时间内从本区域迁出到其他区域的个体数占总个体数的比例。

迁入率和迁出率也会影响种群数量的变化。当迁入率高于迁出率时，种群数量增加；反之，种群数量减少。

（二）种群数量变化模型

（1）理想种群在无限环境中的增长模型。这种模型假设种群在无限环境中增长，且不受资源限制。种群增长可分为离散增长和连续增长两类。离散增长型种群的增长率在每个世代之间是独立的，而连续增长型种群的增长率则随时间连续变化。

（2）逻辑斯蒂增长模型。这种模型考虑了环境容纳量对种群增长的影响。当种群数量接近环境容纳量时，种群增长率逐渐降低，直至种群数量稳定在环境容纳量附近。

（三）种群密度的季节性消长类型

昆虫的种群密度随着自然界的季节演替而有起伏波动。这种波动在一定的空间内常有相对的稳定性，形成了种群季节性消长类型。在一化性的昆虫中，季节消长比较简单，在一年内种群密度常只有一个增殖期，其余时期都呈减退状态。例如小麦吸浆虫，在长江流域，4月中旬至5月中旬为增殖期，其余时间，生存数量均减少。一化性昆虫的这种季节性消长动态，常和滞育的特性密切关联。多化性昆虫的季节性消长就复杂得多，而且因地理条件变化极大。

（1）斜坡型

种群数量仅在前期出现生长高峰，以后各代逐渐下降，如小地老虎、黏虫、豌豆潜叶蝇、稻小潜叶蝇、稻蓟马、麦叶蜂、芜菁叶蜂等。

（2）阶梯上升型

种群数量逐季递增，如玉米螟、红铃虫、三化螟、棉大卷叶虫、棉铃虫等。

（3）马鞍型

种群数量常在春秋季出现高峰，夏季常下降，如棉蚜（夏季发生伏蚜的地区除外）、萝卜蚜、桃赤蚜、麦长管蚜、黍缢管蚜、菜粉蝶、麦蜘蛛等。

（4）抛物线型

种群数量常在生长季节中期出现高峰，前后两头发生均少，如大豆蚜、高粱蚜、斜纹夜蛾、稻苞虫、棉红叶螨等。

四、种群的生态对策

生态对策是种群在进化过程中，经自然选择获得的对不同生境的适应方式。

（一）生态对策的类型

根据昆虫种群内禀增长力（r）和环境容量（K）值的大小，可将昆虫种群分为 r 对策和 K 对策。

（1）r 对策

特点：生物个体小、寿命短、存活率低，但繁殖率高，后代数量多且个体小，具有较大的扩散能力。

适应环境：适应于多种栖息环境，尤其是不稳定、不可预测的环境。

种群数量变化：种群数量常出现大起大落的突发性波动。

实例：农田中的昆虫，如飞虱、蚜虫、小地老虎等害虫，这些生物通常具有较快的发育速度，能在短时间内迅速繁殖，并利用小环境和暂时的生境。

（2）K 对策

特点：生物个体大、寿命长、存活率高，但繁殖率低，后代数量少但个体大，具有较强的竞争能力。

适应环境：适应于稳定的栖息环境。

种群数量变化：种群密度较稳定，常保持在最大环境容纳量的水平。

实例：昆虫中典型的 K 对策者（如舌蝇），这些生物通常生长缓慢，但具有较强的竞争能力和环境适应能力，能在稳定的环境中长期生存。

（二）生态对策的适应意义

（1）r 对策的适应意义

r 对策生物的繁殖率高，它们能在短时间内迅速增加种群数量，从而占据更多的生存空间。高的扩散能力使它们能够迅速离开不利环境，有利于建立新的种群和形成新的物种。在群落演替的早期阶段，r 对策生物通常占据优势地位。

（2）*K* 对策的适应意义

K 对策生物具有强大的竞争能力和环境适应能力，能在稳定的环境中长期生存并保持种群数量的稳定。它们的种群数量通常不会因环境条件的微小变化而发生剧烈波动。在群落演替的后期阶段，*K* 对策生物通常占据主导地位。

第三节　群落生态学

一、生物群落概述

（一）生物群落的基本概念

生物群落是指在相同时间内聚集在同一区域或环境内的各种生物种群的集合。这些生物种群包括植物、动物、微生物等，它们相互依存、相互影响，共同构成了一个具有一定成分和外貌比较一致的组合体。

（二）生物群落的基本特征

（1）多样性：生物群落由不同种类的生物组成，包括植物、动物、微生物等各种生物。这些生物之间的关系错综复杂，形成了复杂的食物网和物质循环系统。

（2）互赖性：各种生物在群落内相互依存、相互影响。每个群落内的生物都发挥着自己独特的作用，如提供食物、控制害虫、维持环境平衡等。

（3）组合性：生物群落是由多种生态系统组成的，每个生态系统都有其独特的组合特征。

（4）动态性：生物群落是一个动态过程，在时间和空间上都会发生变化。不同季节、气候变化以及人为干预都会影响群落内各个组成部分之间的关系和数量分布。

（5）稳定性：尽管受到诸多因素影响，但是对于某些特定条件下的变化，生物群落能够保持稳定状态，并且具有一定的恢复能力。

二、群落的结构

群落的结构即生物物种在环境中的分布及其与周围环境之间的相互关系所形成的结构。群落的结构是一个复杂而有趣的话题，它涵盖了生物在特定空间内的分布、排列和相互关系。

（一）群落结构的分类

群落结构一般可分为水平结构、垂直结构、时间结构和营养结构。

（1）水平结构是指群落在水平方向上的配置状况或格局，主要表现为镶嵌性、复合体和群落交错区。镶嵌性是指群落内部水平方向上的不均匀配置现象；复合体是指不同群落的小地段相互间隔的现象；群落交错区是两个及两个以上群落的过渡地带，其生境复杂多样，物种多样性高，某些种群密度大。

（2）垂直结构是指群落在垂直方向上的分层现象。垂直结构包括地上成层现象（如乔木层、灌木层、草本层等）、地下成层现象（根系分布在不同土壤深度）、动物种群的分层现象（如鸟类在树冠、中层和林下层的分布）和水生群落的分层现象（如水体分为上层、中层和底层）。层片也是群落的结构部分，它具有一定的种类组成和生态生物学特征，以及特定的环境。

（3）时间结构是指群落在时间上的变化，包括短时间的昼夜和季节节律，以及长时间如百年时间的演替和百年以上的演化。

（4）营养结构是指群落中不同生物种群通过取食和被取食关系形成的食物链和食物网。食物链相互交叉形成复杂的食物网，在生产者、初级消费者、次级消费者等之间形成生态金字塔。

（二）群落结构的具体表现

在温带森林中，分层现象最为明显，可清晰地分为乔木层、灌木层、草本层和苔藓地衣层。热带森林的层次结构最为复杂，乔木层特别发育，但灌木层和草本层可能不甚发育。草本群落同样分层，但层次较少。

动物在种类上也表现出分层现象，不同的种类出现于不同层次。在森林中，可以区分出树冠中采食的鸟类、接近地面的鸟类以及生活在其间的灌木和矮树簇叶中的鸟类。

群落地下分层和地上分层一般是对应的。乔木根系伸入土壤的最深层，灌木根系分布较浅，草本植物根系则多集中在土壤的表层。

三、群落的演替

（一）群落演替的定义

群落演替是指在一定地段上一个群落被性质上不同的另一个群落所替代的现象。这通常发生在群落结构受到干扰或破坏后，一些生物的种群消失了，而其他生物的种群则来占据它们的空间，并随着时间的推移逐渐形成一个新的群落。

（二）群落演替的类型

群落演替主要分为初生演替和次生演替两种类型。

（1）初生演替

初生演替是指在一个从来没有被植物覆盖的地面，或者是原来存在过植被，但被彻底消灭了的地方发生的演替。这种演替通常发生在沙丘、火山岩、冰川泥等极端环境中，因为这些地方原有的植被和土壤条件已被彻底破坏或不存在。初生演替的过程通常比较缓慢，需要经历多个阶段，如地衣阶段、苔藓阶段、草本植物阶段、灌木阶段和森林阶段。这些阶段反映了土壤的发育过程和植物群落的逐渐复杂化。

（2）次生演替

次生演替是指在原有植被虽已不存在，但原有土壤条件基本保留，甚至还保留了植物的种子或其他繁殖体的地方发生的演替。这种演替通常发生在火灾后的草原、过量砍伐的森林、弃耕的农田等环境中。由于土壤条件和繁殖体的存在，次生演替的过程通常比初生演替要快得多。在次生演替中，植被的恢复通常从草本植物开始，逐渐过渡到灌木丛和乔木林。

（三）群落演替的一般特征

群落演替的一般特征如下。

（1）演替的方向性

① 群落结构由简单到复杂：随着演替的进行，群落的物种组成、空间结构和生态功能逐渐复杂化。

② 物种组成由多到少再趋于稳定：在演替初期，物种多样性可能较低，但随着演替的进行，物种数量逐渐增加，达到一个高峰后，由于竞争和环境筛选，物种数量又会逐渐减少，最终趋于稳定。

③ 种间关系由不平衡到平衡：在演替过程中，物种之间的关系从最初的竞争、捕食等不平衡状态逐渐演变为相互依存、相互制约的平衡状态。

④ 稳定性由不稳定到稳定：群落演替的最终结果是形成一个相对稳定的群落结构，这种稳定性体现在物种组成、空间分布和生态功能上。

（2）演替速度

先锋阶段极其缓慢：在演替初期，由于环境条件恶劣，土壤发育不完全，植被生长缓慢，因此演替速度非常慢。

中期速度较快：随着土壤的发育和植被的生长，环境条件逐渐改善，物种数量增加，演替速度加快。

后期（顶极期）停止演替：当群落达到顶极状态时，物种组成和群落结构相对稳定，演替速度趋于零，即群落停止演替。

（3）演替效应

① 土壤改良：先锋植物通过根系活动、枯枝落叶的分解等过程，逐渐改善土壤条件，为后期植物的生长提供适宜的环境。

② 生态位分化：随着演替的进行，物种之间的生态位逐渐分化，形成不同的生活型和生态策略，从而减少了物种间的竞争压力。

③ 群落稳定性增强：随着演替的进行，物种多样性增加，群落结构复杂化，生态系统的稳定性和抵抗力逐渐增强。

（四）顶极群落

顶极群落是生物群落经过一系列演替后，最后所产生的保持相对稳定的群落。它是群落演替的终点，也是生态系统中最稳定的群落阶段。

（1）顶极群落的特征

① 系统平衡：在系统内部和外部、生物和非生物环境之间已达到平衡的稳定系统。

② 物种稳定：结构和物种组成已相对稳定，各主要种群的出生率和死亡率达到平衡。

③ 能量平衡：能量的输入与输出以及产生量和消耗量（如呼吸）达到平衡，有机物的年生产量与群落的消耗量和输出量之和达到平衡。

④ 自我延续：若无外来干扰，顶极群落可以自我延续地存在下去。

（2）顶极群落的类型

① 气候顶极群落：具有正常地形与土壤特性，且其特征不为邻近环境外力所干扰的顶极群落。这类群落的形成主要受气候条件的控制，因此也称为正常顶极群落

或地带性顶极群落。

② 地形顶极群落：由于局部地形（如温带地区的阳坡和阴坡）产生的一种具有特色的植被，这类植被发展的顶极群落称为地形顶极群落。通常，特定的地形、地貌特征会形成特殊的土壤条件和小气候，进而形成独特的顶极群落。

③ 动物顶极群落：有时一个植物群落的结构和组成为某种动物经常的、强有力的活动所制约，使原先的群落朝着这类动物所施压力相平衡的方向发展。这种由某种占优势的动物改变了植被而形成的与动物活动密切联系的动态系统，称为动物顶极群落。

第四节　生物地理学

世界陆地动物地理区划概述如下。

古北区：涵盖整个欧洲、非洲北部的撒哈拉沙漠以北区域，以及亚洲北部（包括中西亚和沿喜马拉雅山脉、秦岭山脉以北的东亚地区）。此区域面积最为广阔，历史上曾是众多动物类群的演化摇篮。然而，受冰川时期影响，当前自然条件相对严酷，导致昆虫物种数量相对较少。

东洋区：位于印度河以东、喜马拉雅山脉和长江以南的亚洲地区。尽管其面积最小，但得益于温暖湿润的气候条件，该区域昆虫物种极为丰富。代表性动物包括树鼠、长臂猿、猩猩和马来熊等。

古热带区：主要分布于撒哈拉沙漠以南的非洲中南部以及阿拉伯半岛南部。这里生活着羚羊、斑马和长颈鹿等典型动物。

大洋洲区：包括澳大利亚、新西兰以及巴布亚新几内亚的部分地区。由于与其他大陆板块分离时间较早且隔离时间长，该区域的物种独立性极强。代表性动物包括有袋类动物和鸭嘴兽等。

新北区：涵盖格陵兰岛以及北美墨西哥高原以北的地区。此区域物种相对较少，代表性动物包括兀鹫和火鸡等。

新热带区：包括墨西哥高原以南的中美洲和南美洲。这里拥有世界上最大的热带雨林以及热带草原，气候温暖湿润，因此物种极为丰富。代表性动物有蜂鸟、食蚁兽和驼鸟等。

第七章　害虫综合防治的原理和方法

第一节　综合防治的概念

害虫综合防治（integrated pest management，IPM）是一种害虫管理策略，它强调在保护作物产量和质量的同时，减少对环境和人类健康的负面影响。这种策略通过多种方法的协同作用来控制害虫，而不是单一依赖化学农药。它包括监测害虫种群和作物健康状况，确定害虫数量达到何种程度会对作物造成经济损失的经济阈值，以及结合使用生物控制、物理控制、文化控制和化学控制等多种方法来管理害虫。

（一）害虫综合防治的发展历程

害虫综合防治的发展是一个不断演进的过程，它随着社会需求、科技进步和环保意识的提高而不断完善和发展。

20世纪50年代至60年代初，中国开始推广使用化学农药，并提出了"综合防治"的概念。这一时期，综合防治主要是指防治手段的多样化，尤其是综合使用农业防治和化学防治手段。

20世纪60年代初至70年代初，综合防治的内涵开始向"有害生物综合治理"转变。这一转变源于对化学防治不良生态环境效应的反思，以及对病虫害防治长期性和适度性的认识。在这一时期，人们开始更加重视生态平衡和环境保护，减少化学农药的使用，更多地采用物理和生物防治方法。

20世纪70年代，国际上提出了有害生物综合治理的防治策略。1975年春，中国在原农林部召开的全国植物保护工作会议上，提出"预防为主，综合防治"的植物保护工作方针。这标志着中国农业病虫害防治工作的基本指导方针正式形成，中国在政策层面开始重视和推广综合防治策略，不仅促进了中国植物保护体系的建立和完善，推动了植保技术的发展和创新，还加强了植保工作的制度建设，提高了对农作物病虫害的监测和防控能力，为保障国家粮食安全和农业生产的高产、优质、高效提供了重要支持。

随着时间的推移，害虫综合防治技术不断发展，包括物理防治、化学防治、生物防治等方法的综合应用。

① 物理防治方法，如高温杀虫、过筛除虫、气调控制等得到了发展。② 化学防治，注重减少化学药剂的使用量，同时提高其使用效率。③ 生物防治，利用天敌和生物药剂来控制害虫。此外，抗性管理也成为综合防治的重要组成部分，通过合理使用化学农药来延缓害虫对农药产生抗性。

进入 21 世纪，害虫综合防治更加注重绿色生态和可持续发展，提倡减少化学农药的使用，更多地采用物理和生物防治方法，以保护环境和人类健康。遥感监测、智能化识别、生物技术等被逐渐融入害虫综合防治中，提高了害虫监测和控制的精准性和效率。

综上所述，害虫综合防治的发展是一个动态的过程，它随着科技的进步和社会对环境保护需求的提高而不断完善。从最初的化学防治为主，到现在的多种防治手段的综合应用，害虫综合防治策略越来越注重生态平衡和可持续发展。

（二）害虫综合防治的基本要点

害虫综合防治是一种协调使用多种策略和技术的方法，目的是在保护作物的同时，最小化对环境和人类健康的负面影响。它基于对害虫种群动态的监测和识别，通过设定经济阈值来决定是否需要采取控制措施。害虫综合防治强调使用多种控制方法的结合，包括生物控制、物理控制、化学控制和文化控制，以及利用天敌和生物药剂来控制害虫。这种方法还涉及使用物理障碍和农业实践来减少害虫问题，并在必要时合理使用化学农药。害虫综合防治也注重抗性管理，以延缓害虫对农药产生抗性。此外，害虫综合防治的实施需要通过教育和培训来提高农民和农业工作者的认识和技能，并通过法规和政策的支持来鼓励其应用。害虫综合防治策略旨在实现长期的害虫管理效果，保障农业的可持续发展。

第二节 综合防治的原理

一、生态学原理

在生态系统中，生物种群之间、同种群内个体之间、生物与无机环境之间存在着信息联系，它们通过各种方式进行信息交流，如植物通过化学信号吸引传粉者，动物通过声音、气味或行为进行交流。这些信息联系使它们发生着共栖、共生、竞争等相互依赖、相互制约的关系。

经过长期进化，生态系统中各种生物的数量和比例总是维持在相对稳定的状态。这种状态是动态的，当生态系统的某个环节、过程或平衡被改变时，生态系统能进行一定程度的自我调节并在一定程度上恢复到原来的状态，这种自我调节需要一定时间，并且恢复的结果可能与原来不同。

二、经济学原理

（一）害虫对农作物的经济危害和农作物受害损失的估计

害虫对农作物造成了显著的经济损害。害虫对农作物的经济影响包括直接和间接损失，以及即时的和长期的影响，但通常所指的损失主要是指农作物产量的减少和品质的下降。在品质降低不明显、可以忽略的情况下，损失通常仅指产量的减少。

农作物的产量构成因素因种类而异，害虫对农作物的影响程度也因害虫的种类和密度而有所不同。虽然农作物的经济损失与害虫的损害总体上呈正相关，但从害虫对某种农作物的全程损害来看，或从不同农作物的受害情况来观察，这种关系并不总是线性的。

农作物产量与害虫密度之间的关系可能呈现三种情况：① 产量随害虫密度的增加而线性下降。② 在害虫密度较低时，农作物展现出补偿作用，产量保持稳定，随后随着害虫密度的增加，产量呈曲线下降。③ 在害虫密度较低时，农作物展现出超补偿作用，产量在害虫密度增加时反而比无虫害时增加，随后产量随害虫密度的增加呈曲线下降。

实际上，农作物产量与害虫损害之间的关系相当复杂，在特定的作物-害虫组合中，上述三种情况可能同时出现。例如，农作物在某个生长阶段可能表现出情况①，而在另一个生长阶段则表现出情况②或③。因此，在评估害虫损害造成的损失时，除了直接损害农作物收获部分或导致整株死亡的情况外，还应综合考虑各种因素，根据害虫的损害程度和方式，运用合理的统计方法，力求得出符合客观实际的结论。

常用的农作物产量损失测定方法包括：测量健康植株和受害植株的产量，调查受害植株的比例，计算损失比例，估算未受害时的单位面积产量，最终确定单位面积的实际产量损失。尽管产量损失受到农作物品种、播种季节、土壤类型、施肥水平、害虫损害时期和强度的显著影响，但通过合理的试验设计和田间试验，仍然可以做出相对客观的估计。

常用的产量估计方法包括小区试验法、田间调查法和模拟害虫危害法等。

① 小区试验法：人为控制害虫数量，使其造成不同程度的危害，而后统计作物受害程度与害虫数量或作物产量与害虫数量之间的关系，最终对产量损失进行估计。其控制害虫发生数量的方法包括人工接虫法和药剂控制法。

② 田间调查法：在田间虫害发生不普遍时，分别寻找害虫为害程度不同的地段、受害植株及未受害植株，分别进行产量测定并进行比较，在测定平均产量的基础上，估算出损失率。

③ 模拟害虫危害法：根据作物种类和害虫危害特点进行模拟。例如，通过人工剪叶模拟食叶性害虫的危害，通过人工摘蕾、人工摘铃模拟棉铃虫对棉花花蕾、铃的危害等。

损失估计通常基于产量减少，但有时由于害虫影响，产品品质下降、收获期推迟、价格降低等所造成的经济损失比产量减少带来的损失更大。

（二）经济损害允许水平和经济阈值

在害虫综合治理中，应用化学农药防治害虫，不仅要预测害虫的发生期、发生量和为害程度，还必须制定出害虫的防治指标。在害虫数量偏高或偏低时采取措施，可能会造成经济损失或浪费，并导致环境污染等不良后果。

在商品经济社会中，农业生产的高度商品化促使人们在害虫防治中必须考虑防治成本与经济效益问题。为解决这一问题，在防治指标的研究中产生了经济损害允许水平的概念。

经济损害允许水平（economic injury level，EIL）最早由 Stern 等（1959）定义为"引起经济损失的最低害虫密度"。后来的研究者从不同角度进行表述，如从经济学观点出发，将其描述为"有害生物在特定密度下的防治成本超过经济阈限时所导致的损失"，之后又发展为"有害生物处于某个侵害水平时，其防治效益刚好超出防治成本"。可见经济损害允许水平具有两种含义：① 人们能够容忍的因作物受害而引起的产、质量损失水平，即作物因虫害造成的损失与防治费用相等时的作物受损程度（经济损失量或损失率）；② 与经济损失允许水平相对应的害虫密度，即经济损失允许密度。目前，这个概念已被人们普遍理解和接受，并作为研究防治指标的理论依据。

经济阈值（economic threshold，ET）又称为防治指标，其含义是："采用防治措施阻止害虫种群密度增长，以免达到经济损害允许水平的虫口密度"（Stern 等，1959）。经济阈值与经济损害允许水平相对应，除可用密度表示外，也可用作物受损的程度来表示。因此，可将经济阈值定义为"害虫防治适期的虫口密度、危害量或危害率达到此标准时应采取防治措施，以防止危害损失超过经济损害允许水平"。由以上概念可以推断，经济阈值是比经济损害允许水平低的种群密度或受损程度，这样可以保证所采取的防治措施在虫口数量尚未达到经济损害允许水平之前就能发挥作用，避免在害虫危害造成损失后再进行防治的被动局面。

由于害虫危害、作物受损和防治费用三者关系复杂，经济损害允许水平和经济阈值不仅是基于害虫种群密度（或作物受害程度）的单一指标，还受许多其他变量的影响，即经济损害允许水平和经济阈值具有多维性，且影响它们的变量均随时间而变化，因此经济损害允许水平和经济阈值都是动态的。这种动态性既体现在作物受害程度、产量损失以及害虫种群密度等方面，同时也表现在随产品市场价格和防治费用波动的关系之中。

虽然经济阈值的概念早在 20 世纪 50 年代末就已被提出，60 年代便被普遍接受，但对经济阈值所涉及的参数进行定性和定量描述直到 20 世纪 70 年代才出现。有关经济阈值，如今虽有众多模型，但目前被大众普遍接受的经济阈值 ET 的一般模型如下。

$$ET = \frac{C_c}{E_c \times Y \times P \times Y(R) \times S_c} \times C_F$$

式中，C_c 为防治费用，涵盖农药费、人工费和器械折旧费等；E_c 为防治效果；Y 为未受害时的单位面积产量；P 为作物价格；$Y(R)$ 为平均每头害虫为害作物造成的减产率；S_c 为害虫的存活率；C_F 为社会-经济因子，也称为临界因子，用于衡量强调的重点是产量还是环境质量，其值通常为 1～2。

从上述模型可以看出，要得出经济阈值 ET，先决条件是要有害虫密度和作物产量损失关系的信息，即模型中的 $Y(R)$ 值。如前文所述，影响 $Y(R)$ 值的因素众多，而其他各项虽然也会不断变化，但相对而言较容易获取。防治费用和作物价格，甚至防治效果和害虫的存活率会因区域不同而表现出差异，从而使求得的经济阈值出现差异，这便是经济损害允许水平和经济阈值所呈现出的地域性。

随着研究的不断深入，同时考虑作物不同时期特定虫期的动态经济阈值、不同防治方法的多重经济阈值，以及多种害虫或多种虫态的多维经济阈值也在持续被提出。

（三）社会学原理

害虫治理计划的制订和实施不仅受生物学、生态学和技术等因素的影响，而且与社会、经济和政治等因素有密切的联系。

害虫治理计划的关键在于：① 需要提高农民对害虫早期阶段的识别能力，提供合适的工具和培训；② 需要政策干预，如建立区域预警网络，整合监测和诊断方法，制定和执行生物农药相关政策，确保食品安全和鼓励使用生物农药；③ 需要公共资金的重新分配，加大对植物保护研究的投资，以推动 IPM 的实施。

农民大多依据日历或明显虫害症状决定是否喷洒农药，导致农药滥用。应增强农民的决策能力，提供准确的害虫诊断工具，如基于人工智能的识别系统、自动监测工具和纳米传感器等，同时开发简单的应用程序来帮助农民及时做出合理决策。

即使有了更好的诊断工具，农民可能仍只针对症状治疗，而未能找到真正病因。一些害虫是由生态失衡、气候变化或外来物种入侵导致的，例如豆荚螟和小菜蛾（*Plutella xylostella*），说明需要综合考虑生物控制、生态研究和遗传研究等，才能有效防治害虫。

生物控制包括先进的基因组方法、高效生物农药和强化栖息地管理实践。基因组方法如 CRISPR-Cas9 技术可提高作物抗虫性；非洲已开发出一些生物农药，其对非靶标生物的负面影响较小；"推-拉"方法不断升级，可作为整合其他 IPM 组件的模型，同时 IPM 框架已扩展到考虑害虫控制方法与传粉者之间的相互作用。

（四）最优化技术组配方案

防治害虫的方法丰富多样，总体可分为植物检疫、农业防治、生物防治、化学防治以及物理防治。在不同的情况下，一种害虫的防治手段可能是多元的。然而，根据害虫综合防治原则，针对特定害虫的防治方法应当从能够最为简单且有效地控制该害虫的阶段着手。例如，对外来入侵害虫的防治，首先是从源头上防止其进入，其次才是入侵后的防控治理；再如，对常见作物害虫的防治，必定首先强化作物的抗虫能力，同时降低害虫种群基数，接着是阻隔害虫对作物的危害，最后才考虑如何杀灭害虫。

害虫综合防治需要综合应用防治方法，采用高效的手段治理害虫。

第三节　综合防治的方法

一、植物检疫

　　植物检疫是国家颁布具有强制约束力的法规并建立专门机构开展的工作，目的是禁止或限制危险性病、虫、杂草在国内外传播，保障农业生产安全。害虫分布有区域性，传入新区域可能因缺乏控制因素而蔓延为害，如蚕豆象和美国白蛾。

　　植物检疫分为对外检疫（含进口和出口检疫）和国内检疫。对外检疫在国际交通要道设专门机构对进出口及过境物资等进行检疫处理，防止国外危险性检疫对象传入及满足输出国要求；国内检疫由省级农业部门会同相关部门执行，防止国内具有危险性的病、虫、杂草扩散。植物检疫对象是可随种子等远距离传播且有危险性的病、虫、杂草，确定对象时应了解国内外相关情况，调查研究和情报收集是基础。

　　植物检疫依法规执行，具有严格法规性，又称法规防治，具有相对独立性且是植物保护体系的重要部分，能从根本上杜绝危险性的病、虫、杂草传播，体现"预防为主，综合防治"方针，在交通发达、贸易频繁和旅游业兴起时代，植物检疫任务更重，越发重要。

二、农业防治

　　害虫综合防治中的农业防治是一种利用农业生产中的各种措施来控制害虫的方法，其目的是通过改善农业生态环境、增强作物抗虫性等方式，减少害虫的发生和危害，同时减少对化学农药的依赖，实现农业的可持续发展。

（一）农业防治的主要措施

1. 合理轮作和间作套种

　　不同的作物对害虫的吸引力和适宜性不同，通过轮作可以改变害虫的生存环境，减少害虫的发生。例如，一些害虫对特定的作物有高度的选择性，轮作不同的作物可以使这些害虫失去适宜的寄主，从而降低其种群数量。例如：水稻和小麦轮作可以减少水稻螟虫和小麦蚜虫的发生。因为水稻螟虫主要为害水稻，而小麦蚜虫主要为害小麦，轮作后害虫的生存环境发生改变，难以在两种作物上连续繁殖。

合理的间作套种可以利用不同作物之间的相互作用，增强对害虫的控制效果。例如，一些作物可以释放出特殊的气味或化学物质，驱赶害虫；一些作物可以为害虫的天敌提供栖息和繁殖场所，增加天敌的数量。例如，玉米和大豆间作，大豆可以为玉米螟的天敌赤眼蜂提供蜜源和栖息场所，从而增加赤眼蜂的数量，控制玉米螟的发生。

2. 深耕和晒垡

深耕可以将土壤中的害虫翻到地表，使害虫暴露在不良环境中，有利于天敌的捕食，从而降低害虫的存活率。同时，深耕还可以破坏害虫的越冬场所和栖息环境，减少害虫的数量。例如，在秋季进行深耕，可以将地下害虫（如蛴螬、蝼蛄等）翻到地表，使其被冻死、晒死或被天敌捕食。

晒垡是在深耕后将土壤晾晒一段时间，利用阳光中的紫外线和高温杀死部分病菌和害虫，同时改善土壤的通气性和保水性，有利于作物的生长发育。例如，在冬季进行晒垡，可以有效地杀死土壤中的一些害虫和病菌，减少来年病虫害的发生。

3. 清洁田园

及时清除田间的病残体、杂草和落叶等，可以减少害虫的栖息场所和食物来源。许多害虫会在病残体、杂草和落叶上越冬或繁殖，清除这些潜在的滋生源，可以中断害虫的生活史，降低害虫的发生量。例如，在蔬菜收获后，及时清理田间的残枝败叶和杂草，可以减少蚜虫、粉虱等害虫的越冬基数，降低来年的虫害发生风险。

4. 选用抗虫品种

选择具有抗虫特性的作物品种是一种经济有效的防治方法。抗虫品种通常含有一些特殊的化学成分或具有特定的形态结构，能够抵御害虫的侵害。例如，一些品种的水稻含有抗虫蛋白，可以抵抗稻飞虱和二化螟等害虫的攻击；一些品种的玉米具有紧密的苞叶，可以防止玉米螟的侵入。例如，种植抗虫棉品种，可以有效地减少棉铃虫的发生，降低化学农药的使用量，保护生态环境。

5. 合理施肥和灌溉

合理施肥可以增强作物的生长势和抗虫性。例如，增施有机肥和磷钾肥可以提高作物的免疫力，防止害虫的侵害。

避免过量施用氮肥可以防止作物徒长，减少对害虫的吸引力。例如，在果树生长期间，合理施用有机肥和磷钾肥，可以增强树势，提高果树对蚜虫、食心虫等害虫的抵抗能力。

合理灌溉可以调节土壤湿度和田间小气候，创造不利于害虫生存的环境。例如，适时灌溉可以提高作物的抗逆性，减少害虫的危害。

6. 诱集灭杀

利用害虫对寄主嗜好程度或对不同生育期和长势的选择性，在作物行间种植诱集植物或者设置诱集田，把害虫吸引到小范围的地方集中灭杀。

7. 种植天敌储蓄植物

许多天敌昆虫（如寄生蜂、瓢虫、草蛉等）和捕食性蜘蛛等需要特定的栖息环境来生存和繁衍。天敌储蓄植物可以为它们提供多样化的生境，包括不同高度的植被结构、适宜的温度和湿度条件等；还可以为天敌提供花蜜和花粉等丰富的食物资源。除了花蜜和花粉外，一些植物还会产生特定的分泌物或培育小型昆虫作为天敌的猎物。多样化的植被环境可以为天敌提供遮蔽和保护，使其免受恶劣天气和更高阶捕食者的侵害。复杂的植被结构也有利于天敌的活动和扩散，提高它们寻找害虫的效率。

（二）农业防治的优点与局限

农业防治具有环保无污染、经济高效、可持续发展等优点。具体表现为：主要利用自然因素和生态过程控制害虫，少用或不用化学农药，利于保护生态平衡；通常无须额外投入或少投入，如选用抗虫品种、合理轮作等可降低防治成本、提高经济效益；有助于维持农业生态系统平衡稳定，促进可持续发展，能减少对化学农药的依赖，降低农药残留和环境污染，提高农产品质量和安全性。

农业防治也存在一些局限性，包括防治效果相对较慢，不像化学防治能迅速控制害虫，如选用抗虫品种、深耕翻土和晒垡措施等需较长时间才显效；受环境因素影响较大，其效果受气候、土壤、作物品种等多种因素制约，如干旱气候下部分措施难以实施，不同土壤和作物品种的抗虫性差异也会影响效果；不能完全控制害虫，在害虫严重发生时必须结合其他防治方法进行综合防治。

三、生物防治

生物防治是利用一种生物对付另外一种生物的方法。它是利用生物物种间的相互关系，以一种或一类生物抑制另一种或另一类生物，通常是利用天敌生物、微生物及其代谢产物等来控制有害生物的种群数量，使其保持在经济阈值以下，从而减轻有害生物对农作物、森林、草原、园艺植物等的危害，达到保护环境、促进生态平衡和农业可持续发展的目的。特点是安全性高，对环境污染极少，有时能达到长期控害的作用。但生物防治也有缺点，例如杀虫效率低；多数天敌具有专性寄生或选择性捕食习性，多种害虫同时发生时，只用一种天敌难以奏效；天敌繁殖技术难度高；田间释放受影响因素多。

天敌昆虫是指在自然界中以其他昆虫或节肢动物为食，或者寄生在其他昆虫体内使其死亡的昆虫种类。它们在生态系统中对控制害虫数量起着重要的作用。天敌昆虫主要分为捕食性天敌和寄生性天敌两种。

1. 利用天敌昆虫防治害虫的主要途径

（1）保护利用自然天敌昆虫

在进行害虫防治时，选择对害虫具有选择性的农药，尽量避免使用广谱性的剧毒农药和残效期长的农药。这样可以减少对天敌昆虫的伤害。例如，在防治蚜虫时，可选择对七星瓢虫等蚜虫天敌影响较小的药剂。同时，根据害虫的发生情况，精准施药，缩小施药面积，重点针对害虫密集区域进行防治。

（2）保护越冬天敌

冬季的恶劣环境条件常导致天敌昆虫数量大量减少，因此需要采取措施帮助它们安全越冬。例如，为瓢虫、螳螂等天敌昆虫提供适宜的越冬场所，或者在温室等环境中为它们创造越冬条件。

（3）改善天敌营养条件

有些寄生蜂、寄生蝇在羽化后需要补充营养，会取食花蜜等。因此，在种植作物时，可以合理配置蜜源植物，为天敌昆虫提供充足的食物来源。另外，当田间天敌缺乏寄主卵时，可适当补充田间寄主，以利于天敌昆虫的繁衍。

（4）大量繁殖天敌昆虫

在害虫发生前期，自然界中天敌昆虫数量少、对害虫的控制力低时，可以建立专门的繁殖基地，在室内繁殖天敌昆虫。这样能够快速增加天敌昆虫的数量，为大规模释放做好准备。例如，建立赤眼蜂繁殖基地，利用柞蚕卵等作为寄主，大量繁殖赤眼蜂。

（5）适时释放

在害虫发生初期或害虫数量开始增加时，将天敌昆虫及时释放到田间、果园、森林等害虫发生区域。释放时要注意选择合适的天气和时间，确保天敌昆虫能够尽快适应环境并发挥防治作用。比如在清晨或傍晚释放寄生蜂，避免高温对其造成伤害。

（6）移植和引进外地天敌昆虫

① 科学评估。在引进外地天敌昆虫之前，要对其进行科学评估，确保其不会对本地生态系统造成不良影响，并且对目标害虫具有良好的防治效果。例如，引进丽蚜小蜂防治温室白粉虱，在引进前需要对丽蚜小蜂的适应性、寄生能力等进行研究。② 严格检疫。对引进的天敌昆虫要进行严格的检疫，防止其携带病虫害或其他有害生物进入本地。只有经检疫合格的天敌昆虫才能进行释放和应用。③ 跟踪监测：引进天敌昆虫后，要对其在本地的定殖、扩散和防治效果进行跟踪监测。及时了解其对本地生态系统的影响，以及对目标害虫的控制作用，以便及时调整防治策略。

2. 昆虫病原微生物的利用

昆虫病原微生物是指能够引起昆虫致病、死亡的微生物，包括细菌、真菌、病毒和原生动物等。

（1）昆虫病原细菌的利用

昆虫病原细菌的种类繁多，在生产中应用最为广泛的是芽孢杆菌属的各类细菌。这类细菌能够产生毒素，昆虫吞食后，毒素会经由消化道侵入体腔，进而引发病害。被细菌感染的昆虫死亡后，体躯会软化、变色，失去原有形态，内腔液化且具黏滞性，并散发臭味。其中，最常使用的是苏云金芽孢杆菌，其制剂分为乳剂和粉剂两种，可用于防治棉花、蔬菜、果树等作物上的多种鳞翅目害虫。

现代分子生物学技术的不断发展为细菌杀虫剂的应用注入了新的活力。当前，国内已成功地将苏云金芽孢杆菌的杀虫基因转入多种植物体内，培养出具有杀虫活性的工程作物，例如转基因抗虫棉、抗虫稻、抗虫玉米等，这些工程作物已经在生产中得到了广泛的应用。

（2）昆虫病原真菌的利用

全世界已知虫生真菌达 800 余种，我国已报道的有 150 种左右，真菌通过昆虫体壁侵入虫体，大量增殖后，菌丝穿出体壁并产生孢子。死亡的昆虫虫体僵硬，呈现白色、绿色或黄色。昆虫真菌病在温暖且高湿度的条件下容易流行。

我国生产和使用的用于治虫的真菌有蚜霉菌、白僵菌、绿僵菌等。目前应用最为广泛的是白僵菌，其加工剂型有油剂、乳剂、颗粒剂、可湿性粉剂、黏胶制剂等，广泛用于防治松毛虫、玉米螟、食心虫、豆荚螟、蛴螬等害虫。

（3）昆虫病毒的利用

昆虫病毒主要有核型多角体病毒、质型多角体病毒、颗粒体病毒等类型。目前已发现的昆虫病毒达 1690 种。昆虫通常是通过取食带有病毒的食物、接触病虫体或者其排泄物而受到感染。感染病毒的昆虫常表现出食欲减退、行动迟缓，腹足紧紧抓住植株枝梢，随后身体下垂死亡。病虫的体色会变浅或者呈蓝色，皮肤变得脆弱易破裂，但无臭味。

自 1973 年美国的美洲棉铃虫核型多角体病毒杀虫剂（Elcar）诞生以来，目前至少有 10 种商品病毒杀虫剂已经登记注册。在我国，有 20 多种昆虫病毒杀虫剂已经进入大田试验和生产示范阶段，其中应用面积较大的有棉铃虫核多角体病毒、油桐尺蠖核多角体病毒、茶毛虫核多角体病毒、斜纹夜蛾核多角体病毒、菜粉蝶颗粒体病毒、小菜蛾颗粒体病毒等。目前病毒杀虫剂的剂型包括可湿性粉剂、乳剂、乳悬剂、水悬剂等。

（4）杀虫素的应用

某些放线菌所产生的代谢产物对昆虫和螨类具有毒杀作用。这类抗生素被称为杀虫素或杀虫抗生素。常见的杀虫素有阿维菌素、杀蚜素、浏阳霉素、多杀菌素等。在生产中，阿维菌素能够用于防治多种害螨和昆虫，而多杀菌素则是当前防治抗性小菜蛾、甜菜夜蛾等最为有效的替代品种。

（5）原生动物的利用

一些原生动物可以寄生在害虫体内，通过摄取害虫的营养物质、破坏其生理结构和功能等方式，导致害虫生病、虚弱甚至死亡。例如，微孢子虫可以寄生在多种昆虫体内，影响害虫的生长发育和繁殖能力，DD-136 线虫可以防治玉米螟和行道树蛀干天牛幼虫等。

3. 其他有益动物的利用

其他有益动物包括鸟类、两栖类、田间蜘蛛和捕食螨等。鸟类是多种农林害虫和害鼠的天敌。两栖类（如蛙和蟾蜍）可以捕食田间各种鳞翅目、半翅目和双翅目害虫。田间蜘蛛种类多而分布广，对小型的害虫或者低龄的鳞翅目害虫有极好的防治作用。捕食螨能很好地防治小型的害虫（如蓟马、粉虱等）。

▍四、物理机械方法

害虫防治的物理机械方法是指利用物理因素以及机械设备来防治害虫的方法。这些方法不依赖化学农药，而是通过直接或间接的方式捕杀害虫，破坏害虫的正常生理活动，或改变环境条件使其不利于害虫的生存和繁殖。物理机械防治方法的特点是其中一些方法具有特殊的作用（红外线、紫外线或声波等），能杀死隐蔽的害虫，为害虫防治提供了更多可能性。一些物理机械方法，如人工捕杀或使用简单的器械，成本相对较低，尤其适合资源有限的小型农场或家庭花园。

1. 人工器械捕捉

根据对害虫生活习性的了解，使用人工或简单器械直接捕杀害虫，如用粘虫板、捕虫网等捕捉害虫。

2. 阻隔法

根据害虫的生活习性，通过设置物理障碍来阻止害虫的扩散和蔓延，例如在树干上捆绑塑料薄膜以阻止害虫上树产卵。在储粮害虫防治中，有些害虫喜欢在粮堆表层活动（如麦蛾等），可以在粮堆表层压盖异种粮（如在禾谷类上盖豆类），阻止害虫产卵，从而减少害虫数量。粮食烘干、夏季暴晒，几乎对所有的储粮害虫都有杀死作用。在蔬菜生产上，防虫网覆盖可以有效地控制甜菜夜蛾、斜纹夜蛾、小菜蛾、甘蓝夜蛾、黄曲条跳甲等 20 多种主要害虫的为害，还可以阻隔蚜虫、烟粉虱、蓟马、美洲斑潜蝇等传毒昆虫媒介，达到防虫兼控病毒病的效果。

3. 诱集法

利用害虫的特定行为习性（如对性信息素、糖醋液的趋向性）进行诱捕，通过诱捕器集中消灭害虫。诱集法应用如下。

（1）灯光诱控：利用害虫的趋光性，使用黑光灯或其他特定波长的光源来诱杀害虫。

（2）色板诱控：使用有颜色的粘板吸引并粘住害虫，这些颜色通常对某些害虫具有吸引力。例如，利用蚜虫、白粉虱、美洲斑潜蝇等的趋黄习性，可以设置黄色粘虫板进行诱杀。

（3）性诱剂：利用人工合成的性信息素来吸引雄性害虫，将其诱捕或干扰其交配行为。

4. 利用高频电流、放射能、激光等防治害虫

利用高频电流、放射能、激光等物理手段防治害虫是一种环境友好的替代方法，这些技术通过精确和有针对性的方式控制害虫，减少对化学农药的依赖。以下是这些方法的一些应用实例。

（1）激光诱变杀灭方法：研究者们发现，使用特定波长的激光辐照害虫，如蝗虫，可以对其产生热损伤效应，导致害虫生理功能紊乱、活性降低甚至死

亡。这种技术可以选择性地杀灭害虫，而对作物无害，是一种有潜力的绿色防控技术。

（2）昆虫不育技术（SIT）：这是一种使用电离辐射对实验室饲养的大量昆虫进行绝育的技术。之后可以将这些绝育昆虫释放到受感染的地区与野生害虫种群交配，由于这些绝育昆虫无法繁殖后代，害虫数量会逐渐减少。这种方法安全环保，不会对环境造成污染。

（3）微波辐照杀虫技术：微波辐照杀虫是利用微波的热效应和生物效应共同作用的结果。微波能够穿透物料，使害虫体内的水分子振动产生热能，导致害虫死亡。这种方法无残留，操作简便，对环境友好。

（4）辐射技术：辐射技术通过电离辐射与害虫相互作用产生的物理、化学和生物效应，使害虫不育或死亡。这种方法可以减少杀虫剂的使用，避免环境污染和害虫抗药性的产生。

（5）高频电流杀虫：高频电流可以产生热能来杀死害虫，或者通过电击直接破坏害虫的生理结构。这种方法可以迅速灭杀害虫，且对环境的影响较小。

（6）激光灭虫：激光灭虫是一种新型物理防治方法，利用激光的高能量密度、单色性好以及方向性好的特点，对害虫进行精准打击。例如，针对菜青虫的激光灭杀研究，通过分析菜青虫的高光谱特征，选择合适波长的激光进行辐照，可以有效灭杀害虫。

这些物理机械方法的共同优点是环境友好、操作简便、成本效益高，且能够减少化学农药的使用，有助于实现农业的可持续发展。随着技术的进步，这些方法有望在未来的害虫管理中发挥更大的作用。

▌五、化学防治方法

化学防治方法主要是指使用化学农药来控制和消灭害虫的方法。这些农药包括杀虫剂、杀菌剂、除草剂等，它们可以通过喷雾、土壤处理、种子处理等方式施用到环境中。化学防治具有杀虫效力高、收效快的优点，容易被群众接受，且成本在逐步降低。然而，化学防治也存在一些缺点，如有时施药后会引起另一种害虫大规模出现，影响益虫的正常活动，或者使昆虫产生抗药性，且有些农药对人畜尚有残毒问题。因此要注意合理用药，研发高效、低毒、低残留并具有选择性的农药，同时考虑改进农药剂型和使用方法，尽可能地减少其不良影响。

1. 杀虫剂的杀虫作用

杀虫剂根据作用方式可以分为触杀剂、胃毒剂、内吸剂、熏蒸剂这四大类。

（1）触杀剂：触杀剂是一种通过接触虫体表面进入虫体内引起中毒的杀虫剂。这类杀虫剂必须直接与昆虫接触后进入体内，穿透害虫体壁进入体内产生毒效，使昆虫中毒死亡。

（2）胃毒剂：胃毒剂是一种通过害虫的口器和消化系统进入虫体，引起害虫中毒或死亡的杀虫剂。这类杀虫剂特别适用于防治咀嚼式口器的害虫，例如黏虫、蝼蛄、蝗虫等。此外，胃毒剂也对舐吸式口器的害虫（如蝇类）有效。

（3）内吸剂：内吸剂是指被植物吸收并传导到植物体内各个部位的杀虫剂，害虫吞食或者刺吸有毒植物汁液后便中毒死亡。

（4）熏蒸剂：熏蒸剂是指通过挥发产生有毒气体，经由害虫的呼吸系统进入体内产生毒效，使害虫死亡的杀虫剂。

2. 常见的杀虫剂类型

（1）有机磷类杀虫剂：这类杀虫剂通过抑制昆虫神经系统中的乙酰胆碱酯酶来发挥作用，导致昆虫神经系统过度兴奋而死亡。常见的有机磷类杀虫剂有敌敌畏、马拉硫磷、乐果、乙酰甲胺磷等。

（2）氨基甲酸酯类杀虫剂：氨基甲酸酯是甲酸酯类化合物中碳原子所连接的氢原子被氨基取代的化合物。这类药物同样作用于昆虫的神经系统，但其化学结构和作用机理与有机磷类略有不同。常见的氨基甲酸酯类杀虫剂有抗蚜威、灭多威、甲萘威等。

（3）拟除虫菊酯类杀虫剂：这类杀虫剂模拟自然界中的除虫菊素，主要影响昆虫的神经系统，导致昆虫瘫痪和死亡。特点是对绝大多数农林害虫和卫生害虫都有良好的防治效果。常见的拟除虫菊酯类杀虫剂有氯氰菊酯、氰戊菊酯、氟氰菊酯等。

（4）有机氯类杀虫剂：这是一类化学分子结构中含有氯原子的有机化合物，这类药剂大多性质稳定、脂溶性强、水溶性弱。由于有机氯类杀虫剂具有较高的残留性和环境持久性，许多品种已经在全球范围内被禁用或限制使用，如 DDT、六六六。

（5）昆虫生长调节剂：这类杀虫剂可以干扰昆虫的生长发育，导致昆虫无法正常蜕皮或繁殖。常见的昆虫生长调节剂包括灭幼脲、吡丙醚等。

（6）生物农药：生物农药包括微生物杀虫剂（如苏云金杆菌）、植物源杀虫剂（如除虫菊素）和昆虫信息素等，这些杀虫剂通常对环境的影响较小。

（7）无机杀虫剂：无机杀虫剂是一类含有无机化合物的农药，它们通常来源于矿物原料，具有杀虫效果，主要通过害虫的体壁进入体内，使害虫中毒死亡。无机杀虫剂包括一些传统的农药，如硫酸铜、波尔多液（含硫酸铜和石灰）、石硫合剂（含硫黄）等。这些杀虫剂多数具有较低的哺乳动物毒性，但使用时仍应注意安全，避免对环境和非靶标生物造成不良影响。

可以根据具体的害虫种类、作物类型和环境条件来选择杀虫剂的类型，以达到最佳的防治效果。同时，应注意合理轮换和混合使用不同作用机理的杀虫剂，以延缓害虫抗药性的产生。

3. 化学农药的合理使用

害虫综合防治从策略上强调发挥自然因素对害虫的调控作用，但也不排斥将化学防治作为综合治理的一种手段。合理使用化学农药是确保农业生产安全和农产品质量的关键，同时也是保护环境和人类健康的重要措施，可以从以下几个方面加以考虑。

（1）选择高效低毒农药：优先选择对环境影响小、对非靶标生物安全的农药品种，如生物农药和低毒化学农药。

（2）科学配制农药：准确计算施用农药剂量，采用"两步法"配制农药，即先用少量水将农药稀释成"母液"，再将"母液"稀释至所需浓度，确保农药均匀分散。

（3）把握施药时期：根据作物的病虫草害发生程度，在最佳的防治时期施用农药，以达到最佳防治效果。

（4）轮换使用农药：避免长期单一使用某一种或某一类农药，以延缓抗性的产生。轮换使用不同作用机理的农药可以有效延缓抗性的产生，这是化学防治中非常重要的一环。

（5）合理混合使用农药：根据防治需要，现场将几种农药混合使用，但要避免盲目混合，以免造成浪费和增加环境污染风险。

（6）注意农药剂型的选择：选择对环境污染小的农药剂型，如悬浮剂、水乳剂、水分散粒剂等水基化环保剂型。

（7）使用合适的施药器械：选择正规厂家生产的施药器械，定期更换磨损的喷头，以保证施药效果，同时减少农药的漂移和流失。

（8）遵守安全间隔期：在农药使用后，遵守安全间隔期的规定，确保农产品中农药残留量在安全范围内。

（9）加强技术培训和指导：提高农民和农业工作者的农药使用知识和技能，减少农药的不合理使用。

（10）环境保护：在施药过程中，采取措施减少农药对环境的影响，如防止农药漂移、减少对水体的污染等。

（11）法律法规遵守：遵守国家关于农药使用的法律法规，如《农药管理条例》等，确保农药的合法合规使用，是每一位农业生产者的责任。

通过上述措施，可以最大限度地发挥化学农药的效益，同时减少其对环境和人类健康的负面影响。

第八章　害虫的调查和智能监测系统

第一节　害虫的调查

　　农业害虫的预测和防治，必须基于田间调查获得的科学数据。这些数据用于揭示害虫的种类、发育阶段、分布范围、发生时间、数量、农作物受害程度以及防治效果。害虫调查是收集数据的关键，应明确目的和内容，采用科学方法以获得准确数据。调查内容包括种群密度和监测抽样，其中种群密度分为绝对密度和相对密度。绝对密度指特定面积或体积内害虫总数，通常通过取样数据推算。相对密度用工具测量，方法包括观察、诱捕、拍打、扫网、吸虫器和标记回捕。

一、害虫的田间分布型及调查取样方法

　　害虫田间分布受多种因素影响，分为随机分布和聚集分布。随机分布中个体独立随机分布（图 8-1（a）），如三化螟成虫和卵块分布。聚集分布包括核心分布和嵌纹分布（图 8-1（b）、(c)）。核心分布呈小集团，嵌纹分布则疏密不均。随机分布可采用五点、对角线或棋盘式取样法。聚集分布需要更多样点，核心分布用棋盘式或平行跳跃式取样法，嵌纹分布用"Z"字形取样法。

二、害虫调查取样方法

　　害虫调查需根据害虫分布特点，选择代表性田块和适宜取样方法，以准确反映害虫田间发生情况。取样方法包括分级取样、分段取样、典型取样和随机取样。

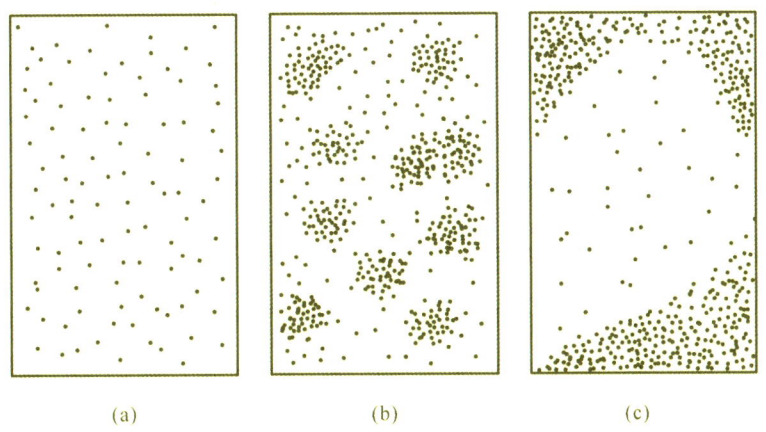

图 8-1 昆虫种群田间分布型（仿洪晓月主编《农业昆虫学（第三版）》）

(a) 随机分布；(b) 核心分布；(c) 嵌纹分布

　　实际上，无论采用哪种分级或分段取样，最终都要通过随机取样法来确定具体的调查点。常用的害虫田间调查取样法包括 5 点式抽样、棋盘式抽样、单对角线式抽样、双对角线式抽样、平行跳跃式抽样和"Z"字形抽样等（图 8-2）。取样单位和数量取决于害虫种类、作物和栽培方式，单位包括长度、面积、体积、质量、整株或器官、诱集物、时间、网捕单位。

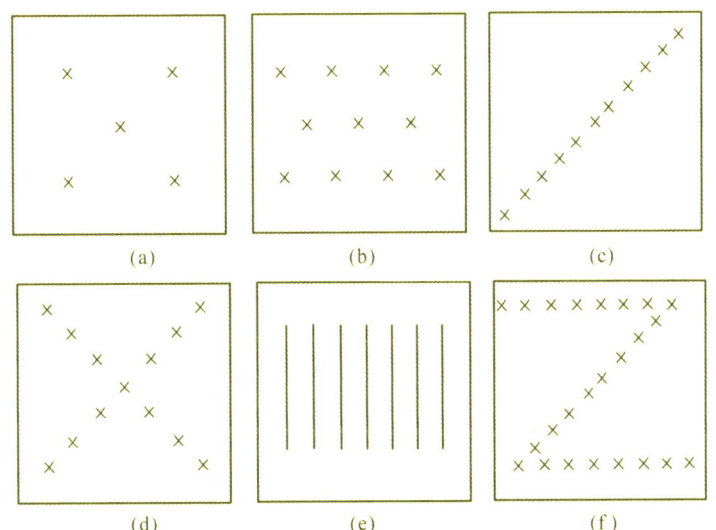

图 8-2 田间调查取样法（仿洪晓月主编《农业昆虫学（第三版）》）

(a) 5 点式抽样；(b) 棋盘式抽样；(c) 单对角线式抽样；(d) 双对角线式抽样；

(e) 平行跳跃式抽样；(f) "Z"字形抽样

▍三、害虫调查结果计算

害虫调查结果的计算是将收集的数据转换成有用的信息，以评估害虫的分布和数量。以下是害虫调查结果计算的三个主要方面。

（一）虫口密度的计算

对于可计数的害虫，直接统计一定取样单位内的害虫数量，然后折算成标准单位下的虫数。例如，将螟虫卵块数量折算成每公顷的卵块数，或将棉红铃虫的数量折算成每千克籽花的含虫量。

对于不易直接统计的数量，可以采用分级法，将害虫数量划分为不同的等级，以简化统计过程。例如，棉蚜的蚜情等级划分，从 0 级（百叶 0 头）到 3 级（百叶50 头以上）。

害虫数量通常折算成每单位面积（如每平方米、每公顷）、每单位体积（如每立方米）、每单位质量（如每千克）或每单位植株（如百株）的虫数。这种折算有助于比较不同地点、不同时间或不同作物上的害虫密度，以及评估害虫控制措施的效果。

此外，在进行害虫调查结果的计算时，应确保取样方法的一致性，以保证数据的可比性。此外，对于害虫数量的估计和分级，应有明确的标准和指导，以保证数据的准确性和可靠性。

（二）作物受害情况

通常用被害率、被害指数或损失率来表示作物受害情况。

（1）被害率。

被害率反映作物各部分受害的普遍性，不区分受害程度，一律等同计算。

$$被害率 = \frac{被害株（秆、叶、花、果）数}{调查总株（秆、叶、花、果）数} \times 100\%$$

（2）被害指数。

害虫造成的损害往往不均，仅用被害率无法准确反映作物受害程度，故采用被害指数来更精确地表示。调查前，先根据受害程度将植株分为若干等级，然后按等级统计并计算被害指数。

$$被害指数 = \frac{各级值 \times 被害株（秆、叶、花、果）数的累积值}{调查总株（秆、叶、花、果）数 \times 最高级值} \times 100\%$$

（3）损失率。

被害指数反映受害程度，不显示产量损失，而损失率直接体现产量减少情况。

$$损失率＝损失系数×被害率$$

$$损失系数＝\frac{健株单株产量－被害株单株产量}{健株单株产量}×100\%$$

第二节　害虫的预测预报

害虫预测基于实地调查数据，结合历史资料，分析害虫发生规律，预判其未来动态，并发布预警，以便提前准备防治措施，把握防治先机。这一过程以昆虫生态学为基础，分析害虫生物学特性与环境因素的相互作用，预测害虫发生和危害趋势。

一、害虫预测预报的类型

害虫预测预报的类型，根据测报的内容可分为发生期、发生量、危害程度和分布预测，根据预测时间长短可分为短期、中期和长期预测，根据虫源性质可分为本地和异地预测。

二、害虫发生期预测

发生期预测依据防治需求，推算关键虫期出现时间，以确定最佳防治时期。害虫预测通常划分为始见、始盛、高峰、盛末和终见期，预测主要关注始盛、高峰和盛末期，分别对应某虫期总量的 16%、50% 和 84%。常用预测方法主要有历期法、有效积温法和卵巢发育分级预测法，其中，历期法、有效积温法较为常用。

（1）历期法。

系统调查某地前一虫期的发育进度，如化蛹、羽化、孵化率。当这些比例达到始盛期、高峰期和盛末期时，加上当前气温下各虫期的历期，预测下一虫期发生时间。以全变态害虫为例，其预测式为：

害虫发生始盛期（高峰期、盛末期）＝蛹始盛期（高峰期、盛末期）＋蛹历期

上式若再加上害虫的产卵前期和卵历期，就可分别预测第 2 代幼虫孵化始盛、高峰和盛末期。

（2）有效积温法。

在害虫发生季节，发育速度与温度相关。测得某虫期的发育起点温度（C）和有效积温（K）后，利用当地往年同期的平均气温（T），通过积温公式计算完成该虫

期所需天数（N），预测下一虫期发生时间。有效积温预测式为：

$$N = K/(T - C)$$

▍三、害虫发生量预测

发生量预测就是预测害虫的发生程度或发生数量，用于确定是否有防治的必要。害虫的发生程度或危害程度一般分为轻、中偏轻、中、中偏重、大发生和特大发生。

在实践中，有效虫口基数及增殖率预测法是一种比较常用的方法：通过对上一代虫口基数的调查，结合该虫的平均生殖力和平均存活率，可预测下一代的发生量。计算繁殖数量的常用公式为：

$$P = P_0 \left[e \cdot \frac{f}{m + f} \cdot (1 - M) \right]$$

式中，P 为下一代的发生量，P_0 为上一代虫口基数，e 为单只雌虫平均产卵数，f 为雌虫数，m 为雄虫数，M 为各虫期累积死亡率。

第三节　虫害智能监测预警

▍一、虫害智能监测预警概述

虫害智能监测预警对农业生产至关重要。传统监测依赖人工，存在效率低、数据不准确等问题。智能监测系统结合 AI、无线通信、物联网等技术，自动采集、传输、处理虫害数据，提高监测覆盖面和准确率，预测虫害发生，指导防治。传统方法存在劳动强度大、准确率低等问题。智能监测预警可提高准确率，扩大监测范围，及时发布预报，减少农作物损失，降低农药使用，保护生态，对智慧农业发展具有重要意义。

▍二、适用于智能监测及预警的重要害虫及其发生特点

迁飞性害虫（如黏虫、草地螟）具有突发性，威胁粮食安全。人工监测难以掌握其动态，而智能监测系统则能发挥有效作用，如昆虫雷达结合高空测报灯、地理信息系统（GIS）、花粉检测、分子标记等技术，能提高监测的准确性和时效性。

地下害虫（如蛴螬、蝼蛄）为害植物地下部分。智能检测能解决人工监测费时费力的难题，使用诱虫灯、黑光灯进行诱杀，掌握害虫种群发生规律，还可结合诱捕器和引诱剂，完成对地下害虫的高效监测和灭杀。

微小害虫（如蚜虫、粉虱）体型小、繁殖快，人工监测在消耗大量劳力的前提下，难以保证时效性和效率。而智能监测技术结合遥感技术、智能图像处理技术、引诱剂和黑光灯进行监测预警，在此基础上，还可建立虫害随时间变化的监测模型，实现动态监测。

储粮害虫（如米象、豆象、谷盗）具有体积小、繁殖快的特点，在适宜条件下，能在储存的粮食中大量繁殖，导致粮食受到严重损失，而人工难以进行监测，需要应用智能监测技术。目前，使用电子鼻、声音传感器的智能监测技术已经成为监测储粮害虫的重要方法。

林业害虫（如天牛、枯叶蛾等）为害树木的主梢、枝叶，影响森林健康。在此场景中，智能监测及预警技术能发挥重要作用，使用遥感、虫情测报灯和声音识别与计数等技术，完成人工调查难以实现的林业害虫种群动态监测。

三、植物虫害数据采集设备

（一）田间虫情采集

田间虫情采集在智能监测中指使用摄像或传感器设备，由人员远程操控，拍摄田间害虫情况。这种方式可提高调查效率，扩大覆盖面积，减少人力消耗。

较常见的田间虫情采集设备有手持式和车载式两种装备。

（1）手持式采集仪：配备轻量化伸缩杆，可变换拍摄角度，内置电机驱动，配备转盘摄像头，通过手机蓝牙接收画面，App 控制。

（2）车载式采集工具：汽车搭载，机械臂伸缩杆送摄像头进入作物中间，电动转盘调节摄像头朝向，计算机控制姿态动作，无线传输数据，软件处理识别虫情。

（二）智能虫情测报灯

智能虫情测报灯利用灯光吸引昆虫并拍照，通过无线通信将图像传至数据处理平台。其原理基于昆虫对特定波长光的趋光性，以及 AI 程序对图像的识别处理。在智能虫情测报灯实际应用中，昆虫识别准确度仍待提升，主要受制于测报灯的设计。一些设备采用热杀方式处理昆虫后进行拍照，导致昆虫姿态杂乱、变形以及堆叠，造成识别困难。提升识别率的关键在于改善图像质量，降低识别难度。这要求研发人员在设备结构和运行方式上创新，以获取更清晰、易识别的昆虫图像数据。

四、虫害智能监测及预警技术的应用案例

（一）雷达技术在虫害智能监测及预警中的应用

雷达利用电磁波探测空中目标，获取目标的距离、速度、角度等信息，而昆虫体内水分能反射电磁波，产生雷达回波信号，从而实现对迁飞性昆虫的探测。昆虫雷达可分为以下类型。

（1）传统扫描雷达。可用于观测中大型昆虫迁飞，但智能化程度低，主要依赖人工计数，无法探测到小型昆虫，且设备本身不适合野外的长期自动运转。

（2）毫米波扫描雷达。其发射的短波长电磁波能增加小型昆虫的雷达截面积（radar cross section，RCS），可探测稻飞虱和稻纵卷叶螟等小型害虫，适用昆虫种类大大拓展，实用性得到增强。

（3）垂直监测昆虫雷达。能实现迁飞昆虫全自动实时监测，适用于长期、大范围害虫迁飞研究，有很强的实用性。

（4）昆虫谐波雷达。能够监测低空飞行昆虫，需要在被探测昆虫的身体上固定电子标签，电子标签接收雷达信号后反射谐波信号，具有监测速度快、抗干扰能力强的特点，可补充扫描雷达和垂直监测雷达的探测盲区。

（5）激光雷达。工作在红外和可见光波段，适用于全天候的昆虫迁飞研究。

（6）气象雷达。探测昆虫返回的晴空回波，可用于迁飞性昆虫监测与预警。

（二）高空诱虫灯

高空诱虫灯（简称高空灯）广泛应用于监测迁飞性害虫，如草地贪夜蛾和棉铃虫，可有效监控其迁飞时间和路径，对农业生产至关重要。高空诱虫灯构造包括诱虫、收集和排水装置，光源和支架。诱虫装置含基座、转盘和动力机构，支撑倾斜的诱虫灯；收集装置为不锈钢箱；排水装置自动控制，实现水虫分离。在实际应用中，高空诱虫灯有监测范围广，诱捕效果好，预报精准，且能完整保留虫体的特点，能为害虫研究提供重要数据。

高空诱虫灯广泛应用于迁飞害虫的监测，可提供关键数据。山东潍坊用其监测棉铃虫，发现高空灯诱集量超过地面灯。高空灯与雷达技术结合，监测草地螟等137种昆虫，提供迁飞数据。高空灯监测草地贪夜蛾效果良好；可监测黏虫迁飞动态，

为预警提供数据；还能够收集白背飞虱数据，分析其迁飞模式。高空灯操作简便、自动化、安全，减少农药使用，保护环境，对智慧农业和可持续农业具有重要意义，具有良好推广前景。

五、物联网病虫害的监测预警系统

物联网病虫害的监测预警系统应用十分广泛，下面以佳多农林 ATCSP 物联网病虫害监测预警系统为例进行介绍。该系统由以下部分组成。

（1）虫情信息自动采集系统。可实时采集害虫图像数据，分析害虫发生趋势，自动诱杀，无人值守运行，高准确度测报。

（2）生态远程实时监测系统。采用无线网络视频技术，高分辨率监控，实时信息采集，智能轮询监控，预测病虫害动态。

（3）小气候信息采集系统。用于监测空气和土壤温湿度、光照、风速、风向、降水量等，提供农作物生长环境信息，建立病虫害预测模型。

佳多农林 ATCSP 物联网病虫害监测预警系统在全国多地应用，可减少实地调查次数，降低劳动强度，提高监测准确性。系统通过实时数据和历史数据智能分析，实现病虫害的监测、预警和预报。吉林玉米地使用该系统监测玉米螟等害虫，误差率低，动态曲线与实地调查一致。辽宁果园使用该系统，全年未使用化学农药，有效控制害虫，产品符合绿色食品标准。湖南棉田使用该系统，提高诱控效果，降低对天敌的影响。河南汤阴县使用该系统单夜诱虫量达 69 kg。佳多琵琶寺生态园使用该系统监测预报准确率超 90％，生物诱控系统有效控制病虫害，有益生物种群数量上升。河南省佳多农林科技有限公司基地控制面积达 330 km²，实现有机生产病虫害远程智能化管理，促进有机食品生产，提高农民经济效益，提高预警、预报、防控能力。

综上所述，佳多农林 ATCSP 物联网病虫害监测预警系统以信息化手段优化传统农林病虫害预报，改善监测条件，提供防控技术支持，增强作物病虫害防御能力，促进农业物联网融合，推动农林植保向智慧植保转型，具有广大应用前景和深远参考意义。

第九章 水稻害虫防治技术

第一节 水稻害虫种类及其发生规律

水稻害虫分为水稻螟虫、稻飞虱和稻纵卷叶螟。

一、水稻螟虫

水稻螟虫俗称钻心虫。国内稻区为害严重的水稻螟虫主要有二化螟（*Chilo suppressalis*）（图 9-1）、三化螟（*Scirpophaga incertulas*）（图 9-2）和大螟（*Sesamia inferens*）（图 9-3）。三化螟和二化螟属鳞翅目，螟蛾科；大螟属鳞翅目，夜蛾科。

（1）形态特征

① 三化螟。成虫雌蛾体长 10～13 mm，翅展 23～28 mm，通体淡黄色，前翅黄白色并有中央黑点，腹部末端有黄褐色绒毛；雄蛾体长 8～9 mm，翅展 18～22 mm，体色灰色，前翅淡灰色，中央黑点不显著，有暗黑色斜纹和外缘小黑点。卵多层排列成块，颜色从乳白色渐变为黑色。幼虫多数 4 龄，个别 5 龄，初孵时称"蚁螟"，头宽 0.2～0.25 mm，体灰黑色，第 1 腹节有白色环，随着龄期增长，体色和斑纹发生变化，4 龄幼虫头宽 0.65～1.18 mm，体黄绿色，前胸背板后缘有新月形斑。雄蛹长约 12 mm，细瘦，颜色从灰白色变黄绿色再至黄褐色，前翅和足伸展至特定腹节；雌蛹长约 15 mm，粗大，腹部末端圆钝，中足和后足位置不同。

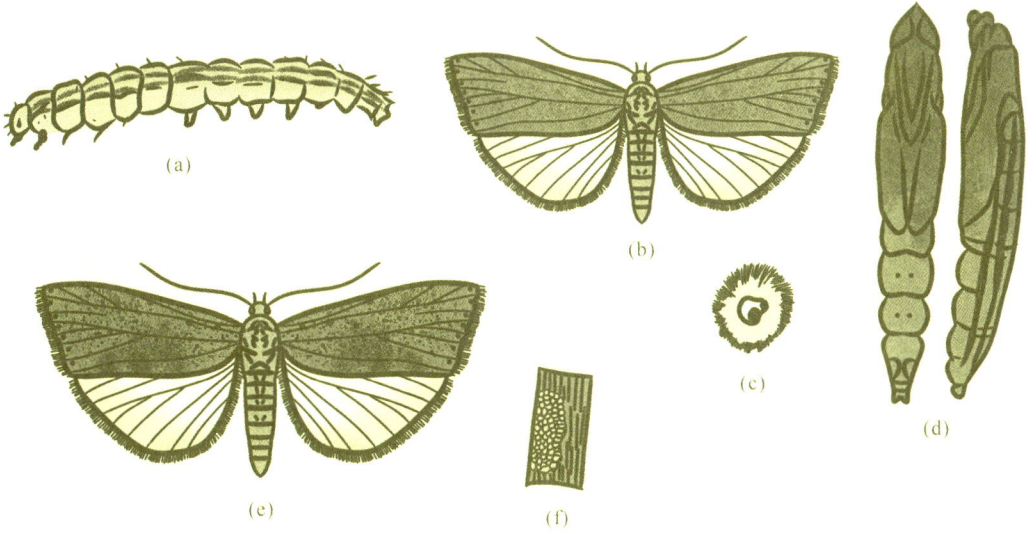

图 9-1　二化螟（仿《农业昆虫学》洪晓月）

（a）幼虫；（b）雌成虫；（c）卵；（d）雄蛹（腹面、侧面观）；（e）雄虫；（f）卵块

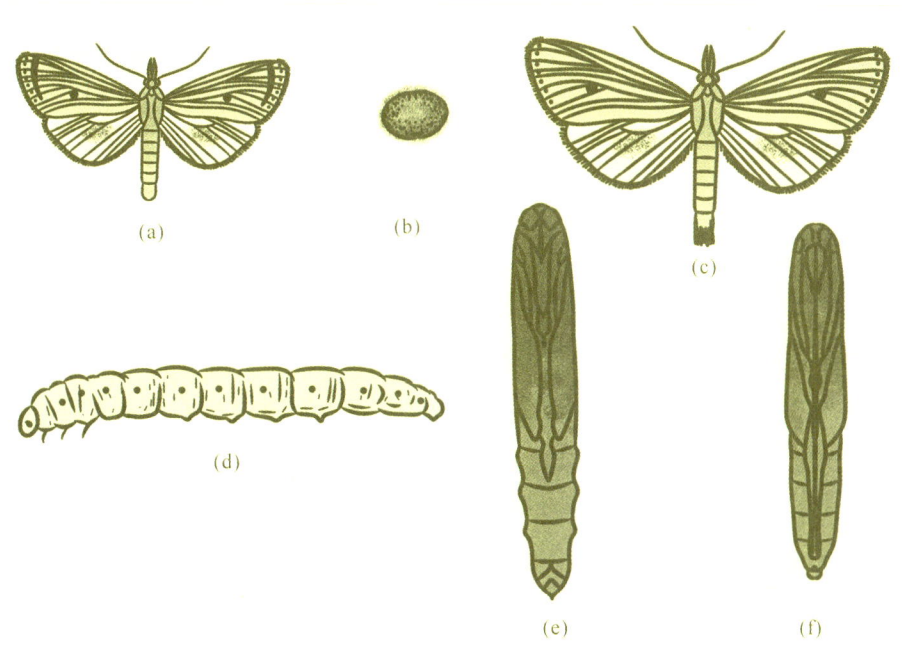

图 9-2　三化螟（仿《农业昆虫学》洪晓月）

（a）雌虫；（b）卵；（c）雄虫；（d）幼虫；（e）雄蛹；（f）雌蛹

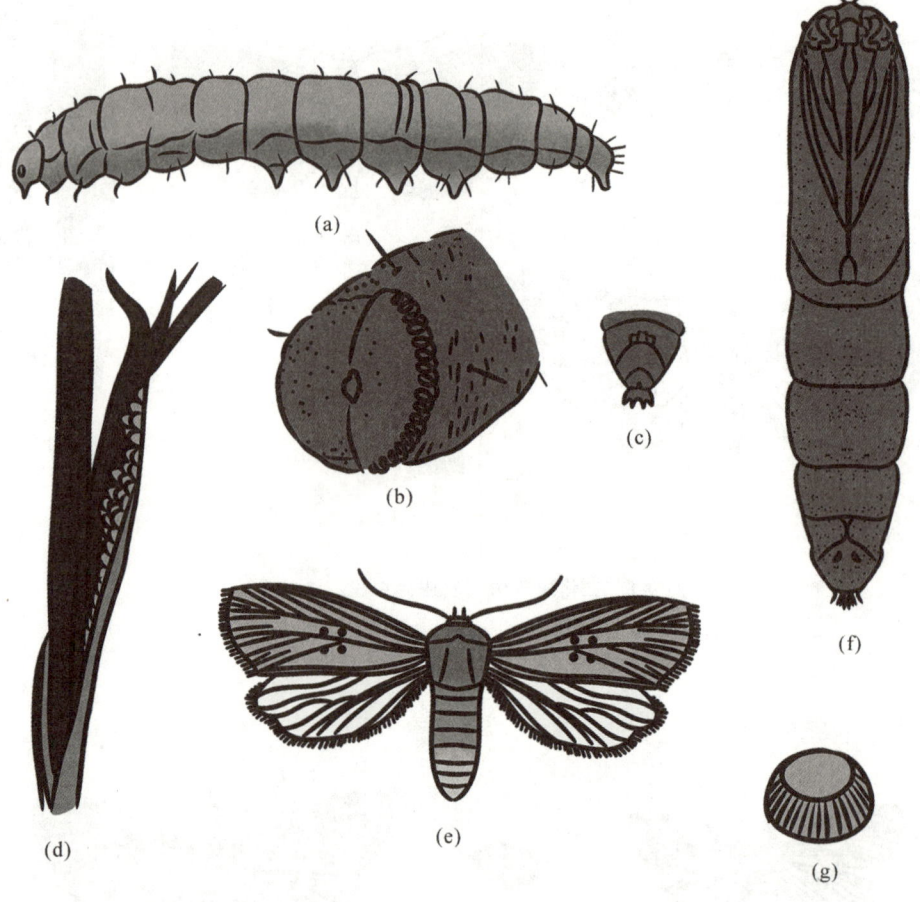

图 9-3　大螟（仿《农业昆虫学》洪晓月）

（a）幼虫；（b）幼虫腹足趾钩；（c）雄蛹腹部末端；（d）产在叶鞘内的卵；（e）成虫；（f）雄蛹；（g）卵

② 二化螟。成虫雄蛾体长 10～12 mm，翅展 20～25 mm，头胸部灰黄褐色，前翅黄褐色或灰褐色有褐色小点及紫黑色斑点，后翅白色带淡黄褐色；雌蛾体长 12～15 mm，翅展 25～31 mm，头、胸部及前翅黄褐色，后翅白色有绢丝光泽。卵扁平椭圆形，鱼鳞状单层排列，初产乳白色，后变茶褐色至黑色。幼虫通常 6 龄，少部为 5 龄或 7 龄，2 龄及以上幼虫腹部背面有 5 条暗褐色纵线，老熟幼虫腹足具 51～56 个趾钩。蛹长 11～17 mm，圆筒形，初淡黄色后红褐色，第 10 腹节末端宽阔，两侧各 3 对角突，背面有三角突起。

③ 大螟。成虫体长 12～15 mm，翅展 27～30 mm，头胸部淡黄褐色，腹部淡黄色，前翅淡褐黄色具暗褐纵纹及上下各 2 个小黑点，后翅银白色，雄蛾触角栉齿状，雌蛾丝状。卵扁球形，直径 0.5 mm，高 0.3 mm，表面有放射状细隆线，初产乳白

色，后渐变为黑色，卵块带状排列。老熟幼虫体长约 30 mm，体型粗壮，头红褐色，胸部淡黄色，背面带紫红色，腹足趾钩 12～15 个列成中带。蛹长 13～18 mm，初期乳白色，后变赤黑色，头部覆白粉，左右翅芽相接，足不伸翅外，腹部末端有 4 突起。

（2）为害特点

三化螟、二化螟和大螟是亚洲热带至温带南部的重要水稻害虫，国内广泛分布于长江流域及其以南主要稻区。三化螟多在以双季稻为主的混栽平原地区、沿海、沿江平原地区为害严重，二化螟在丘陵山区发生较多，大螟多在湖区和山区为害一季晚稻为主。

三化螟为单食性害虫，只为害水稻。二化螟和大螟食性比较杂，除为害水稻外，还为害小麦、玉米、高粱、甘蔗、茭白、粟、蚕豆等作物，也取食稗草、芦苇、游草等。3 种螟虫均以幼虫钻蛀稻株叶鞘和茎秆中取食，形成多种为害状，其中最明显的是造成枯心和白穗，对水稻产量影响较大。

（3）发生规律

二化螟在我国南北稻区均普遍发生。幼虫在稻桩、稻草及其他杂草上越冬，春季气温回升后开始化蛹、羽化。成虫具有趋光性和趋向嫩绿稻株产卵的习性，在水稻分蘖期和孕穗期产卵较多。幼虫蛀食水稻茎秆，造成枯心苗、枯孕穗、白穗等危害。

三化螟主要分布在我国长江流域及以南地区。以幼虫在稻桩内越冬，每年发生代数因地区而异。成虫喜欢在生长嫩绿的水稻上产卵，幼虫孵化后蛀入水稻茎秆，形成枯心苗和白穗。

大螟在长江以南地区发生较为严重。幼虫可在稻桩、其他寄主残株和杂草根际越冬，成虫产卵趋向粗壮高大植株。幼虫为害水稻，造成枯心、枯鞘等症状。

二、稻飞虱

稻飞虱又名稻虱。属半翅目，飞虱科。稻田及其附近的禾本科杂草上的飞虱有十多种，其中为害水稻的主要是褐飞虱（*Nilaparvata lugens*）和白背飞虱（*Sogatella furcifera*）。褐飞虱（图 9-4）喜温暖潮湿气候，分布偏南方，是南方水稻的主要害虫之一。白背飞虱分布较褐飞虱广，除了取食水稻外，还取食小麦、大麦、玉米、游草等。

（1）形态特征

① 褐飞虱。成虫具长翅和短短两种类型，整体呈褐色且具光泽，长翅型体长4～5 mm，短翅型雌虫体长 3.5～4 mm、雄虫 2.2～2.5 mm。卵呈香蕉形，初产时乳白色至淡黄色，排列于植物组织内呈行状，卵帽稍露出产卵痕，呈近短椭圆形。若虫共 5 龄，初孵时淡黄白色，后变为褐色，5 龄若虫第 3、4 节腹节背面各有一个明显的白字形浅斑。

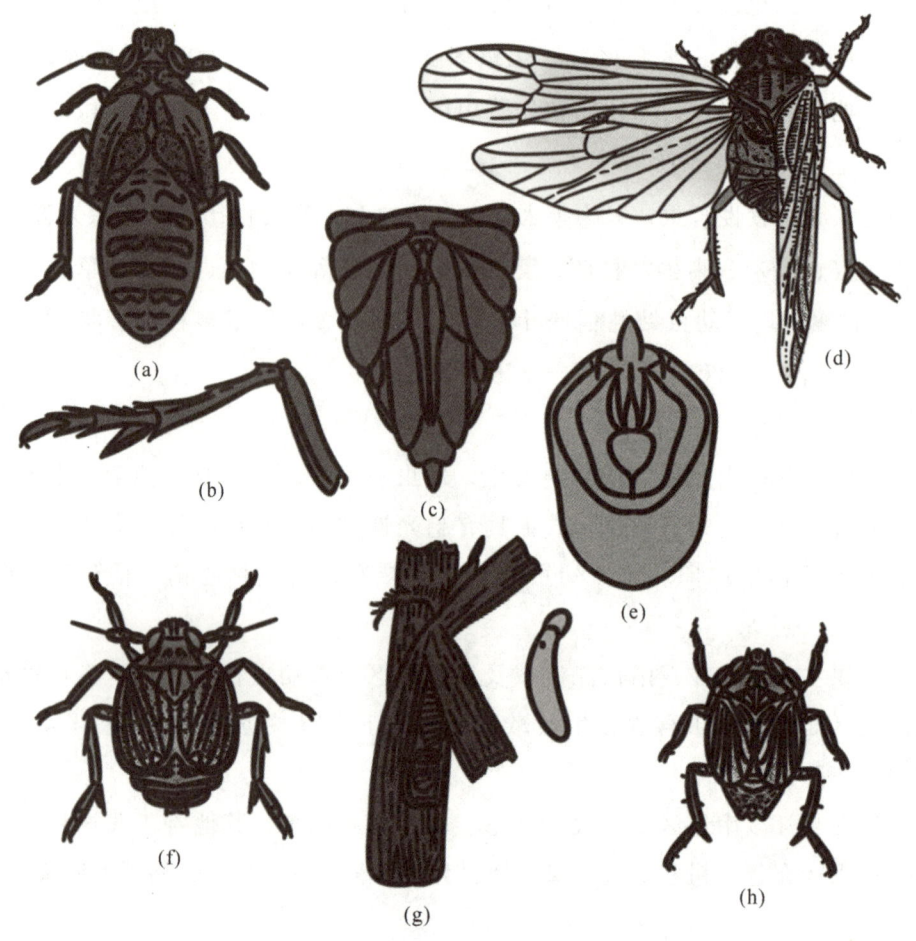

图 9-4　褐飞虱（仿《农业昆虫学》洪晓月）

(a) 5 龄若虫；(b) 后足放大；(c) 雌性外生殖器；(d) 长翅型成虫；(e) 雄性外生殖器；

(f) 短翅型雌虫；(g) 水稻叶鞘内的卵块及卵的放大产于叶鞘中的卵块；(h) 短翅型雄虫

② 白背飞虱（图 9-5）。成虫有长翅和短翅两型。长翅型体长（连翅）3.8～4.6 mm；短翅型体长 2.5～3.5 mm。雄虫淡黄色，具黑褐斑，雌虫大多黄白色。卵长 0.8～1 mm，长椭圆形，稍弯曲，一端稍大，卵块中卵粒呈单行排列，卵帽不外露，外表仅见褐色条状产卵痕。若虫体淡灰褐色，背有淡灰色云状斑，共 5 龄。1 龄体长 1 mm 左右，末龄体长约 2.9 mm，3 龄见翅芽。从 3 龄腹部第 3、4 节背面各有 1 对乳白色近三角形斑纹。

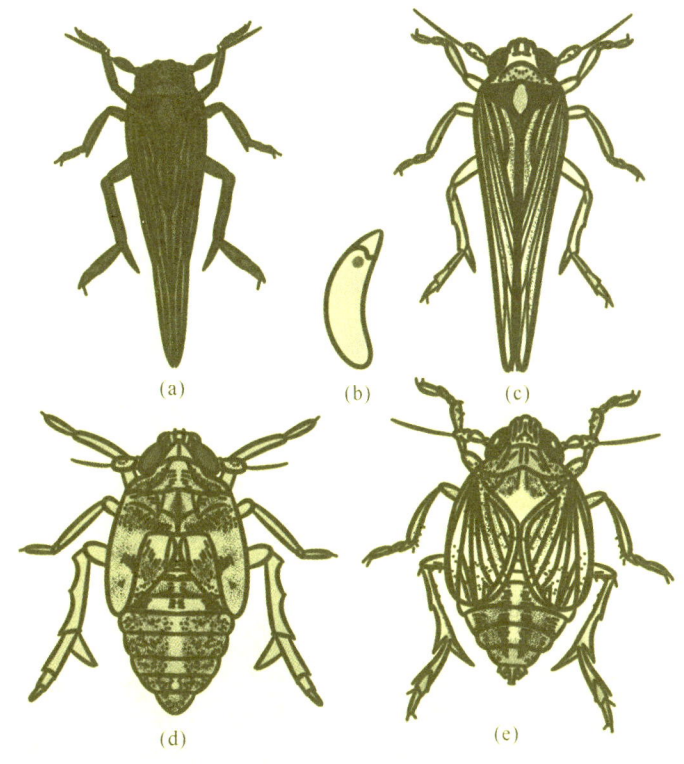

图 9-5　白背飞虱

(a) 长翅型雌成虫；(b) 卵；(c) 长翅型雄成虫；(d) 短翅型雌成虫；(e) 第 5 龄若虫

(仿《农业昆虫学》洪晓月)

（2）为害特点

褐飞虱主要为害水稻和野生稻，成虫和若虫群集于稻丛基部刺吸汁液，被害处初呈黄色斑，后枯萎，严重时致水稻倒伏、枯死，影响产量。高温多雨、温暖湿润的环境利于其繁殖，水稻生长中后期为害重。白背飞虱食性较广，成虫和若虫取食水稻叶片，致叶片出现黄斑或枯死，影响光合作用和生长。高温多雨天气易大发生，与褐飞虱不同的是，白背飞虱若虫多生活在稻丛下部，栖息位置相对较高，其为害在水稻分蘖盛期、孕穗、抽穗期较重。

（3）发生规律

褐飞虱在我国南方稻区发生较为严重，也是喜温性害虫，盛夏不热、晚秋不凉、夏秋多雨的气候条件有利于其发生。在水稻孕穗期至乳熟期，褐飞虱吸食水稻植株汁液，易导致水稻倒伏、减产甚至绝收。

白背飞虱每年发生代数因地区而异，在南方稻区发生代数较多。其具有长距离迁飞的特性，通常在春季从南方热带地区随气流向北迁飞至水稻种植区。一般在水稻的分蘖期至孕穗期为害较重，适宜温度为 22～28 ℃，相对湿度 80% 以上，田间小气候高温高湿且水稻植株生长茂密时，易大量发生。

三、稻纵卷叶螟（*Cnaphalocrocis medinalis*）

（1）形态特征

稻纵卷叶螟俗称卷叶虫（图9-6），亦被称作刮青虫、白叶虫等。它隶属于鳞翅目螟蛾科，成虫体长7～9 mm，翅展12～18 mm，翅黄褐色，前、后翅外缘有黑褐色宽边，前翅前缘暗褐色，有内、中、外3条黑褐色暗纹，雄蛾前翅前缘中央具1黑色眼状纹。卵长1毫米左右，近椭圆形，扁平，中部稍隆起，表面具细网纹，初产时乳白色，后渐变浅黄色。幼虫共5—7龄，多数5龄，末龄幼虫体长14～19 mm，头褐色，体黄绿色至绿色，老熟时为橘红色，中、后胸背面具8个小黑圈。蛹体长7～10 mm，圆筒形，末端尖削，具8个钩刺，初为淡黄色，后变为红棕色至褐色。

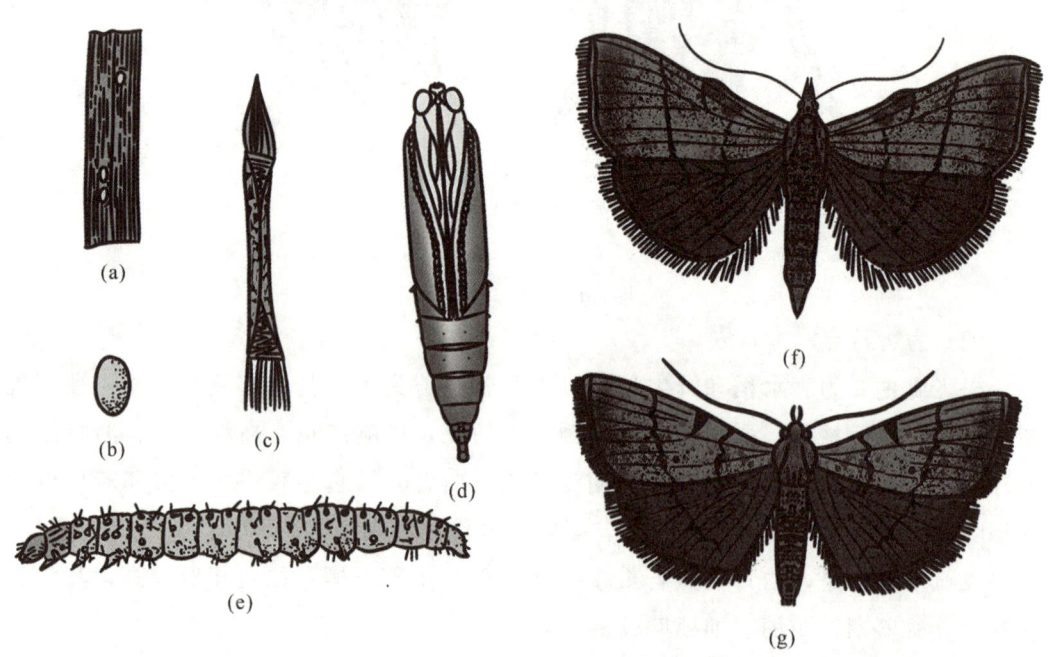

图9-6　稻纵卷叶螟（仿《农业昆虫学》洪晓月）
（a）稻叶上的卵；（b）卵；（c）稻叶被害状；（d）蛹；（e）幼虫；（f）雌成虫；（g）雄成虫

（2）为害特点

稻纵卷叶螟主要为害水稻，此外，小麦以及各稻区的芦苇、游草、稗草、狗尾草等禾本科植物也是其寄主。该害虫以幼虫吐丝卷苞的方式进行为害，幼虫在苞内啃食稻叶的上表皮及叶肉，仅留下下表皮，从而形成白苞。

成虫昼伏夜出，喜荫蔽和潮湿，有趋光性，喜吸食花蜜。成虫羽化后2天常选择生长茂密的稻田产卵，历时 3～4 天，产卵位置因水稻生育期而异，卵多产在叶片中脉附近。幼虫孵化后，初孵幼虫大部分钻入心叶为害，2 龄后在叶上结苞，3 龄后开始转叶为害，纵卷叶片，形成明显虫苞，进入 4～5 龄后频繁转苞为害，食量增大。幼虫老熟后在稻丛基部黄叶及无效分蘖嫩叶上结茧化蛹。

该虫喜温暖、高湿，气温 22～28 ℃、相对湿度高于 80％利于其生长发育、繁殖。6—9 月雨日多、湿度大的环境有利于其发生。田间灌水过深、施氮肥偏晚或过多，引起水稻徒长，也会加重其为害。

第二节　水稻害虫综合防治技术

一、农业防治

（一）品种选择

（1）选用抗虫、抗病的水稻品种。例如，选择对螟虫有抗性的品种，其植株形态或生化特性可能使螟虫难以取食或繁殖；对稻飞虱具有抗性的品种，可能叶片表面结构不利于稻飞虱取食或其体内含有某些抗虫物质。

（2）合理布局品种，避免大面积种植单一品种，防止害虫因寄主单一而大量繁殖。

（二）栽培管理

（1）合理密植，保持田间良好的通风透光条件，可降低田间湿度，减少害虫滋生。过密的种植会导致田间郁闭，不仅影响水稻生长，还为害虫创造了适宜的栖息场所。

（2）科学施肥，平衡氮、磷、钾的施用，避免偏施氮肥。氮肥过多会使水稻植株生长嫩绿，易吸引害虫取食。增施磷、钾肥可增强水稻植株的抗虫性和抗逆性。例如，在基肥中适量增加磷、钾肥的比例，在水稻生长中后期根据植株长势合理追肥。

（3）适时晒田，通过调节土壤水分和氧气供应，促进水稻根系生长，增强植株活力，同时改变田间小气候，对害虫生存不利。一般在水稻分蘖后期进行适度晒田。

（4）清洁田园，及时清除稻田及周边的杂草。杂草是多种害虫的寄主和越冬场所，如稗草、游草等可为稻飞虱、稻纵卷叶螟提供食物和栖息环境。清除杂草可减少虫源基数。

二、物理防治

1. 灯光诱杀

在稻田安装黑光灯、频振式杀虫灯、风吸式杀虫灯等诱虫灯。稻飞虱、螟虫等害虫具有趋光性，会被灯光吸引而飞向诱虫灯。诱虫灯应安装在稻田开阔处，高度一般为1.5~2米，根据害虫发生情况，在成虫羽化高峰期开灯诱杀。

2. 性诱剂诱杀

利用害虫的性信息素制作性诱剂诱芯。对于螟虫和稻纵卷叶螟，可在田间设置性诱剂诱捕器，大量诱捕雄虫，干扰其交配，降低害虫的繁殖率。性诱剂诱捕器应合理布局，一般每亩设置3~5个，定期更换诱芯以保证诱捕效果。

三、生物防治

稻田中有多种害虫天敌，如蜘蛛、青蛙、寄生蜂等。保护这些天敌可以有效控制害虫种群数量。应减少广谱性农药的使用，避免杀伤天敌。在稻田中可适当保留一些水生植物，为天敌提供栖息和繁殖场所。例如，蜘蛛是稻飞虱的重要捕食性天敌，青蛙可捕食多种害虫。通过保护稻田生态环境，增加天敌数量，可对害虫起到自然控制作用。

选用对环境友好的生物农药进行防治，如苏云金杆菌（Bt）对螟虫有较好的防治效果，阿维菌素对稻纵卷叶螟有一定的防治作用，白僵菌可用于防治稻飞虱等害虫。生物农药应在害虫发生初期使用，按照规定的浓度和方法进行喷施。

四、化学防治

（1）防治稻飞虱：应在低龄若虫高峰期进行防治。一般可通过田间调查研究害虫数量，当若虫数量达到防治指标（如每百丛虫量1000~1500头）时及时施药。防治稻飞虱可选用吡虫啉、噻虫嗪、呋虫胺等药剂。这些药剂具有内吸性，可有效杀灭稻飞虱。

（2）防治螟虫：在幼虫孵化高峰期至低龄幼虫期施药防治效果较好。可根据当地植保部门的预测预报，结合田间调查，准确把握防治时机。防治螟虫可选用氯虫苯甲酰胺、甲维盐等药剂。氯虫苯甲酰胺对螟虫有特效，且持效期长。

（3）防治稻纵卷叶螟：应在卵孵化高峰期至低龄幼虫期（1～2龄）施药。此时幼虫集中在叶片上为害，尚未卷叶，药剂容易接触到虫体，防治效果显著。防治稻纵卷叶螟可选用茚虫威、虫螨腈等药剂。茚虫威具有触杀和胃毒作用，对稻纵卷叶螟防治效果好。

应严格按照农药使用说明书的剂量和方法进行喷施，避免随意加大药量。同时，要注意药剂的轮换使用，防止害虫产生抗药性。

应采用正确的施药方法，如喷雾时要均匀周到，确保药液覆盖到水稻植株的各个部位。在施药时，要注意保护施药人员的安全，避免农药中毒事故的发生。

水稻螟虫类、稻飞虱类和稻纵卷叶螟类害虫的综合防治应采取多种措施相结合，根据不同地区的实际情况和害虫发生特点，制定合理的防治方案，以达到经济、有效。

第十章　蔬菜害虫防治技术

蔬菜害虫无疑是蔬菜栽培过程中的一个严峻挑战。它们形态多样、习性各异，却无一例外地对蔬菜作物构成严重威胁。因此，采取有效的防治措施，制定综合管理策略，对于保障蔬菜的健康成长和提高农业可持续性具有重要意义。这需要我们不断地探索和应用生物防治、物理防治和化学防治等多种方法，以科学、环保的方式减少害虫对蔬菜作物的危害。

第一节　蔬菜害虫种类及其发生规律

一、蚜虫

（1）形态特征

① 桃蚜。成虫体长约 2 mm，体色黄绿或红褐，触角 6 节，腹管长管状，尾片圆锥形；无翅型体卵圆形，有翅型具透明翅两对，翅痣明显。

② 萝卜蚜。成虫约 2 mm，体色灰绿或黄绿，被白粉；触角 6 节，腹管短筒状，尾片圆锥形，灰黑色；有翅型翅脉黑褐色，无翅型体卵圆。

③ 甘蓝蚜。成虫体长 2.1～2.6 mm，呈纺锤形，体色暗绿至黑绿，被蜡粉。触角 6 节，短于体长，第 3～6 节具次生感觉圈。腹管短圆筒形，尾片圆锥形，各有 7～9 根弯曲刚毛。无翅蚜体色较深，有翅蚜翅脉镶黑边，前翅中脉分叉一次，腹部具深绿色横带。

（2）为害特点

蚜虫（图 10-1）通过刺吸式口器吸取蔬菜的汁液，这一行为会导致叶片出现卷曲、皱缩和变黄的现象，从而妨碍了植物的光合作用。因此，受害植株的生长往往会变得缓慢，植株也会变得矮小。此外，蚜虫分泌的蜜露像一层黏腻的覆盖物，附着在叶片和果实的表面，这不仅影响了蔬菜的外观，还可能诱发煤污病，进一步影响蔬菜的品质。同时，蚜虫还是多种病毒性疾病的传播者，包括黄瓜花叶病毒和烟草花叶病毒等。这些病毒的传播给蔬菜生产带来了更为严重的损失，不仅影响了作物的产量，还可能导致整个作物的病害流行，对农业生产构成了重大威胁。因此，对蚜虫的有效管理是蔬菜种植中不可或缺的一部分，以确保作物的健康生长和农业生产的可持续性。

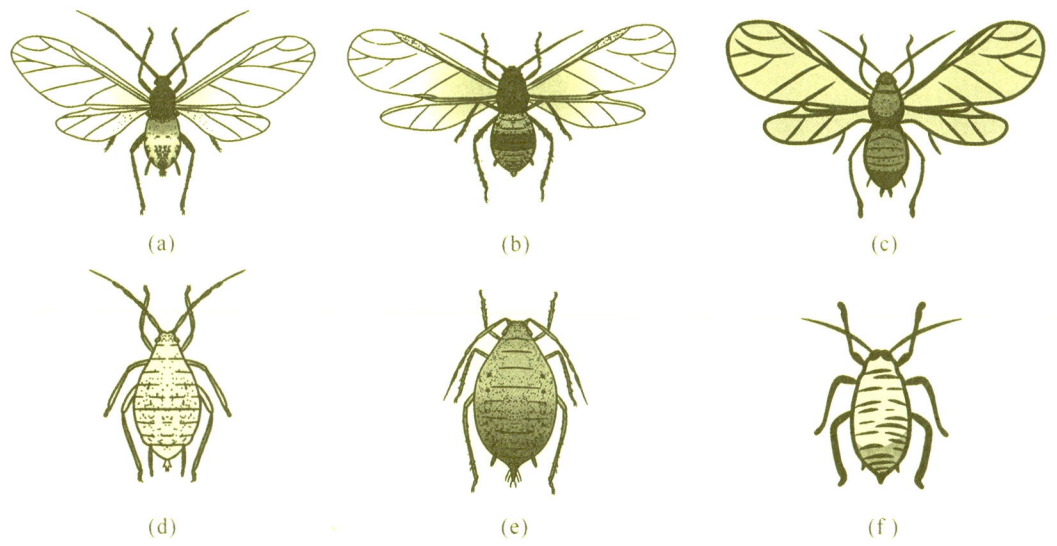

图 10-1　蚜虫（仿《农业害虫防治技术》刘宗亮）

(a) 有翅桃蚜成虫；(b) 有翅萝卜蚜成虫；(c) 有翅甘蓝蚜成虫；(d) 无翅桃蚜成虫；

(e) 无翅萝卜蚜成虫；(f) 无翅甘蓝蚜成虫

（3）发生规律

蚜虫具有惊人的繁殖能力，一年内能够产生多代后代。在适宜的温湿度环境中，它们的繁殖速度尤为迅猛，通常情况下，仅需 57 天就能完成一个生命周期的轮回。春季和秋季是蚜虫活动的高峰期。随着春季气温回暖，那些熬过寒冬的蚜虫开始活跃起来，进入繁殖模式；而秋季的凉爽气候则为蚜虫的生长和繁殖提供了理想的条件。

蚜虫偏好温暖而干燥的环境，当温度在 15～25 ℃、相对湿度在 50%～70% 时，它们的种群数量会急剧增加并且往往成群结队地聚集在蔬菜的嫩梢、嫩叶和花蕾等部位，特别是在叶片的背面和嫩茎上，它们的存在对植物的健康成长构成了严重威胁。因此，对于蔬菜种植者来说，识别和控制蚜虫的高峰期至关重要，以保护作物免受这些小害虫的侵害。

二、温室白粉虱（*Trialeurodes vaporariorum*）

（1）形态特征

温室白粉虱成虫体长 1.3～1.5 mm，体淡黄色，翅覆白色蜡粉；复眼红褐色，喙 3 节，触角丝状，7 节。翅脉简单，前翅具 2 条纵脉，后翅退化。若虫共 4 龄，扁平椭圆形，淡黄绿色；1 龄有足可动，2 龄后，足退化固着，4 龄后半期形成伪蛹，椭圆形，乳白色，背部隆起，体背具蜡刺，末端有 1 对明显尾须。卵长约 0.2 mm，初淡黄色后变黑色，表面覆蜡粉，具卵柄。

（2）为害特点

温室白粉虱（图 10-2）通常以成虫和幼虫的形式，倾向于群集在蔬菜叶片的背面，通过吸食植物的汁液为生。这种行为导致叶片逐渐失去活力，转而变黄、萎蔫，严重的情况下，甚至可能导致整个植株枯死。粉虱不仅对植物造成直接的损害，它

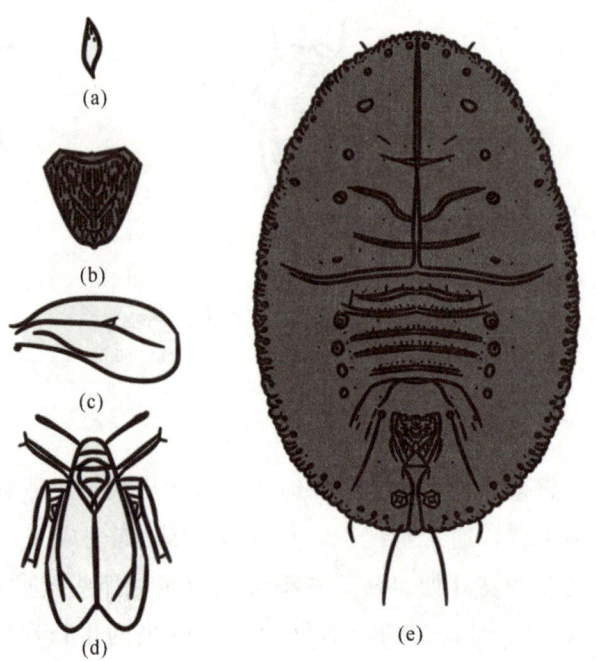

图 10-2　温室白粉虱（仿《农业昆虫学》洪晓月）

（a）卵；（b）管状孔；（c）前翅；（d）成虫；（e）伪蛹背面观

们分泌的蜜露还会影响蔬菜的光合作用，从而引发煤污病，进一步损害了蔬菜的外观和品质。与此同时，粉虱还是一些病毒性疾病的传播者，例如番茄黄化曲叶病毒等。它们在传播病毒的过程中，对蔬菜生产构成了严重的威胁，不仅影响了作物的产量和品质，还可能对农业生产造成广泛的经济损失。因此，对粉虱的有效管理是蔬菜种植中不可忽视的一环，需要采取适当的防治措施来保护作物的健康和提高农业生产的安全性。

（3）发生规律

温室白粉虱一年内能够产生多代，且世代之间重叠严重，这使得它们成为蔬菜种植中的一大难题。在温室这种受控环境中，白粉虱几乎全年无休地对作物构成威胁，而在露天种植的蔬菜上，它们通常在7月底至9月下旬达到危害的高峰期。成年的白粉虱展现出了明显的趋黄性，它们倾向于停留在黄色的物体上，这一点可应用于在诱捕策略。这些粉虱在温暖且干燥的条件下最为活跃，当环境温度在25～30 ℃、相对湿度在60%～80%时，它们的繁殖速度会达到顶峰。因此，为了有效控制白粉虱的数量，应监测和调整温室内的温度和湿度，以及采取针对性的管理措施，这对于保护作物免受其侵害至关重要。

三、茶黄螨（*Polyphagotarsonemus latus*）

（1）形态特征

雌成螨体长约0.2 mm，宽椭圆形，淡黄色至橙黄色，足4对，第4足纤细具长毛；雄螨略小，尾端有一锥形吸盘。卵近圆形，半透明，表面具6行白色疣突。幼螨近椭圆形，淡绿色，3对足，行动迟缓。若螨4对足，体背微毛。

（2）为害特点

茶黄螨是一种对蔬菜的嫩梢、嫩叶、花和幼果造成严重威胁的害虫。它们的侵害导致受害部位出现黄褐色至灰褐色的病变，使得叶片变得厚实、尺寸缩小、质地硬化。在较为严重的情况下，叶片可能会发生扭曲和畸形，整株植物的生长受到抑制，导致植株变得矮小。

（3）发生规律

茶黄螨（图10-3）一年内能够繁衍出众多代。它们在高温和干燥的环境中尤为活跃，然而，当温度攀升至30 ℃以上、湿度超过70%时，螨类的活动会受到抑制，不利于它们的生长和繁殖。在氮肥施用较多的情况下，蔬菜生长得更为茂盛，叶片呈现出嫩绿的色泽，这种状况更容易吸引螨类前来取食。因此，在嫩叶中螨类的发生率较高，而老叶片上的情况则更为严重。螨类通常在蔬菜叶片的背面活动，这使

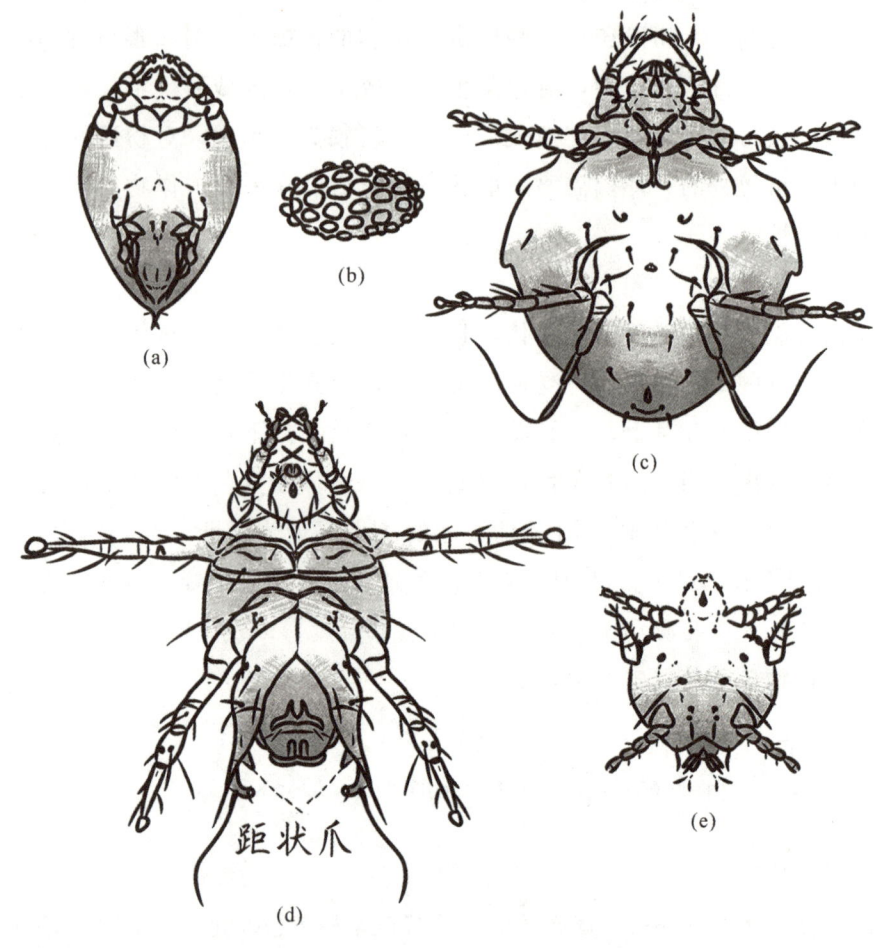

图 10-3　茶黄螨

(a) 若螨；(b) 卵；(c) 雌成螨；(d) 雄成螨；(e) 幼螨

(仿《农业害虫防治技术》刘宗亮)

得它们在初期不易被察觉。往往等到它们造成的危害变得明显时，情况已经相当严重。因此，对于蔬菜种植者来说，定期检查叶片的背面，及早发现螨类的活动迹象，对于控制其数量和减少损失至关重要。

四、鳞翅目害虫

（1）形态特征

① 小菜蛾（图 10-4）。成虫体长 6～7 mm，翅展 12～15 mm。头部黄白色，胸、腹的背部呈灰褐色。翅狭长，具长缘毛。前翅前半部灰褐色，中央一条纵向的黑色波纹状，后半部分未灰白色。成虫静息状态时体背呈屋脊状，前翅灰白色部分连接

形成 3 个连串的斜方块。卵长约 0.5 mm，宽 0.3 mm，淡黄绿色，椭圆形且表面光滑；大部分为散产，少数会出现堆产。幼虫共 4 龄，老熟幼虫体长 9 mm，两头尖细，呈纺锤形；前胸背板有淡褐色小点组成两个 U 形纹。蛹体包裹在白色薄茧中，蛹初期为淡黄色，接近羽化时变褐色。

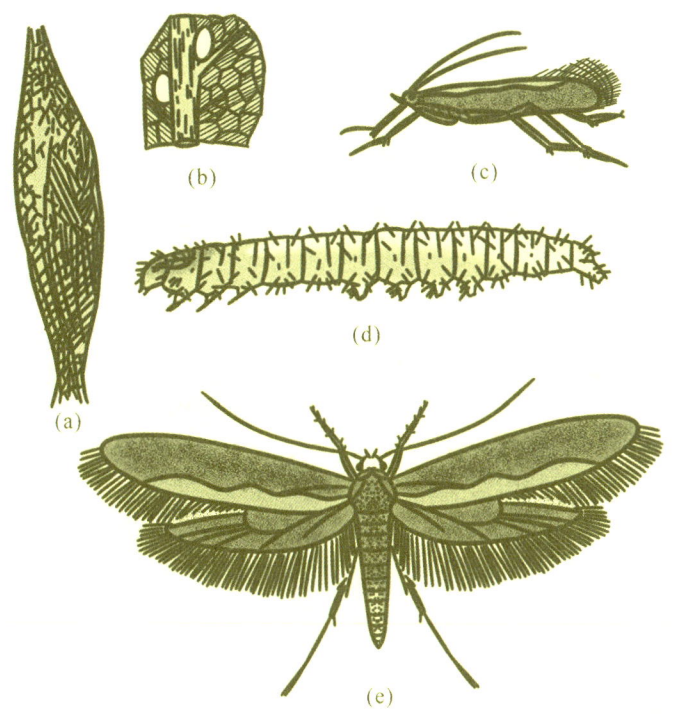

图 10-4　小菜蛾（仿《农业昆虫学》洪晓月）
(a) 茧；(b) 卵；(c) 雌成虫；(d) 幼虫；(e) 雄成虫

② 菜粉蝶（图 10-4）。成虫体长 12～20 mm，翅展 45～55 mm。翅整体呈白色，雌蝶前翅前缘和基部大部分灰黑色，顶角 1 个大三角形黑斑，中室的外侧有两个 2 个黑色圆斑，后翅基部灰黑色，前缘也有 1 个黑色斑。雄蝶体略小，翅面黑色部分也较少，前翅的两个黑斑仅前面的 1 个明显。菜粉蝶的春型成虫翅面黑斑小或消失，夏型翅面黑斑显著，颜色鲜艳。卵长约 1 mm，宽 0.4 mm，呈竖立瓶状，由初产时淡黄色逐渐转为橙黄色，孵化前则变为紫灰色。幼虫全身青绿色，具淡黄色背线；体密布细小黑色毛瘤，上生细毛。蛹长 18～21 mm，体色会随着化蛹时的附着物而异；蛹体两头细，纺锤形，头部前端有 1 个短而直的管状突起。

（2）为害特点

鳞翅目害虫以幼虫形态对蔬菜的叶片和果实进行啃食，其中一些种类以其驻食习性而闻名，即它们会在一处持续取食直至食物耗尽。小菜蛾和菜粉蝶是十字花科蔬菜的两大敌手，它们的幼虫以叶片为食，造成叶片上出现孔洞和缺刻。在严重侵

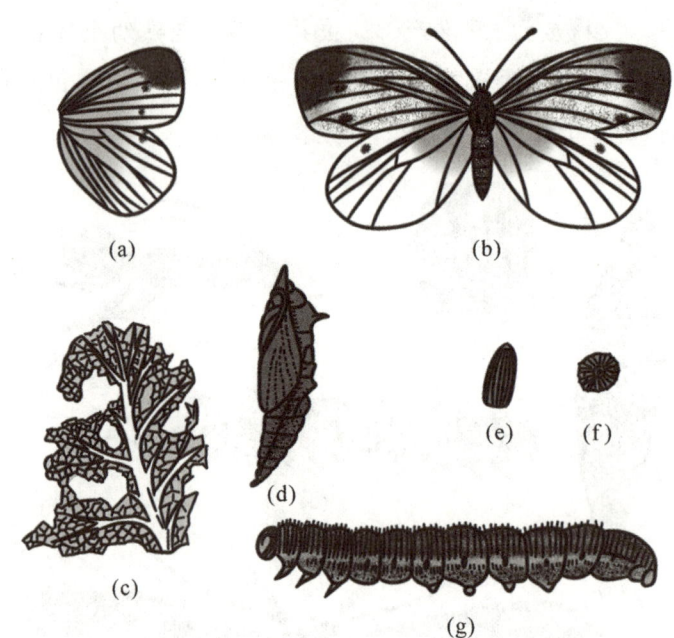

图 10-5　菜粉蝶（仿《农业昆虫学》洪晓月）

（a）雄成虫前翅和后翅；（b）雌成虫；（c）被害状；（d）蛹；（e）卵侧面；（f）卵正面；（g）幼虫

害下，蔬菜的叶片可能只剩下叶脉，严重影响了植物的光合作用和生长。这些害虫的幼虫具有暴食性，能够在极短的时间内将大片的蔬菜叶片一扫而空，给蔬菜生产带来灾难性的损失。

（3）发生规律

鳞翅目幼虫的种类繁多，它们的发生规律虽各有差异，但大多偏爱在气候温和的季节里繁殖。菜青虫往往在春季和秋季出现较为严重的爆发，而小菜蛾幼虫则在夏季至秋季期间活动更为频繁。这些幼虫在成长过程中会经历不同的龄期，初期的低龄幼虫食量相对较小，但随着它们逐渐成熟，食量也会随之增加。因此，在幼虫达到 3 龄之前进行防治工作，往往能取得较为理想的效果，这是因为在这个阶段它们的耐药性和迁移能力相对较弱。

▌五、黄曲条跳甲（*Phyllotreta striolata*）

（1）形态特征

黄曲条跳甲（图 10-6）的成虫体长约 2 mm，体黑色，鞘翅具哑铃状黄色纵条，前胸及鞘翅具刻点，后足腿节膨大善跳，雌虫略大于雄虫；卵椭圆，约 0.3 mm，淡黄色或乳白色；幼虫圆筒状，体长约 4 mm，淡黄色，头褐尾细；蛹椭圆状，约 2 mm，具刚毛，腹末有叉突。

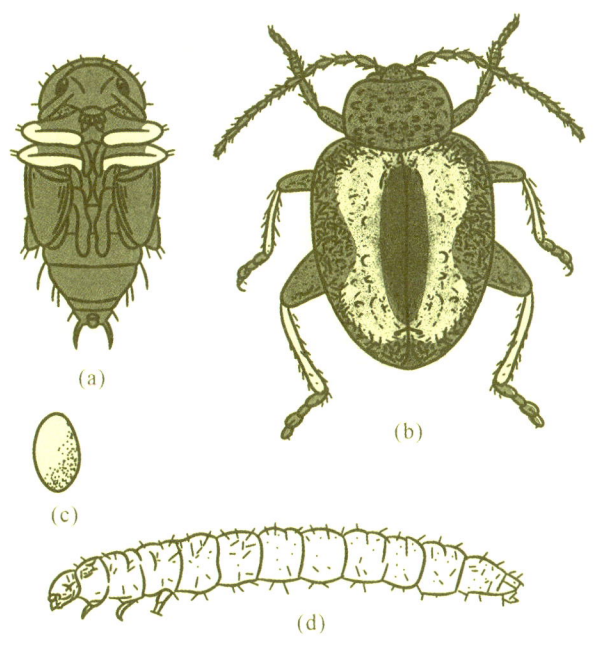

图 10-6　黄曲条跳甲（仿《农业昆虫学》洪晓月）

（a）蛹；（b）成虫；（c）卵；（d）幼虫

（2）为害特点

黄曲条跳甲成虫以喜食蔬菜叶片而闻名，它们啃食叶片时留下的孔洞和缺刻不仅影响了植物的光合作用，严重的情况下（仅留下叶脉）还会导致叶片功能严重受损。这种对叶片的直接损害不仅降低了植物制造养分的能力，还可能抑制植物生长并损害其健康。与此同时，跳甲的幼虫在土壤中活动，它们通过咬食植物的根皮，降低了根系吸收水分和养分的能力。这种根部的损害会导致植物叶片从外向内逐渐变黄，最终导致整株植物因无法获取必要的水分和养分而枯萎死亡。

（3）发生规律。

黄曲条跳甲在春季和秋季对蔬菜作物的危害尤为严重，这两个季节的适宜温度为它们的繁殖和活动提供了理想条件。该害虫对十字花科蔬菜有着明显的偏好，它们在这些作物上取食，对不同品种的蔬菜表现出明显的选择性。此外，跳甲以其出色的跳跃能力和敏捷的行动而著称，这使得它们在蔬菜田间难以捕捉，给防治工作带来了额外的挑战。跳甲的这种快速逃逸能力要求在控制策略上采取更为细致和策略性的方法，以确保防控效果。

第二节　蔬菜害虫综合防治技术

蔬菜害虫综合防治技术是一套多维度、综合性的防治策略，旨在高效控制害虫，保障蔬菜的产量与品质，同时降低对环境的负面影响。

一、农业防治

（1）选用抗虫品种

不同蔬菜品种对害虫的抗性差异显著。在种植前，应充分调研当地主要害虫种类，精心挑选具有较强抗虫性的蔬菜。

例如，某些蔬菜的叶片表面生有特殊的毛茸结构，可阻碍害虫的取食与产卵；还有一些蔬菜能分泌特殊的化学物质，对害虫具有驱避作用。

（2）合理轮作

轮作是一种有效的农业防治措施，通过改变土壤中的微生物群落结构，减少害虫的越冬场所和食物来源。

例如，将十字花科蔬菜与非十字花科蔬菜进行轮作。十字花科蔬菜害虫较为常见，如菜青虫、小菜蛾等，与非十字花科蔬菜轮作后，这些害虫因缺乏适宜的寄主植物，数量会明显减少。

（3）清洁田园

及时清除田间的残株落叶、杂草等，能极大程度地减少害虫的栖息和繁殖场所。

在蔬菜收获后，务必将田间的病残体集中进行销毁处理。这些病残体可能携带害虫的卵、幼虫或蛹，若不及时清理，会成为下一季蔬菜害虫的重要虫源。

（4）合理施肥

科学合理的施肥可增强蔬菜植株的抗虫能力。应根据蔬菜的生长需求，精准施用有机肥、化肥和微量元素肥料，避免偏施氮肥。

偏施氮肥会使蔬菜植株生长过于嫩绿，容易吸引害虫取食。同时，要注意施肥的时间和方法，防止肥料烧伤蔬菜根系，影响蔬菜的正常生长发育。

（5）培育壮苗

培育壮苗是防治蔬菜害虫的重要基础。应选择无病虫害的种子，并进行严格的消毒处理。

在育苗过程中，要精细控制温度、湿度和光照等环境条件。避免幼苗徒长，因为徒长的幼苗往往较为柔弱，抗虫能力差；同时也要防止出现弱苗，弱苗容易成为害虫攻击的目标。

二、物理防治

（1）黄板诱杀

利用蚜虫、白粉虱等害虫对黄色的强烈趋性，在田间合理悬挂黄板，可高效诱杀害虫。

黄板可以自制，一般使用黄色的塑料板或硬纸板，涂上一层黏性物质即可。也可以购买成品黄板，这些黄板通常具有较好的黏性和耐久性。

将黄板悬挂在蔬菜植株上方约 20 cm 处，可根据害虫的发生情况调整悬挂密度。定期更换黄板，以保持良好的诱杀效果。

（2）银灰膜驱避

在田间铺设银灰膜，能够反射阳光，对蚜虫、白粉虱等害虫起到驱避作用。

银灰膜还具有抑制杂草生长的作用，可减少害虫的寄主植物，从而降低害虫的数量。

（3）防虫网覆盖

在蔬菜种植过程中，采用防虫网覆盖是一种有效的物理防治措施。防虫网的孔径一般为 20～30 目，可根据不同的害虫种类选择不同孔径的防虫网。

防虫网可以阻止害虫的侵入，同时还能起到一定的防风、防雨、保温作用，有利于蔬菜的生长发育。

（4）高温闷棚

在夏季高温季节，充分利用太阳能对土壤进行高温消毒。具体操作方法为：在蔬菜收获后，将土壤翻耕，然后覆盖塑料薄膜，密封棚室。使土壤温度升高到 50 ℃以上，并持续 15～20 天。高温可以有效杀死土壤中的病菌和害虫，减少下一季蔬菜害虫的发生。

三、生物防治

（1）保护和利用天敌

天敌是自然界中对害虫具有捕食、寄生或致病作用的生物。保护和利用天敌是生物防治的重要举措之一。

在蔬菜种植过程中，可以通过减少化学农药的使用、种植蜜源植物等方法，为天敌提供良好的生存环境。

例如，瓢虫是蚜虫的重要天敌，一只瓢虫一天可以捕食大量的蚜虫。草蛉、食蚜蝇等也是蚜虫的天敌，可以通过保护和利用这些天敌来控制蚜虫的数量。

（2）生物农药防治

生物农药是利用生物活体或其代谢产物制成的农药。与化学农药相比，生物农药具有对环境友好、对人畜安全、不易产生抗药性等优点。

在蔬菜害虫防治中，可以使用生物农药（如苦参碱、印楝素、苏云金杆菌等）进行防治。苦参碱是一种植物源农药，对蚜虫、红蜘蛛等害虫有较好的防治效果。印楝素是从印楝树中提取的一种生物农药，对多种害虫具有驱避、拒食和抑制生长发育的作用。苏云金杆菌是一种细菌农药，对鳞翅目害虫（如菜青虫、小菜蛾等）有特效。

▌四、化学防治

（1）科学合理用药

在蔬菜害虫防治中，化学农药仍然是一种重要的防治手段。但必须科学合理地使用化学农药，避免滥用和误用。

应根据害虫的发生情况，准确选择合适的农药品种。在选择农药时，要优先选择高效、低毒、低残留的农药，并严格按照农药使用说明书的要求进行使用。同时，要注意轮换使用不同种类的农药，以避免害虫产生抗药性。

（2）精准施药

采用精准施药技术，可以提高农药的利用率，减少农药的使用量。精准施药技术包括喷雾法、熏蒸法、土壤处理法等。

在施药过程中，要根据害虫的发生部位和危害特点，选择合适的施药时间和施药方法。例如，对于在叶片背面取食的害虫，可以采用喷雾时将喷头朝上的方法，确保药剂能够充分覆盖害虫。

总之，蔬菜害虫综合防治技术是一项系统工程，需要综合运用农业防治、物理防治、生物防治和化学防治等多种手段，相互配合，协同作战。只有这样，才能有效地控制害虫危害，确保蔬菜的产量和质量，同时降低对环境的不良影响。

第十一章　柑橘害虫防治技术

第一节　柑橘害虫种类及其发生规律

一、柑橘潜叶蛾（*Phyllocnistis citrella*）

（1）形态特征

柑橘潜叶蛾成虫银白色，体长约 2 mm。触角丝状，前翅披针形，翅基部有 2 条褐色纵纹，长为翅的一半，翅中有 1 个黑色"Y"形纹，翅尖缘毛形成一个黑色圆斑，后翅针叶形，缘毛极长，后足长，各足胫节末端均有 1 个大型距。幼虫呈淡黄色，纺锤形，扁平，头尖，胸腹部每节背面在背中线两侧各有 2 个凹孔，排列整齐，腹末尖细，具 1 对细长的尾状物。具体如图 11-1 所示。

（2）为害特点

以幼虫在柑橘嫩茎及嫩叶表皮下钻蛀为害，形成银白色弯曲的虫道，受害叶片卷曲、硬化，影响光合作用，严重时可使秋梢全部枯黄、树势减弱，被害叶片常是害螨、粉蚧、卷叶蛾等害虫的越冬场所，同时幼虫造成的伤口为溃疡病等病菌的侵入提供了途径。

（3）发生规律

一般一年发生 10 代左右，世代重叠。多数以蛹在叶缘卷褶内、少数以成熟幼虫在蛀道中越冬。幼虫通常在翌年 4 月至 5 月间开始为害春梢，一般受害轻，主要在夏、秋梢嫩叶期为害，高温多雨季节发生严重，以 6 月至 9 月夏、秋梢抽发盛期为害最严重，尤其是在 8 月下旬至 9 月下旬虫口密度最大。10 月以后，发生数量下降。完成 1 代约需 20 天。

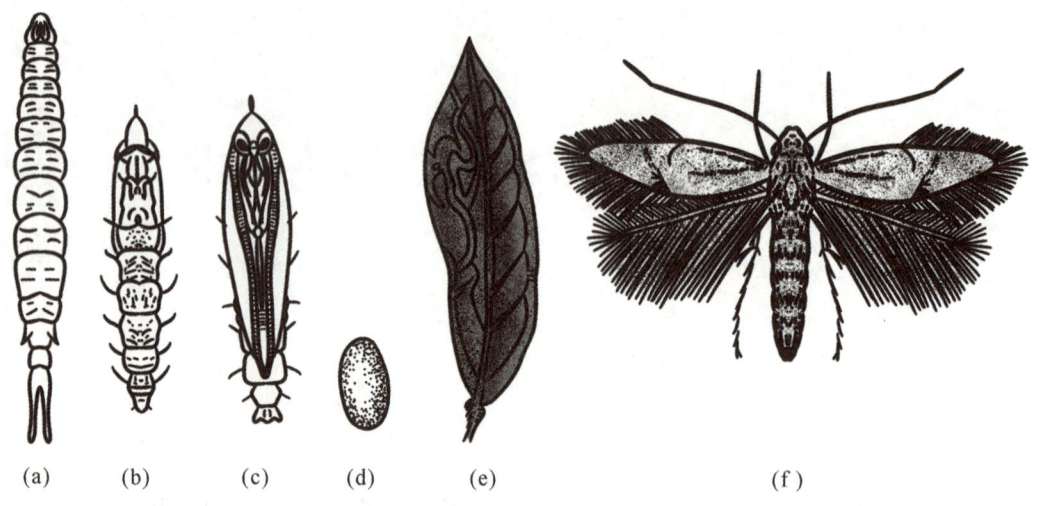

(a)　　　(b)　　　(c)　　　(d)　　　(e)　　　　　　　(f)

图 11-1　柑橘潜叶蛾（图解《农业昆虫学》洪晓月）
(a) 幼虫；(b) 蛹背面；(c) 蛹腹面；(d) 卵；(e) 叶片被害状；(f) 成虫

二、柑橘木虱（*Diaphorina citri*）

（1）形态特征

成虫体型较小，体长 2.8～3.2 mm，青灰色，体表密布褐色斑，薄被白粉。头部突出，灰褐色，有 3 个褐色斑点，品字形排列。触角 10 节，灰黄色，端部 2 节黑色，末端有硬毛 2 根。前翅半透明，散布褐色斑纹，近外缘有 5 个透明斑。后翅无色透明。若虫共 5 龄，扁椭圆形。1 龄若虫背面略隆起，体黄色，复眼红色。自 2 龄开始具翅芽。腹部周缘分泌有短蜡丝。3 龄后各龄后期体色变黄褐相间。5 龄若虫体长约为 1.6 mm。卵长约 0.3 mm，芒果形，橙黄色，表面光滑，具 1 根短柄，插于嫩芽组织中。具体如图 11-2 所示。

（2）为害特点

柑橘木虱主要为害芸香科植物，包括柑橘属、金橘属和枳属在内的柑橘类果树，以及九里香、黄皮等。以刺吸式口器刺入叶片和嫩芽吸取汁液，成虫集中在嫩叶上，若虫则群集于嫩梢幼叶和新芽上，使叶片扭曲畸形，严重时使新芽枯萎枯死，同时排出白色蜡丝状排泄物，沾湿枝叶，诱发煤烟病。此外，柑橘木虱还是柑橘黄龙病的传播媒介，常造成严重的经济损失。

（3）发生规律

一年发生 7～14 代，世代重叠。在广东一年发生 8～14 代，在浙江一年发生 5～7 代，在广西一年发生 7～14 代。适宜温度为 20～30 ℃，高温干旱或低温多雨对其

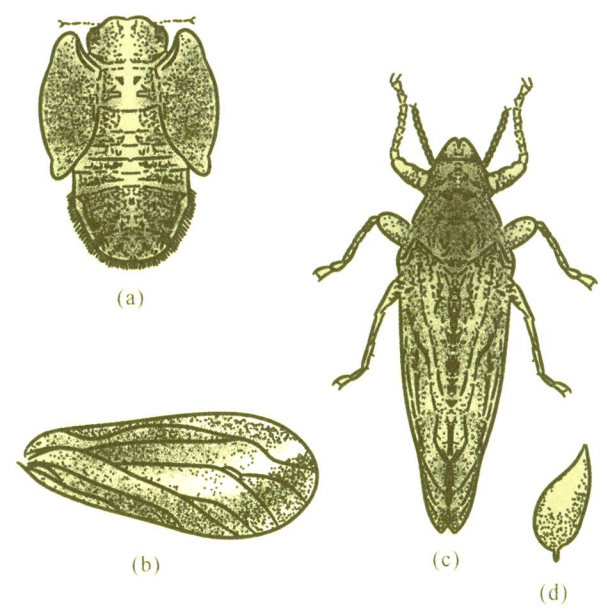

(a)

(b)　　　　　　　　　　(c)

(d)

图 11-2　亚洲柑橘木虱（仿《农业昆虫学》洪晓月）

(a) 若虫；(b) 成虫前翅；(c) 成虫；(d) 卵

发生不利。主要以成虫在寄主植物的叶背处群集越冬，于翌年 3 月上、中旬开始活动、交尾和产卵。成虫将卵产于嫩芽或幼嫩叶片上，若无嫩芽或嫩叶，则一般不产卵。第 1 代发生于 3 月中旬至 5 月上旬，末代发生于 10 月上、中旬到 1 月下旬或 12 月上旬。成虫喜在空旷透光处活动，并在叶片背面叶脉上和嫩芽上栖息。柑橘木虱是黄龙病的媒介昆虫，黄龙病的发生流行与柑橘木虱的发生关系密切。在树冠稀疏的果树、弱树、病树（尤其黄龙病树）上虫口密度特别大。

三、柑橘蚧壳虫

为害柑橘的蚧壳虫种类较多，其中为害比较严重的主要有盾蚧科的矢尖蚧（*Unaspis yanonensis*）、褐圆蚧（*Chrysomphalus aonidum*）、蜡蚧科的红蜡蚧（*Ceroplastes rubens*）和绵蚧科的吹绵蚧（*Lcerya purchasi*）。它们有多种形态，常见的有圆形、椭圆形等，体表覆盖有蜡质层。

（1）形态特征

① 矢尖盾蚧（图 11-3）。无翅雌虫体长形，胸长腹短，前、中胸分节明显，第 1～2 腹节边缘突出。有翅雄虫橘黄色，腹部末端有针状交尾器。雌蚧壳细长，前尖后宽，紫褐色，有白边，中央有 1 条纵脊；雄蚧壳白色，蜡质长形，两侧平行，中间有 3 条纵脊。

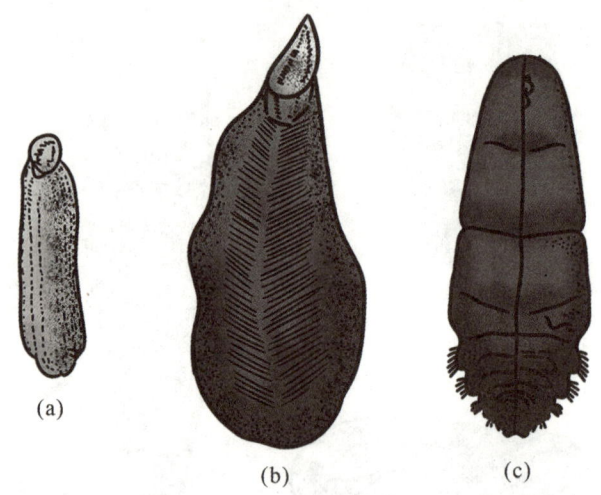

图 11-3　矢尖盾蚧（仿《农业昆虫学》洪晓月）

（a）雄蚧壳；（b）雌蚧壳；（c）雌成虫（左面背面观，右面腹面观）

② 褐圆蚧（图 11-4）。无翅雌虫倒卵形，淡黄褐色。有翅雄虫淡橙黄色，足、触角、交尾器、胸部背面均为褐色，翅半透明。雌蚧壳圆形，紫褐色，近扁平，顶部隆起，蜕皮位于中央，似帽顶状。雄蚧壳长卵形，紫褐色，向边缘侧扩展，灰白色。

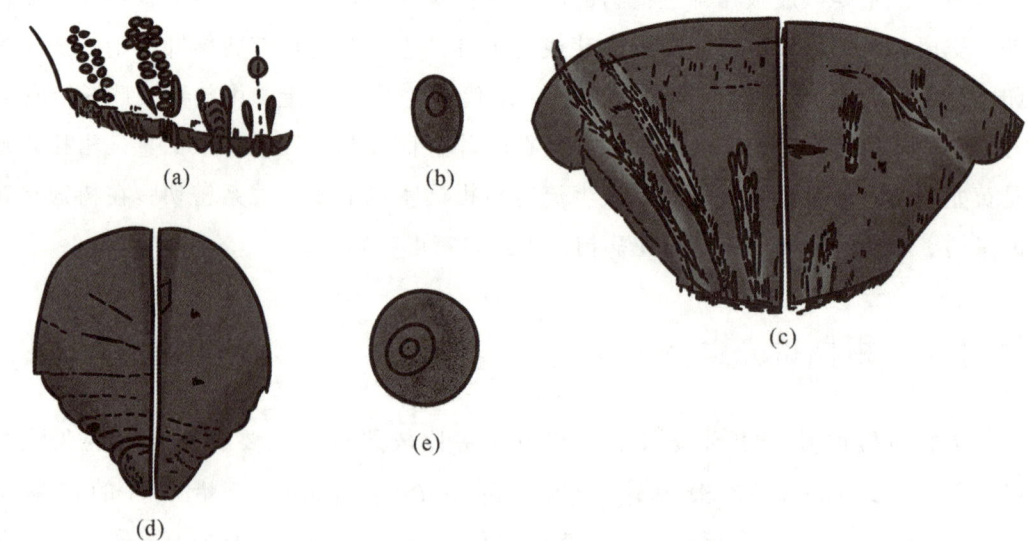

图 11-4　褐圆蚧（仿《农业害虫防治技术》刘宗亮）

（a）臀板放大；（b）雄蚧壳；（c）雌成虫（左面背面观，右面腹面观）；

（d）雌成虫臀板（左面背面观，右面腹面观）；（e）雌蚧壳

③ 红蜡蚧（图 11-5）。无翅雌虫椭圆形，紫红色。有翅雄虫暗红色，前翅白色，半透明，触角、足淡黄色。蚧壳椭圆形，暗红色，背部有突起分块的厚蜡覆盖，顶部脐状凸起，老熟时有 4 条白色蜡带。

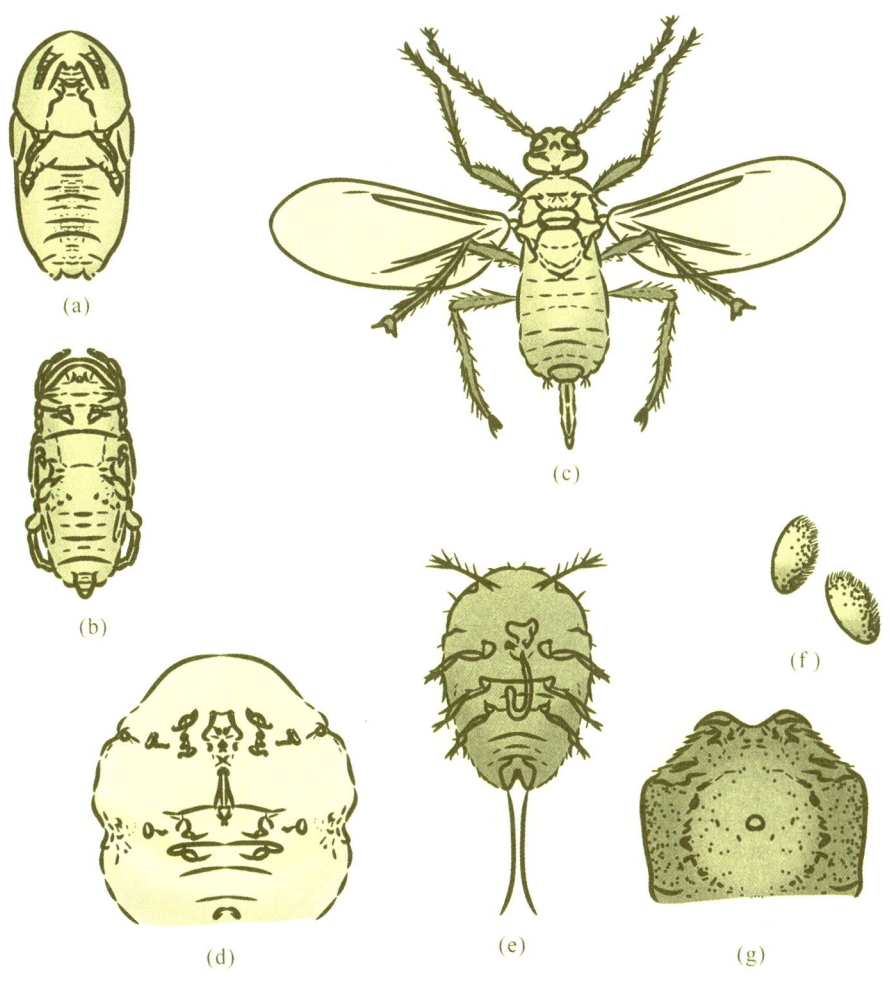

图 11-5　红蜡蚧（仿《农业害虫防治技术》刘宗亮）

(a) 预蛹；(b) 蛹；(c) 雄成虫；(d) 一龄若虫；(e) 雌成虫；(f) 卵；(g) 雌蚧壳

④ 吹绵蚧（图 11-6）。无翅雌虫椭圆形，橘红色，足、触角均为黑色，腹部附白色卵囊，囊上有 14～16 条隆起线。有翅雄虫橘红色，触角黑色，前翅紫黑色，腹端有 2 突起，其上各有 3 根长毛。蚧壳椭圆形，橘红色，腹面平坦，背面隆起，并生有黑色短毛，覆白色蜡粉。

（2）为害特点

均以若虫和雌成虫群集固定在柑橘枝干、叶片和果实上吸食汁液，寄主受害后生长不良，引起落花、落果，果实品质下降，造成树势衰弱，严重者枯死。矢尖蚧一般群集在叶背、果柄、枝梢和果实上；褐圆蚧一般群集在叶片、枝梢和果实上；红蜡蚧多群集在枝条和叶柄上；吹绵蚧则多群集在叶芽、嫩枝、枝梢和果实上。

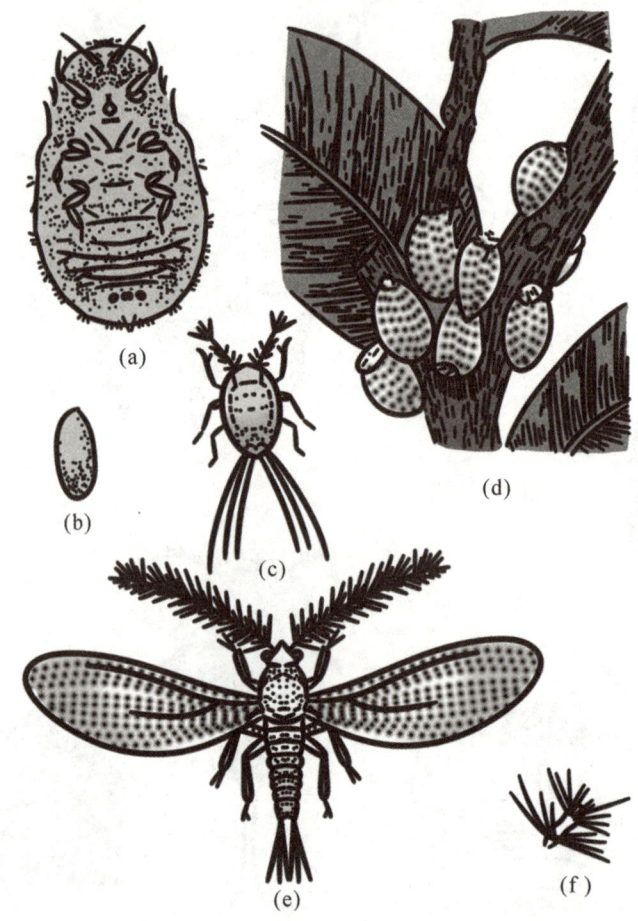

图 11-6　吹绵蚧（仿《农业昆虫学》洪晓月）

（a）雌成虫腹面；（b）卵；（c）1 龄若虫；（d）雄成虫和若虫；（e）雌成虫；（f）雄成虫触角的第 1 节

（3）发生规律

不同种类的蚧壳虫发生代数不同，一般一年发生 3～4 代，世代重叠。以若虫和成虫在枝干、叶片和果实上越冬。

① 矢尖蚧。一年发生 3～4 代，主要以受精雌成虫越冬，少数以若虫越冬。越冬的雌成虫通常在 5 月上中旬产卵，第一代若虫于 5 月中下旬现身，大多在老叶上寄生为害，成虫在 6 月下旬至 7 月上旬出现；第二代若虫在 7 月中旬出现，其中大部分寄生在新叶上，还有一部分在果实上为害，成虫于 8 月下旬出现；第三代若虫在 9 月上中旬出现，成虫于 10 月下旬出现。

② 褐圆蚧。桂北地区一年发生 4～5 代，世代重叠，以受精雌成虫在枝叶上越冬。每年以夏、秋两季受害最重，主害代一龄若虫始盛期分别在 7 月中旬和 9 月上旬。寄生褐圆蚧的天敌主要是蜂类。

③ 红蜡蚧。每年发生 1 代，以受精雌成虫在寄主植物上越冬。翌年 5 月下旬到 7 月上旬为雌虫产卵期，若虫孵化后便爬离母体，移至新梢，多在受阳光的外侧枝梢寄生。至 8 月中旬到 9 月上旬发育成熟。

④ 吹绵蚧。长江流域年发生 2～3 代，以若虫及无卵成虫越冬。若虫孵化后在卵囊内休息一段时间后分散为害，第一代卵和若虫盛期在 4 月下旬到 6 月，第 2 代在 7 月下旬到 9 月初，第 3 代在 9—11 月，其中以 1、2 代发生严重。第一、二龄若虫多寄生在叶背主脉附近，二龄后迁移分散至大枝、树干和果梗等阴暗处群集为害。吹绵蚧适宜于温暖高湿的气候条件，主要借助风力或随苗木接穗和农事活动等途径传播。

四、柑橘实蝇

柑橘实蝇主要有柑橘大实蝇（*Bactrocera minax*）、柑橘小实蝇（*Bactrocera dorsalis*）、蜜柑大实蝇（*Bactrocera tsuneonis*），属双翅目食蝇科，都是国内外重要检疫对象。

（1）形态特征

① 柑橘大实蝇（图 11-7）。成虫体长 10～13 mm，全体呈淡黄褐色。复眼金绿色，胸部背面具 6 对鬃，中央有深茶色的倒"Y"形斑纹，两旁各有一条宽直斑纹。中胸背面中央有一条黑色纵纹，从基部直达腹端，腹部第 3 节近前缘有一条较宽的黑色横纹，纵横纹相交呈"十"字形。幼虫乳白色，圆锥形，前端尖细，后端粗壮，口钩黑色，常缩入前胸内。

② 柑橘小实蝇（图 11-8）。成虫体长 7～8 mm，深黑色和黄色相间。前胸背板黑色，较宽，两侧具有黄色纵带，小盾片黄色。腹部椭圆形，背面中央有 1 条黑色纵纹，仅限于第 3～5 节上。翅透明，翅脉黄褐色，翅痣三角形。幼虫黄白色，圆锥形，前尖后钝，末节有瘤，前气门较窄，略呈环柱形，后气门新月形，具 3 个长形气孔。

（2）为害特点

柑橘实蝇成虫产卵于柑橘幼果中造成危害，幼虫孵化后取食果肉和种子，在果实内部穿食囊瓣，常使被害果未熟先黄，内部腐烂，果实完全失去食用价值，并提早脱落，严重影响产量和品质。

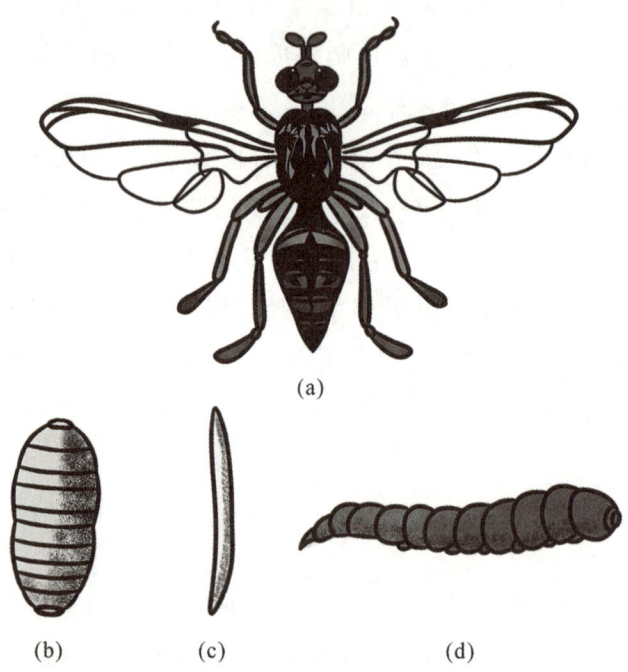

图 11-7　柑橘大实蝇

（a）成虫；（b）蛹；（c）卵；（d）幼虫

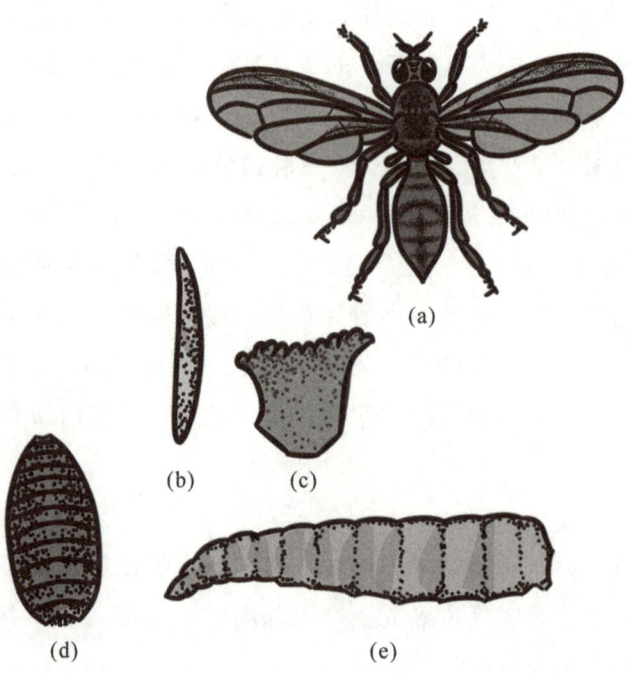

图 11-8　柑橘小实蝇（仿《农业昆虫学》洪晓月）

（a）成虫；（b）卵；（c）臀叶；（d）蛹；（e）幼虫

（3）发生规律。

① 柑橘大实蝇。每年发生 1 代，以蛹在土中越冬。从 4 月下旬开始羽化，5 月上、中旬为羽化盛期，最迟可延至 7 月上、中旬才羽化为成虫出土。7—9 月孵化幼虫，蛀果为害。受害果 9 月下旬脱落，10 月中下旬最盛，幼虫随果落地后脱果入土化蛹。卵成堆产在幼果囊瓣中心部位。大实蝇成虫可迁飞数百米的距离，少量虫蛹随带土苗木传播，主要通过虫果的人为携带和运输或虫果随江河、沟渠水流而传播。

② 柑橘小实蝇。每年发生 3~5 代，无严格的越冬现象，各代生活史相互交错，世代常不整齐，同期内各种虫态并存，世代重叠明显。当橘园内或附近有番石榴、木瓜、桃、梨等果树时，每年可发生 10 代。幼虫孵化后即在果内为害，蜕皮 2 次，幼虫期随季节而不等，夏季 8~9 d，春秋季 10~14 d，冬季 15~20 d。以幼虫随被害果远距离传播，后即脱果入土化蛹。入土深度一般在 3 cm 左右，砂质松土中较深，黏土较浅。

五、蚜虫

（1）形态特征。

在我国柑橘产区主要有橘蚜（*Toxoptera citricida*）、橘二叉蚜（*Aphis aurantia*）、绣线菊蚜（*Aphis spiraecola*）和棉蚜（*Aphis gossypii*）等 4 种蚜虫发生和为害。

① 橘蚜：无翅胎生雌蚜体长约 1.2 mm，全体漆黑色，复眼红色，触角 6 节、灰褐色，腹管呈管状，末端尾片乳突状，有丛毛；有翅胎生雌蚜与无翅型相似，翅 2 对，白色透明，前翅中脉分三叉，翅痣淡黄褐色；无翅雄蚜与雌蚜相似，全体深褐色，后足特别膨大。

② 橘二叉蚜：无翅孤雌蚜体长 2.0 mm，卵圆形，体黑色或黑褐色，有时红褐色，有光泽，头部有皱褶，胸背面有网纹，腹面有明显网纹，前胸及腹部第一、七节有缘瘤，第七节缘瘤最大；有翅孤雌蚜体长 1.8 mm，长卵形，黑褐色，有光泽，触角 1.5 mm，前翅中脉分二叉。

③ 绣线菊蚜：无翅胎生雌蚜体长 1.6~1.8 mm，全体黄色、绿色或黄绿色；头部黑色，体两侧有乳突；有翅胎生雌蚜体长 1.7 mm，头、胸部黑色，腹部黄色或黄绿色，腹部第二至第四节背面两侧各有 1 对黑色斑。越冬卵漆黑色，长约 0.5 mm。

④ 棉蚜：无翅孤雌成虫体长 1.9 mm，体黄色、草绿色至深绿色，体表有网纹。头部黑色，胸部有断续黑斑，腹部第二到第六节有缘斑；第七、八节有横带。触角长为体长的 0.63 倍。喙端部超过中足基节；末节与后足第二跗节约等长。腹管黑

色，尾片有毛4～7根。有翅孤雌成虫腹部第六到第八节各有横带；第二到第四节有缘斑。腹管后斑绕过腹管基部前伸。

（2）为害特点

以若虫、成虫群集在嫩梢的嫩叶和嫩茎上，吸吮汁液，嫩叶受害后凹凸不平、皱缩、卷曲，严重时引起落花、落果，新梢枯死，其分泌的蜜露能诱发煤烟病，导致树势衰弱。橘蚜还是田间传播柑橘衰退病的媒介昆虫。

（3）发生规律

一年发生世代多，其越冬虫态也因地区而异，在桂林或高海拔气温低的产区以卵在柑橘枝干上越冬，而桂南高温产区，冬季仍可见幼蚜和成虫活动，雌成虫亦可进行孤雌生殖，无明显越冬现象。越冬卵到翌年春孵化为无翅胎生若虫，在新梢、嫩叶、花蕾、花及幼果上为害，生长发育成熟后胎生繁殖后代。在叶片老化、虫口拥挤及气温升高等不良条件下，产生大量有翅胎生雌蚜，迁飞到其他寄主上为害，到了冬季，产生有性雄蚜和有性雌蚜，并进行交尾，卵多产在细枝上并以此卵越冬。生长发育最适温度为24～27 ℃，故春梢、秋梢和早冬梢上发生最多，受害最重。

第二节　柑橘害虫综合防治技术

一、植物检疫

加强检疫，严禁从柑橘黄龙病疫区内调运带虫的果实、种子和带土苗木。

二、农业防治

加强果园管理，合理施肥，增强树势，提高柑橘树的抗虫能力；科学修剪，保持果园通风透光，减少害虫的滋生环境；抹芽控梢，抹除零星抽发的夏梢和秋梢，统一放梢，放梢前半个月，加强肥水管理，使抽梢整齐，可缩短为害期；冬季清园，及时清除果园内的落叶、落果和杂草，减少越冬虫源和害虫越冬场所。

一个果园种植同一柑橘品种、同一树龄的苗木，避免因多个品种混栽和树龄不同造成抽梢时间不一致；柑橘园周围种植防风林或高于橘树的绿篱，比如果园间种番石榴等对木虱有驱避作用的非寄主植物，可阻隔部分害虫的迁移传播，达到改变果园生态环境、保护利用天敌的目的。

培育无虫苗木，选择无病虫害的接穗和砧木，从源头上控制害虫的传播。

三、物理防治

在果园内安装黑光灯、频振式杀虫灯等，利用害虫的趋光性诱杀天牛、潜叶蛾等害虫；通过悬挂黄色粘虫板，可诱杀柑橘蚜虫、粉虱等害虫；在柑橘果实膨大期进行套袋，可有效防止柑橘实蝇等害虫的为害。

四、生物防治

合理利用柑橘园内的优势天敌，如捕食螨、草蛉、瓢虫等，采用人工饲养、引进、助迁等措施加以保护和利用；在果园内种植藿香蓟等蜜源植物，为天敌提供栖息和繁殖场所。

选用苏云金杆菌、白僵菌、绿僵菌等生物农药防治柑橘害虫。

五、化学防治

根据害虫的种类和发生情况，选择高效、低毒、低残留的农药。防治蚧壳虫的用药时间应掌握在若虫孵化盛期，药剂可选择 25％噻嗪酮可湿性粉剂 1000～1500 倍液（噻嗪酮对成虫效果差）。

对柑橘实蝇的防治，可应用性引诱剂（甲基丁香酚＋粘虫胶）诱杀成虫；在幼虫脱入土盛期和成虫羽化盛期，地面喷洒 50％辛硫磷乳油 800～1500 倍液或 50％辛硫磷乳油 1000 倍液，每隔 7 天喷施 1 次，连喷 2 次杀灭成虫；或每亩用辛硫磷颗粒剂 2～3 kg，拌细土 20 kg，均匀撒在橘园地面，消灭即将出土的成虫。

柑橘潜叶蛾的幼虫孵化初盛期是防治适期。在新梢抽发 0.5～1.0 cm 长时开始用药，连续喷药 2～3 次，每次间隔 7～10 天。有效药剂有 10％吡虫啉可湿性粉剂 1500～2000 倍液、1.8％阿维菌素乳油 1000～1500 倍液、25％噻虫嗪水分散剂 1500 倍液、20％呋虫胺悬浮剂 2500～3000 倍液、10 亿 PIB/毫升多角体病毒（康保）悬浮剂 700～1000 倍液、2.5％氟氯氰菊酯 1500～2000 倍液等。

防治柑橘木虱的药剂可选用 20％哒螨威乳油 1000 倍液、20％甲氰菊酯乳油 1000 倍液、4.5％高效氯氰菊酯乳油 1000 倍液、25％噻虫嗪水分散粒剂 1500 倍液、25％联苯菊酯乳油 1000～1500 倍液、20％呋虫胺悬浮剂 2500～3000 倍液、25％氟氯氰菊酯乳油 1500～2000 倍液、20％吡虫啉可湿性粉剂 3000～3500 倍液等。

当发现新梢上有少量蚜虫时应及时用药防治。药剂可选用10％吡虫啉（蚜虱净）可湿性粉剂1500～2000倍液、5％啶虫脒乳油2500～3000倍液、25％噻虫嗪水分散粒剂150倍液、50％抗蚜威可湿性粉剂3000～5000倍液等。

在柑橘蚧壳虫、蚜虫、锈壁虱第一代卵的盛孵期喷药，每隔10～15天喷1次药，连续用药2次，第二代、第三代盛期兼治。药剂可选择99％矿物油乳剂100～200倍液、10％吡虫啉可湿性粉剂1500～2000倍液、25％噻嗪酮可湿性粉剂1000～2000倍液、10％联苯菊酯乳油3000～5000倍液、20％甲氰菊酯乳油1000～2000倍液、2.5％高效氯氟氰菊酯水乳剂1000～1500倍液等交替使用。

第十二章　古树害虫防治技术

第一节　古树害虫种类及其发生规律

古树以榕树、黄葛树、高山榕、木棉、荔枝、龙眼、秋枫等树种为主，重要害虫种类及其发生规律介绍如下。

一、蛀干害虫

（一）鞘翅目

（1）榕八星天牛（*Batocera rubus*）属于鞘翅目、天牛科（图12-1），为害榕树、黄葛树、垂叶榕、桂木、菩提树、杧果、木棉、重阳木、刺桐等。低龄幼虫在植株皮下取食造成弯曲的坑道，虫龄稍大后进入木质部蛀食，进入孔圆形稍扁，蛀道不规则，排出的虫粪和木屑充塞在树皮下，使树皮鼓胀开裂，为害严重时可导致整株树木死亡。广州一年发生1代。12月中旬后，以老熟幼虫在蛀道内越冬，翌年4月成虫开始羽化，5月为羽化高峰期，成虫寿命可达4～5个月。雌成虫常在离地2 m以下的较大树干上产卵，并分泌胶状物覆盖。

（2）松墨天牛（*Monochamus alternatus*）属于鞘翅目、天牛科（图12-2），为害马尾松等。一年发生2～3代。主要以幼虫在蛀道内越冬，翌年4月上旬开始羽化，5月中旬为越冬代成虫羽化高峰期。幼虫共4龄，初孵幼虫在韧皮部取食，排泄褐色粉状物，2龄后开始取食并形成蛀道，蛀道呈弯曲不规则形状，在树皮外可看到褐色和白色的蛀屑，3龄幼虫开始蛀食木质部，可见长椭圆形蛀入孔，老熟幼虫于蛀道末端构筑蛹室化蛹。该虫主要为害树干、枝条的韧皮部和木质部，破坏、切断输导组织，影响水分、养分运输，同时也是松材线虫病的主要传播媒介。

(a)   (b)

图 12-1　榕八星天牛

（a）成虫；（b）幼虫

(a)   (b)

图 12-2　松墨天牛

（a）成虫；（b）幼虫

（二）鳞翅目

斜纹拟木蠹蛾（*Indarbela obliquifasciata*）属于鳞翅目、木蠹蛾科。幼虫（图 12-3）为害木棉、杧果、榕树、凤凰木、水翁等。广州一年发生一代。以幼虫在树干蛀道内越冬，晴暖冬天仍可活动取食，翌年 4 月上旬至 5 月上旬化蛹，4 月下旬至 6 月中旬羽化。幼虫共 6 龄，以啃食树皮并钻蛀树干为害，具有避光性，喜夜间活动取食，1～3 龄幼虫仅取食树皮，将树皮啃成凹坑状，幼虫吐丝缀连虫粪和枝干皮屑做成虫道，沿取食部位栖身于虫道或树皮缝隙内，幼虫 3 龄后钻蛀树干木质部，造成寄主树种长势衰弱甚至死亡，树干上虫粪影响被害树的观赏性。蛹羽化时会将蛹体一半部位露出蛀孔外。

(a)   (b)

图 12-3　斜纹拟木蠹蛾
(a) 幼虫；(b) 为害状

（三）蜚蠊目

在广州为害古树的白蚁主要有台湾乳白蚁（*Coptotermes formosanus*）（图 12-4）、黑翅土白蚁（*Odontotermes formosanus*），属于蜚蠊目、鼻白蚁科。最常见的是台湾乳白蚁，主要为害樟、黄葛树、马尾松、大叶桉、榕树等，也可以为害建筑物，属于土、木两栖白蚁。常在树木根部和树心筑巢，使之生长衰弱，甚至枯死，为害时，常在树木或建筑物表面形成长长的泥线。每年 4—6 月为有翅成虫分飞期，在夜晚灯光的引诱下，有翅成虫飞入居民家中筑巢为害，阴暗、潮湿和通风不良之处为害严重。

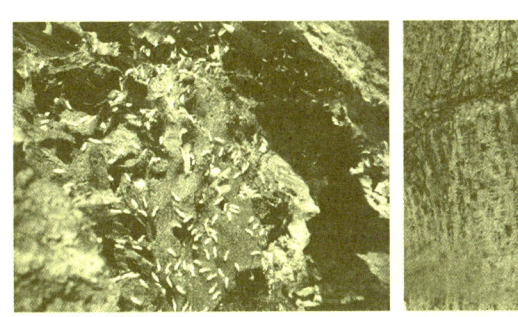

图 12-4　台湾乳白蚁

二、食叶害虫

（一）鳞翅目

（1）灰白蚕蛾（*Ocinara Varians*）属于鳞翅目、蚕蛾科。幼虫（图 12-5）为害榕树、黄葛树、高山榕、菩提树等。广州一年发生 6～8 代，以老熟幼虫结茧在枝干

图 12-5　灰白蚕蛾

（a）幼虫；（b）为害状

上越冬，翌年 2—3 月出现第 1 代成虫，成虫羽化后 1～2 天交尾，产卵于叶片或枝条上，多见于老叶叶背，单行或双行排列 6～10 粒。幼虫常在叶背下取食，初龄幼虫取食叶肉成网状，老龄幼虫食叶成缺刻，严重时全部叶片吃光，叶片干枯凋落。幼虫有吐丝悬挂习性。3—4 月开始为害，6—10 月是幼虫为害的高峰期。

　　（2）朱红毛斑蛾（*Phauda flammans*）属于鳞翅目、斑蛾科。幼虫（图 12-6）为害榕树、高山榕、垂叶榕等榕属植物。广州一年发生 2～3 代，以老熟幼虫或蛹越冬。翌年春季出现，成虫受惊时会翘起腹部或假死落地。产卵于叶片正面或枝条上，卵粒连续线状聚集排列。初孵幼虫咬食叶表皮，四处爬行或吐丝下坠，分散取食，随虫龄增大，将叶片食成缺刻，发生严重时把植株叶片吃光。老熟幼虫沿树干下地，在树干基部杂草堆、石缝或树根间隙结茧化蛹。7—10 月是幼虫为害较严重时期。

图 12-6　朱红毛斑蛾

（a）幼虫；（b）为害状

　　（3）榕透翅毒蛾（*Perina nuda*）属于鳞翅目、毒蛾科。幼虫（图 12-7）为害榕树、黄葛树、高山榕、菩提榕等榕属植物。广州一年发生 6～7 代，世代重叠严重，越冬现象不明显，主要以卵和幼虫越冬。翌年，初孵幼虫取食卵壳，然后于卵块附近嫩叶背面群集取食叶肉，留下表皮和叶脉；3 龄后四处爬行或垂丝下坠，分散取

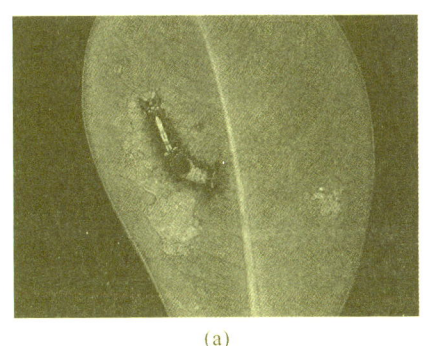
(a)

(b)

图 12-7　榕透翅毒蛾

(a) 幼虫；(b) 成虫

食，将叶片取食成孔洞或缺刻；4～6 龄时食量大，从叶片边缘向内蚕食，发生严重时将植物叶片全部吃光。幼虫化蛹时将几根坚韧的丝黏住附近的叶子，悬在中间，化蛹于叶面。

（4）棉古毒蛾（*Orgyia postica*）属于鳞翅目、毒蛾科。幼虫（图 12-8）为害大叶桉、合欢、杧果、木棉、假苹婆等。广州一年发生 6 代，世代重叠，以幼虫越冬，冬季回暖，越冬幼虫可恢复活动。翌年春季出现，雌虫成堆产卵于茧外或茧附近的叶片上。初孵幼虫先取食卵壳，1 龄幼虫聚集取食寄主叶肉组织，留下叶背表皮；2 龄幼虫开始分散取食，将叶片取食成小洞或缺刻，3～5 龄幼虫可食尽全叶。发生严重时将树叶吃光。

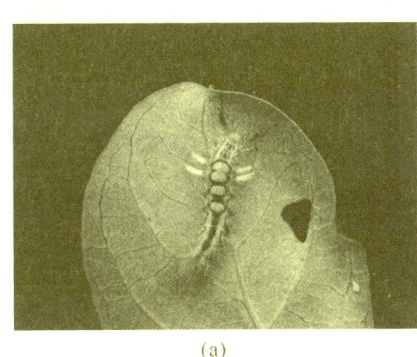
(a)

(b)

图 12-8　棉古毒蛾

(a) 幼虫；(b) 危害状

（5）栗黄枯叶蛾（*Trabala vishnou*）属于鳞翅目、枯叶蛾科（图 12-9）。幼虫为害秋枫、相思树等。广州一年发生 3～4 代。成虫多于晚间羽化，羽化后即可交尾，当晚或次日夜间就可产卵，成虫昼伏夜出，具有趋光性，飞翔能力强，雌成虫多产卵于树干、枝条或茧上，卵多呈双行排列。幼虫雄性 5 龄，雌性 6 龄。1～3 龄群集为害，不取食时，头部相对围在一起呈放射状，受惊时即吐丝下垂。4 龄后幼虫开始

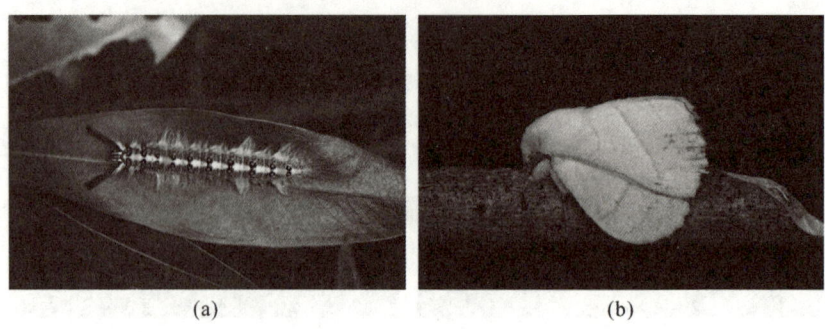

（a）　　　　　　　　　　　　　　（b）

图 12-9　栗黄枯叶蛾

（a）幼虫；（b）成虫

分散取食，5～6龄食量大增，受惊吓时迅速抬头左右摇摆，老熟幼虫在树干侧枝旁、灌木、杂草及岩石上吐丝结茧化蛹。

（6）樟巢螟（*Orthaga achatina*）属于鳞翅目、螟蛾科。幼虫（图 12-10）为害樟、阴香、肉桂、山苍子等。广州一年发生 2～3 代。幼虫群集取食叶片及部分嫩梢为害，幼虫共 5 龄，吐丝缀叶作苞，虫苞随虫龄增大。低龄幼虫取食叶片表面叶肉，使被害叶片呈窗纱状，高龄幼虫取食后仅留大叶脉。为害严重时，虫巢挂满枝头，影响树木生长及景观效果。老熟幼虫吐丝下垂或爬行下树入土做茧化蛹。成虫有较强趋光性。

（a）　　　　　　　　　　　　　　（b）

图 12-10　樟巢螟

（a）幼虫；（b）为害状

（二）鞘翅目

金龟（Scarabaeidae）属于鞘翅目、金龟科，是一类杂食性害虫，为害黄葛树、杧果、白兰、龙眼、荔枝等。广州常见种类有中喙丽金龟（*Adoretus sinicus*）（图 12-11）、铜绿丽金龟（*Anomala corpulenta*）等。多数一年发生 1 代。以幼虫或蛹在土中蛹室越冬。昼伏夜出，有假死性。以腐殖质为食，渐取食树木细根，危害性不大，主要以成虫取食叶片为害。成虫晚上取食植物叶片成网状破损，严重时取

图 12-11　中喙丽金龟

食整个叶片，只留下主叶脉。每年 4—7 月是成虫为害盛期。幼虫通称为蛴螬，生活在有机质丰富的土壤中，咬食植物根部。

三、刺吸害虫

捷氏吹绵蚧（*Icerya jacobsoni*）属于半翅目、绵蚧科（图 12-12），为害白兰、假柿木姜子、榕树、黄葛树等多种植物。广州一年发生 3～4 代，全年持续为害，温暖湿润天气发生明显，4—11 月为害严重。成虫与若虫聚集于叶片背面叶脉两侧与嫩枝上吸取植物汁液，分泌蜜露导致煤污病发生。

(a)　　　　　　　　　　　　　　　　(b)

图 12-12　捷氏吹绵蚧

(a) 雌成虫；(b) 为害状

榕管蓟马（*Gynaikothrips uzeli*）属于缨翅目、管蓟马科（图 12-13），为害榕树、黄金榕、灰莉等。广州一年可发生 10 余代，世代重叠，在冬季低温时发育缓慢，越冬现象不明显，每年 5—6 月和 9—10 月是发生高峰期，主要为害幼嫩榕叶，成虫、若虫锉吸嫩叶和幼芽汁液，被害叶出现紫褐色斑点，向正面卷曲呈饺子状，虫瘿内存在数十头至上百头成虫和若虫为害，影响光合作用，其排泄物还可诱发煤污病。

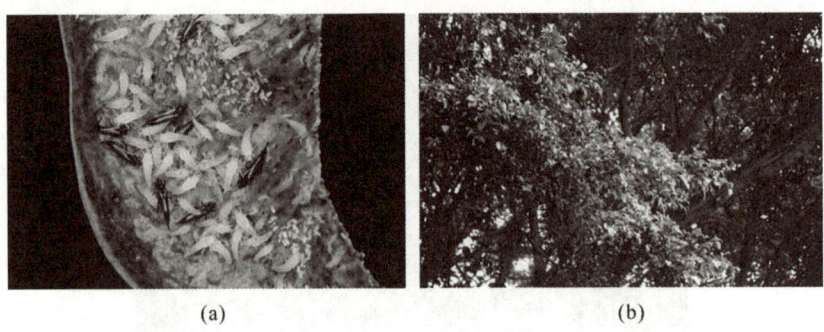

(a)　　　　　　　　　　　　　(b)

图 12-13　榕管蓟马

（a）若虫和成虫；（b）为害状

龙眼角颊木虱（*Cornegenapsylla sinica*）属于半翅目、木虱科（图 12-14），为害龙眼、荔枝等。广州一年发生 7 代，以老龄若虫在钉状孔穴内滞育越冬。以成虫和若虫聚集刺吸为害，卵散产于嫩梢上。初孵若虫于嫩叶背面吸食汁液，叶面出现钉状虫瘿，使被害叶片畸形变黄，早衰早落。若虫在虫瘿内固定为害，羽化前爬出。成虫刺吸嫩梢、芽、嫩叶和花穗汁液，影响新梢抽发，造成顶芽干枯，花穗短小，还会传播鬼帚病。

(a)　　　　　　　　　　　　　(b)

图 12-14　龙眼角颊木虱

（a）若虫；（b）为害状

榕卵痣木虱（*Macrohomotoma gladiata*）属于半翅目、木虱科（图 12-15），为害榕树、黄金榕等。一年可发生多代，世代重叠严重，在广州几乎全年可见，以若虫在枝梢的蜡絮中越冬。成虫和若虫在嫩枝梢和叶芽背面取食汁液，若虫会分泌白色絮状蜡质物沾黏于新梢上。成虫产卵于嫩梢的芽苞内，随着嫩梢的生长，卵孵化后若虫直接为害嫩梢、嫩叶。若虫寻找合适的位置定点为害，很少移动。受害嫩梢嫩叶呈畸形虫苞，白色絮状蜡质物布满枝梢上，导致叶片脱落，严重时新梢枯死。以 4—9 月为害最盛。

樟个木虱（*Trioza camphorae*）属于半翅目、木虱科（图 12-16），为害樟、阴香等植物。广州一年发生 3～4 代，世代重叠，无明显越冬现象。若虫在新叶背面刺

图 12-15　榕卵痣木虱

(a) 若虫；(b) 为害状

吸为害，初期叶面出现黄绿色斑点，叶背逐渐凹陷，叶面呈圆丘形突起，形成紫黑色虫瘿，一般春季是为害高峰期。

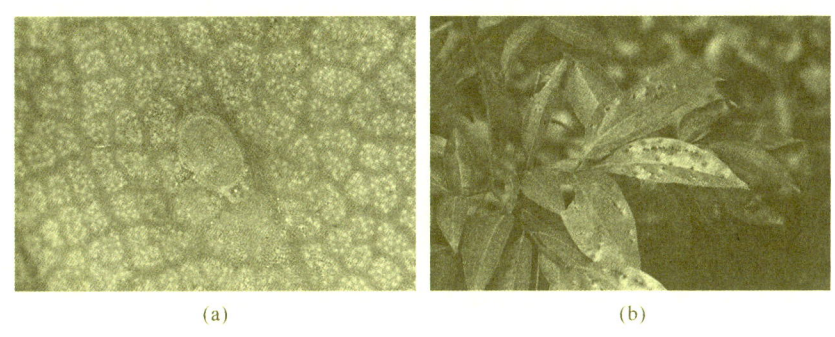

图 12-16　樟个木虱

(a) 若虫；(b) 为害状

樟白轮盾蚧（*Aulacaspis yabunikkei*）属于半翅目、盾蚧科，为害香樟、阴香、木姜子、华润楠等。广州一年发生 5 代，世代重叠。雌成虫在树干上越冬。雌成虫和若虫刺吸为害，造成寄主叶片发黄脱落、枝芽枯萎（图 12-17），白色蚧壳覆盖影响植物光合作用和通气性，导致寄主生长衰弱，影响景观。

图 12-17　樟白轮盾蚧（为害状）

白兰台湾蚜（*Formosaphis micheliae*）属于半翅目、绵蚜科（图 12-18），为害白兰。以幼蚜在白兰树修枝后形成的凹陷口或枝干的皱褶中越冬，4 月中旬开始繁殖，以胎生为主，虫口量迅速增加，并从越冬场所逐渐扩散，爬满寄主的枝干，使整株白兰树像涂上一层灰白色粉末。直至 11 月中旬，虫口量才逐渐下降。在白兰树上，以无翅型蚜虫为主，只有当虫口密度过大或温度过高时才出现部分有翅型蚜虫。

(a)　　　　　　　　　　　(b)

图 12-18　白兰台湾蚜

（a）若虫；（b）为害状

黑刺粉虱（*Aleurocanthus spiniferus*）属于半翅目、粉虱科（图 12-19），为害榕树、樟、白兰等植物。一年发生 5～6 代，世代重叠，以 2～3 龄若虫在寄主叶片背面越冬。翌年 4 月春羽化，成虫喜在树冠嫩梢活动，卵多产于新叶背面，1 龄若虫具爬行能力，爬行不远，多在叶背固定刺吸为害，2 龄若虫足退化，若虫分泌大量蜜露，可诱发煤污病。

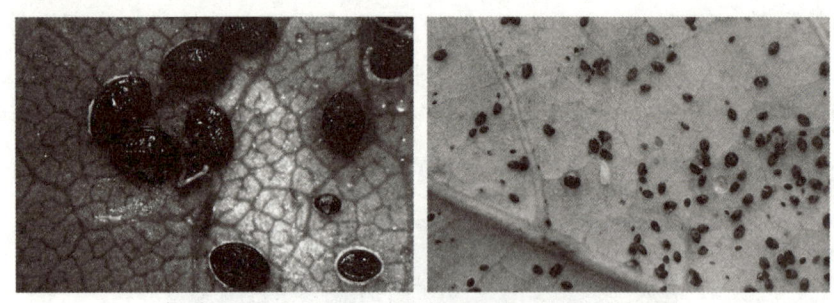

图 12-19　黑刺粉虱

灰同缘小叶蝉（*Coloana cinerea*）属于半翅目、叶蝉科（图 12-20），为害秋枫。广州一年发生 3 代以上，世代重叠现象严重，一年四季可见若虫和成虫同时存在。成虫将卵产在叶片组织内，成虫喜飞翔，具有趋光性，受惊动迅速飞走。成虫和若虫于秋枫叶背面刺吸汁液为害，受害叶片呈现小白斑，有的叶片皱缩、卷曲，严重时叶尖先干枯，然后整块叶片干枯、脱落。一般春夏季是该虫为害较为严重的时期，偶尔在秋季也会出现秋枫受害较严重的现象。

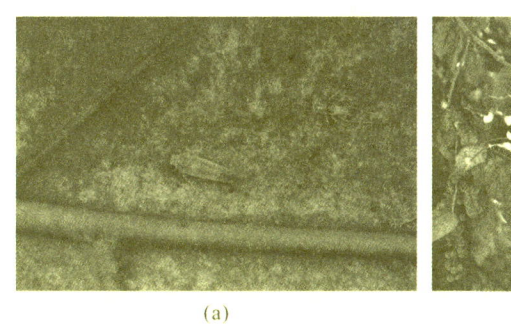

(a)　　　　　　　　　　　　　(b)

图 12-20　灰同缘小叶蝉

(a) 成虫；(b) 为害状

　　荔蝽（*Tessaratoma papillosa*）属于半翅目、荔蝽科（图 12-21），为害荔枝、龙眼等。荔枝蝽 1 年发生 1 代，以成虫越冬。翌年春季开始活动，喜聚集于花繁叶茂的树上取食，以刺吸式口器吸食寄主植物（尤其是无患子科的荔枝、龙眼）的汁液，造成花穗萎凋、果皮焦黑、落花落果或生长不佳，严重时甚至造成果树枯死。卵多产于树冠下层叶背，1 头雌虫每次产卵至多 14 粒，且聚集排列成块，受干扰时有假死行为，同时分泌臭液，并掉落于地，族群密度高时，常造成枝叶生长迟缓、花穗萎缩或脱落，甚至整个植株枯死，严重影响荔枝产量与质量。该虫会传播荔枝鬼帚病或龙眼鬼帚病。

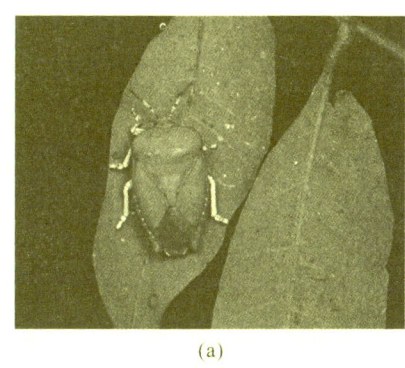

(a)　　　　　　　　　　　　　(b)

图 12-21　荔蝽

(a) 成虫；(b) 若虫

第二节　古树害虫综合防治技术

　　根据虫害发生特点，坚持"农业防治、物理防治、生物防治为主，化学防治为辅"的防治原则，全面考虑生态平衡、社会安全、经济效益、环境景观的防治效果，因地制宜地协调好生物、物理、化学等防治方法，经济、安全、有效地把古树名木病虫害控制在一定范围内。古树害虫种类繁多，大部分集中在新梢期和花穗期为害，应加强巡查监测，掌握虫害发生动态，在发生初期及时采取控制措施。

一、农业防治

结合修剪，剪除枯死枝和带虫枝，改善通风透光条件，清除地上的枯枝落叶，集中销毁，减少虫源；加强常规栽培管理，通过深根施肥和喷施叶面肥等措施，增强树体营养，提高植株的抗逆性。

二、物理防治

利用害虫的趋光性，在其成虫发生期安装频振式杀虫灯，可诱杀蛾类、金龟类等害虫，可有效减少虫口基数和密度，且对人、畜无害；设置防虫网隔离或人工捕杀蟓类、天牛、金龟等成虫；利用朱红毛斑蛾、栗黄枯叶蛾、樟巢螟等下树结蛹习性，可在树干设置（胶带、稻草等）阻隔带，或在蛹期时人工捕杀藏于土表和石缝的虫蛹。

三、生物防治

自然界中害虫的寄生和捕食天敌资源丰富，保护和利用自然界各种天敌，对控制害虫具有重要作用。在害虫生物防治中，花绒寄甲、蒲螨可防治天牛、木蠹蛾等蛀干害虫，赤眼蜂、啮小蜂可防治蛾类，平腹小蜂可防治荔蝽，龟纹瓢虫、六斑月瓢虫可防治蚜虫、木虱等刺吸害虫，孟氏隐唇瓢虫可防治粉蚧。同时，保护和利用自然界存在的有益生物，如瓢虫、草蛉、螳螂、蜘蛛、蛙类、鸟类、捕食螨等，发挥多种天敌联合控制害虫的作用。加强益鸟的招引、保护、饲养和驯化，在绿地中适当栽植益鸟的食饵植物和适合益鸟营巢的树种，在植物上设置人工鸟巢。

可选用植物源、微生物源、抗生素类药剂等环境友好型药剂，保护天敌和生态环境。利用昆虫激素和昆虫化学信息物质进行引诱或驱避害虫，干扰害虫交配，或进行大规模诱杀害虫。

四、化学防治

在最佳防治时期，选择合适的农药种类、持效期及施药浓度，高效施药，达到最佳的防治效果，了解农药的毒性，使用选择性农药，减少对人、畜、天敌的毒害，减少对环境的污染。根据广州的气候特点，每年初春季节为害虫始发期，3 月份可采用广谱型杀虫剂进行预防。可用吡虫啉、噻虫嗪、啶虫脒、吡蚜酮、呋虫胺、噻虫胺等内吸剂、触杀剂防治虫口密度大、发生范围广的害虫，如蚜虫、叶蝉等；用噻虫嗪、呋虫胺、噻虫胺等渗透性强的药剂防治具蜡质层的害虫，如蚧壳虫、木虱等；用甲维盐、阿维菌素、联苯菊酯、高效氯氟氰菊酯等胃毒剂防治取食量大的食叶害虫，或较隐蔽的地下害虫，如鳞翅目、鞘翅目害虫；用毒死蜱、甲维盐、噻虫嗪、吡虫啉等熏蒸剂或渗透性强的药剂防治钻蛀性害虫，如天牛、木蠹蛾等。

采取靶标性强、残毒少的施药方法，如微量喷雾、根施、沟施、涂茎、浇灌、树干注射、制成毒土和毒饵、熏蒸等。按照农药产品登记的防治对象和安全使用间隔选择药剂，严禁选用国家禁止生产和使用的农药。在一个防治季节选择不同作用机理的农药品种交替使用。

参 考 文 献

［1］ ALBASEER S S，ORSINI L，HOLLERT H，et al. Beyond the field：How pesticide drift endangers biodiversity ［J］. Environmental Pollution，2025：366.

［2］ BERRIDGE J W L，TREHERNE J E，WIGGLESWORTH V B. Advances in Insect Physiology ［M］. Massachusetts：Academic Press，1982.

［3］ BERRY R P，WARRANT E J，STANGE G. Form vision in the insect dorsal ocelli：An anatomical and optical analysis of the locust ocelli ［J］. Vision Research，2007，47（10）：1382-1393.

［4］ Biological control of arthropod pests in citrus orchards in China ［J］. Biological Control，2014，68：15-22.

［5］ CAPINERA J L. Handbook of Vegetable Pests ［M］. 2nd ed. San Diego：Academic Press，2017.

［6］ CHAPMAN R F. The Insects：Structure and Function ［M］. 5th ed. Cambridge Univ Press，2013.

［7］ CHRISTIAN ANDREASEN，ELENI VLASSI，KENNETH S JOHANNSEN，et al. Corrigendum：Side-effects of laser weeding：quantifying off-target risks to earthworms（Enchytraeids）and insects（*Tenebrio molitor* and *Adalia bipunctata*）［J］. Frontiers in Agronomy，2024，5：1198840.

［8］ MUKHERJEE D，GHOSH S，MANDAL A H，et al. Silent threats beneath the surface：unraveling the impact of organophosphate toxicity on fish ［J］. The Science of the total environment，2025，985：179725.

［9］ ELIOPOULOS P A，POTAMITIS I，KONTODIMAS DCh. Estimation of population density of stored grain pests via bioacoustic detection ［J/OL］. Crop Protection，2016，85：71-78.

［10］FURLONG M J, WRIGHT D J, DOSDALL L M. Diamondback moth ecology and management: problems, progress, and prospects. Annual Review of Entomology, 2013, 58: 517-541.

［11］GULLAN P J, CRANSTON P S. Insects: an outline of entomology［M］. 5th ed. Oxford: Wiley-Blackwell, 2014.

［12］GULLINO M L, KATAN J. Integratedpest and disease management in greenhouse crops［M］. Dordrecht: Springer, 2021.

［13］HUBEL D H, WIESEL T N. Receptive fields, binocular interaction and functional architecture in the cat's visual cortex［J］. The Journal of Physiology, 1962, 160 (1): 106-154.

［14］IWAMOTO H. Structure, function and evolution of insect flight muscle. Biophysics, 2011, 7: 21-28.

［15］KALAITZAKI A, PERDIKIS D, TSAGKARAKIS A, et al. Life table and biological characteristics of the parasitoid *Semielacher petiolatus* reared on *Phyllocnistis citrella*［J］. Bulletin of Insectology, 2021, 74 (1): 129-137.

［16］KIL-NAM K, HUANG Q Y, LEI C L. Advances in insect phototaxis and application to pest management: a review［J］. Pest Management Science, 2019, 75: 3135-3143.

［17］KLOWDEN M J. Physiological Systems in Insects［J］. 2nd ed. Beijing: Academic Press, 2008.

［18］LECUN Y, BOTTOU L, BENGIO Y, et al. Gradient-based learning applied to document recognition［J］. Proceedings of the IEEE, 1998, 86 (11): 2278-2324.

［19］LESSER E, AZEVEDO A W, PHELPS J S, et al. Synaptic architecture of leg and wing premotor control networks in *Drosophila*. Nature, 2024, 631 (8020): 369-377.

［20］LI M, YAN S, FENG X, et al. An upstream signaling gene calmodulin regulates the synthesis of insect wax via activating fatty acid biosynthesis pathway. Insect Biochemistry and Molecular Biology, 2024, 169: 104126.

［21］ORCHARD I, LANGE A B. Neuromuscular transmission in an insect visceral muscle. Journal of Neurobiology, 1986, 17 (5): 309-322.

［22］OSORIO D, BACON J P. A good eye for arthropod evolution. Bioessays, 1994, 16 (6): 419-424.

［23］PRICE P W，DENNO R F，EUBANKS M D. Insect ecology：behavior，populations and communities ［M］. Cambridge：Cambridge University Press，2011.

［24］GAETANI R，LACOTTE V，DUFOUR V，et al. Sustainable laser-based technology for insect pest control ［J］. Scientific reports，2021，11（1）：11068.

［25］ROBERTS L G. Machine perception of three-dimentional solids LD. Boston：Massachusetts Institute of Technology，1965.

［26］VO-DOAN T T，DUNG V T，SATO H. A Cyborg Insect Reveals a Function of a Muscle in Free Flight. Cyborg and Bionic Systems，2022，1：98-108.

［27］TAMÒ M，GLITHO I，TEPA-YOTTO G，et al. How does IPM 3.0 look like（and why do we need it in Africa）. Current opinion in insect science，2022，53：100961.

［28］WANG D，SALEH N B，BYRO A，et al. Nano-enabled pesticides for sustainable agriculture and global food security. Nature Nanotechnology，2022，17：347-360.

［29］WIGGLESWORTH V B. Insect Physiology ［M］. 8th ed. London：Chapman & Hall，1984.

［30］包建中，古德祥，中国农业科学院生物防治研究所，等. 中国生物防治 ［M］. 太原：山西科学技术出版社，1998.

［31］毕洪论，任行，蒋春冉，等. 昆虫体色二态性的研究进展 ［J］. 环境昆虫学报，2024，46（6）：1374-1383.

［32］卜艳. 农作物病虫害综合防治体系科学运用的深入研究 ［J］. 种子世界，2025，4：120-122.

［33］彩万志，庞雄飞，花保祯，等. 普通昆虫学 ［M］. 第2版. 北京：中国农业大学出版社，2011.

［34］曾保娟，冯启理. 昆虫的变态发育研究 ［J］. 应用昆虫学报，2014，51（2）：317-328.

［35］常虹，孙海莲，董玮，乌兰吐雅. 环境因子对步甲昆虫的影响研究进展 ［J］. 安徽农业科学，2014，42（23）：7754-7756，7772.

［36］陈杰林. 害虫防治经济学 ［M］. 重庆：重庆大学出版社，1988.

［37］陈金霞，耿兵，何情毓. 昆虫保幼激素受体的研究与应用进展 ［J］. 环境昆虫学报，2023，45（5）：1161-1173.

［38］陈世骧. 昆虫的变态类型与分类体系 ［J］. 昆虫学报，1962，1：1-15.

[39] 陈仕林，张景浩，戴子正，等．基于 LoRa 的户外农业监测系统的设计 [J]．现代计算机，2020，32：99-104.

[40] 方俊松．农业生物防治的特点及方法 [J]．现代农业科技，2014（7）：170-172.

[41] 戈峰．害虫管理：从"综合"到"整合" [J]．应用昆虫学报，2020，57（1）：1-9.

[42] 韩召军，杜相革，徐志宏．园艺昆虫学 [M]．北京：中国农业大学出版社，2007.

[43] 洪芳，宋赫，安春菊．昆虫变态发育类型与调控机制 [J]．应用昆虫学报，2016，53（1）：1-8.

[44] 洪晓月．农业昆虫学 [M]．第 3 版．北京：中国农业出版社，2017.

[45] 贾凤龙，张群玲．昆虫的变态与进化 [J]．昆虫知识，1999（6）：363-370.

[46] 兰晓娜，向姗姗，朱慧．昆虫触角感器类型及其功能研究进展 [J]．环境昆虫学报，2023，45（5）：1197-1216.

[47] 雷朝亮，荣秀兰．普通昆虫学 [M]．北京：中国农业大学出版社，2011.

[48] 李爱青，薛芳森．害虫综合治理：历史背景及当代发展 [J]．江西植保，2001（2）：62-65.

[49] 李勃，马瑜，张育辉．有机磷类杀虫剂对非靶标水生动物的毒性机制研究进展 [J]．农药学学报，2016，18（4）：407-415.

[50] 李成德．森林昆虫学 [M]．北京：中国林业出版社，2022.

[51] 李翠英．柑橘介壳虫的综合防治 [J]．果农之友，2013（1）：31-32.

[52] 李绍石．草蛉 [J]．湖南农业，1998（7）：7.

[53] 李文楚．昆虫生理生化：英、汉 [M]．北京：中国农业大学出版社，2024.

[54] 李亚军．激光灭杀菜青虫关键技术研究 [D]．湖南农业大学，2020.

[55] 林曼婷，陆俊鸿，王岩，等．昆虫蜕皮激素介导的蜕皮和变态发育 [J]．生命的化学，2022，42（1）：63-70.

[56] 林志伟，刘洋，辛惠普．寒地稻田灰飞虱生物学特性初步研究 [J]．黑龙江八一农垦大学学报，2004，16（2）：15-18.

[57] 刘铭．中国昆虫文化简论 [J]．农业考古，2021（1）：237-244.

[58] 刘芹轩．作物产量损失估计方法 [J]．病虫测报参考资料，1981（1）：42-46.

[59] 刘钊．北方生态交错带植被有序度的统计分析［D］．华北电力大学，2020.

[60] 刘宗亮．农业害虫防治技术［M］．北京：中国农业出版社，2018.

[61] 卢宝廉，甘雅玲，刘笑燕，等．昆虫呼吸系统的超微结构［J］．昆虫知识，1985（1）：41-42.

[62] 陆宴辉，赵紫华，蔡晓明，等．我国农业害虫综合防治研究进展［J］．应用昆虫学报，2017，54（3）：349-363.

[63] 栾可儿，冼健安，鲁耀鹏，等．拟除虫菊酯类杀虫剂对养殖甲壳动物毒性影响的研究进展［J］．水产科学，2024，5：843-852.

[64] 骆丹，徐川峰，殷立新，等．生态因素对蛾类昆虫交配与生殖的影响［J］．环境昆虫学报，2017，39（4）：963-973.

[65] 马倩倩，黄涛，彭莞云，等．柑橘潜叶蝇发生规律与综合防控技术［J］．农业工程，2025，15（5）：76-79.

[66] 沈关望，林英，吕毅华，等．蜕皮激素对家蚕卵黄原蛋白基因表达的调控［J］．中国生物化学与分子生物学报，2014，30（11）：1106-1112.

[67] 金戈．生物节律的分子生物学研究进展［J］．国外医学遗传学分册，1999，22（4）：194-198.

[68] 唐多，王殿轩，姚剑锋．不同温度和水分小麦中不同谷蠹发生状态时二氧化碳变化研究［J］．植物保护，2011，37（5）：67-71.

[69] 涂洪润，农娟丽，朱军，等．桂林岩溶石山密花树群落主要物种的种间关联及群落稳定性［J］．生态学报，2022，42（9）：3688-3705.

[70] 王琛柱．从生理特点浅析昆虫繁盛原因［J］．昆虫知识，2001，6：468-472，467.

[71] 王红雨．基于天敌种群控制的洮河自然保护区森林有害生物防治策略与实践［J］．南方农业，2023，17（12）：224-226.

[72] 王瑾，孙凤娟，王飞，等．有机磷农药/有机磷神经性毒剂的蛋白加合物及其加合机制研究进展［J］．中国药理学通报，2022，38（4）：481-487.

[73] 王圣楠．基于物联网技术的农林病虫害生态智能测控系统构建及其应用［D］．泰安：山东农业大学，2017.

[74] 王香萍，张钟宁．延迟交配对昆虫生殖行为的影响以及与性信息素防治害虫的关系［J］．应用昆虫学报，2004，41（4）：295-298.

[75] 王啸宇，张亚辉，张瑾，等．基于文献计量学的新烟碱类农药毒性研究进展［J］．环境科学研究，2024，37（9）：2042-2053.

[76] 王荫长，陈长琨．高温对小地老虎和东方粘虫精子发生和形成的影响[J]．昆虫学报，1996，39（3）：253-259.

[77] 王荫长．昆虫生理生化学［M］．北京：中国农业出版社，2001.

[78] 王英，司马杨虎，宋艳，等．昆虫生物钟基因及其分子作用机制研究进展[J]．江苏蚕业，2008，30（1）：9-14.

[79] 王莹，石中亮．拟除虫菊酯类杀虫剂的研究与开发进展［J］．化学试剂，2024，46（8）：50-58.

[80] 王影红．城市园林植物病虫害发生特点与防治研究［J］．种子科技，2023，41（14）：100-102.

[81] 王跃进，吴昊，李雄亚，等．害虫检疫处理研究规范的发展与应用［J］．植物检疫，2016，30（6）：1-5.

[82] 魏书军．茶黄螨的识别与防治［J］．中国蔬菜，2014，（4）：66.

[83] 文超，马涛，王偲，等．昆虫复眼结构及视觉导航研究进展［J］．应用昆虫学报，2019，56（1）：28-36.

[84] 夏邦颖．昆虫的卵壳［J］．生物学通报，2000，1：1-3，2.

[85] 徐汉虹．植物化学保护学［M］．5版．北京：中国农业出版社，2020.

[86] 许再福．普通昆虫学［M］．北京：科学出版社，2009.

[87] 杨栋梁，郝婧，王彦男，等．昆虫成虫蜕皮激素研究进展［J］．生命科学，2014，26（8）：874-881.

[88] 叶恭银，方琦，徐红星，等．我国水稻螟虫发生及治理研究进展［J］．植物保护，2023，49（5）：167-180.

[89] 叶卫东，李芬，邹游兴，等．有害生物综合治理（IPM）概念的起源与发展［J］．南方农业，2022，16（11）：30-32，42.

[90] 袁锋．农业昆虫学［M］．2版．北京：中国农业出版社，2011.

[91] 云月利，杨倩，杨秋生，等．寄主对丝带凤蝶幼虫和蛹发育和存活的影响[J]．湖北大学学报（自然科学版），2011，33（1）：106-109.

[92] 张根，陈宝锐．轮虫生态毒理学测试指标的敏感性研究进展［J］．应用生态学报，2022，33（3）：855-864.

[93] 张帆．农业害虫生物控制的主要途径及应用前景［J］．农业技术与装备，2011（10）：12-14.

[94] 张红玉．紫茎泽兰入侵对群落结构及多样性的影响［J］．西部林业科学，2013，42（4）：104-109.

［95］张连辉，李进纬．20世纪50—70年代中国农业病虫害"综合防治"理念的演进历程［J］．当代中国史研究，2022，29（3）：68-80，157-158.

［96］张志坤．一种无机农药及其制备方法：CN201710753690［P］．2018-02-16.

［97］张仲，邹游兴，但建国．施氮水平对普通大蓟马繁殖及子代性比的影响［J］．热带生物学报，2024，15（1）：79-84.

［98］张宗炳，曹骥．害虫防治的策略与方法［M］．北京：科学出版社，1990.

［99］章士美．昆虫的生殖方式［J］．江西植保，2000（1）：18-19.

［100］赵红蕊．叩甲科昆虫物种丰富度与3种非生物因子的关系［J］．吉林农业，2018（19）：65.

［101］赵善欢．农业害虫化学防治研究的现状及今后发展方向［J］．植物保护学报，1962，（4）：351-364.

［102］郑洪远，范书凡．昆虫激脂激素的功能及作用机制研究进展［J］．中国生物防治学报，2022，38（3）：689-699.

［103］中国农业科学院植物保护研究所．中国农作物病虫害［M］．第3版．北京：中国农业出版社，2015.

［104］周锐，樊吉君，武志宏，等．亚洲柑橘木虱综合防治研究进展［J/OL］．生物安全学报（中英文），2025：1-10［2025-07-17］.

［105］周树堂，郭伟，宋佳晟．昆虫变态的激素与基因调控［J］．生物学通报，2012，47（9）：1-6.

［106］周尧．昆虫图集［M］．郑州：河南科学技术出版社，2001.